净零能耗建筑论丛

U0176704

净零能耗建筑可再生能源利用

黄凯良　　冯国会　　主编

中国建筑工业出版社

图书在版编目（CIP）数据

净零能耗建筑可再生能源利用/黄凯良，冯国会主编．—北京：中国建筑工业出版社，2022.10
（净零能耗建筑论丛）
ISBN 978-7-112-27853-4

Ⅰ.①净…　Ⅱ.①黄…②冯…　Ⅲ.①生态建筑-再生能源-能源利用-研究　Ⅳ.①TU-023

中国版本图书馆 CIP 数据核字（2022）第 161629 号

责任编辑：张文胜
责任校对：姜小莲

净零能耗建筑论丛
净零能耗建筑可再生能源利用
黄凯良　冯国会　主编

*

中国建筑工业出版社出版、发行（北京海淀三里河路 9 号）
各地新华书店、建筑书店经销
北京科地亚盟排版公司制版
天津安泰印刷有限公司印刷

*

开本：787 毫米×1092 毫米　1/16　印张：15¾　字数：372 千字
2022 年 10 月第一版　　2022 年 10 月第一次印刷
定价：58.00 元
ISBN 978-7-112-27853-4
（39800）

本书编委会

主　　编：黄凯良　冯国会

委　　员：杨洪兴　董建锴　冯　驰　王珊珊　张亮亮
　　　　　姜益强　常莎莎　刘　佳　王潇洋　董　璐
　　　　　钟辉智　侯隆澍

主编单位：沈阳建筑大学

参编单位：住房和城乡建设部科技与产业化发展中心
　　　　　四季沐歌科技集团有限公司
　　　　　哈尔滨工业大学
　　　　　重庆大学
　　　　　香港理工大学深圳研究院

前　言

　　能源是人类生存和社会发展的物质基础，人类依靠化石能源取得了辉煌的成就。与此同时，由于能源所具有的资源有限性和对生态环境的危害性，能源与环境问题已成为当今世界面临的最重要问题之一。我国建筑建造和运行用能占全社会总能耗的37％，相关碳排放占全社会总碳排放的42％，其中建筑运行能耗占全社会总能耗的23％，相关碳排放占全社会总碳排放的22％。在节能减排的大背景下，我国建筑节能工作经历了30年的发展，现阶段建筑节能65％的设计标准已经全面普及，建筑节能工作减缓了建筑能耗随城镇建设发展而持续高速增长的趋势，建筑迈向更舒适、更节能、更高质量、更好环境是大势所趋。

　　全球净零能耗建筑基本技术路径大体是一致的，即通过建筑被动式设计、主动式高性能能源系统及可再生能源系统应用，最大幅度减少化石能源消耗。由于建筑能耗的60％甚至70％是由供暖、空调而耗费的，可以采用高性能保温隔热材料和非化石能源减少甚至取消因供暖、空调而耗费的能源。通过主动技术措施最大幅度提高能源设备与系统效率，充分利用建筑本体、周边、外购的可再生能源发电，有可能使可再生能源全年供能大于等于建筑全年全部用能。净零能耗建筑可极大程度地降低对化石能源的依赖，减少污染物排放，缓解能源紧缺和环境恶化，是建筑行业实现可持续发展的方向和目标。

　　本书从多个角度对净零能耗建筑的可再生能源体系进行研究分析，主要内容基于国家重点研发计划政府间国际科技创新合作重点专项——"净零能耗建筑适宜技术研究与集成示范"（2019YFE0100300）任务3"净零能耗建筑可再生能源耦合利用及蓄能技术研究"的研究成果，由沈阳建筑大学、住房和城乡建设部科技与产业化发展中心、四季沐歌科技集团有限公司、哈尔滨工业大学、重庆大学及香港理工大学深圳研究院共同撰写。全书共分为7章，以净零能耗建筑为出发点，对其利用可再生能源体系进行研究分析。第1章导论，包含了净零能耗建筑的基本理念和可再生能源应用形式等内容，对净零能耗建筑和可再生能源的基础知识给予介绍。在第2～7章，分别对光伏建筑一体化设计、可再生能源耦合供应生活热水、双源热泵互补供热耦合系统、污水源热泵与太阳能耦合蓄能联供技术、预冷通风、风光互补混合电力蓄能系统在净零能耗建筑的应用进行分析，通过理论模拟和实际数据相结合的方式进行探索研究并得出结论。可再生能源用能形式不局限于单一热源，还可采用双热源耦合互补的供能形式，第3～5章对此进行了可行性与经济性分析，并提出运行策略控制方案。第6章着重研究预冷通风技术与实例工程的效果分析。第7章对风光互补混合电力蓄能系统的分析从建筑扩展到社区，理念超前且富有想象力。本书围绕净零能耗建筑，研究其利用可再生能源体系，总体上具有先进性、科学性和系统性的特色，有较好的理论意义与实用价值。

本书第 1 章、第 2 章和第 4 章由沈阳建筑大学黄凯良、冯国会、常莎莎负责完成；第 3 章由四季沐歌科技集团有限公司张亮亮、王潇洋以及住房和城乡建设部科技与产业化发展中心王珊珊、董璐负责完成；第 5 章由哈尔滨工业大学董健锴、姜益强负责完成；第 6 章由重庆大学冯驰和中国建筑西南设计研究院有限公司钟辉智负责完成；第 7 章由香港理工大学深圳研究院杨洪兴、刘佳负责完成。各单位课题组成员、博士与硕士研究生在研究过程、分析与写作中付出了辛勤的工作，在此一并表示感谢。

本书在编写过程中的研究方法力求严谨，理论基础追踪学科研究前沿，由于净零能耗建筑仍处于发展阶段，且相关专业知识较多，编者水平有限，若书中存在需要进一步商榷之处，请广大读者不吝赐教，积极给予意见和建议，作者将认真听取，不断提高本书的质量。

目　　录

第1章 导　　论

1.1　净零能耗建筑基本概念及负荷特性

1.1.1　能源与建筑

建筑节能和绿色建筑是推进新型城镇化、建设生态文明、全面建成小康社会的重要举措。从世界范围看，各国为应对气候变化、实现可持续发展，都在不断提高建筑物能效水平。第 21 次联合国气候变化大会（COP21）首次将建单独列为议题，来自相关机构的 200 位代表参加"建筑日"研讨会。会议主办方联合国环境规划署表示，建筑全寿命期产生的碳排放约占全球碳排放总量的 30%，如按现有速度继续增长，到 2050 年，建筑相关碳排放将翻倍。2020 年 9 月，国家主席习近平在第七十五届联合国大会一般性辩论上指出，我国二氧化碳排放力争于 2030 年前达到峰值，努力争取 2060 年前实现碳中和。建筑作为城市化浪潮的重要表现形式，是降低建筑能耗和碳排放，推动建筑绿色低碳发展，成为助力实现"双碳"目标的重要途径。

建筑与工业、交通并列为能源消耗的三大主要领域。建筑能耗主要包括建造能耗和运行能耗两个部分。建筑建造能耗是指由于建筑建造所导致的从原材料开采、建材生产、运输以及现场施工所产生的建筑消耗。建筑运行能耗是指在住宅、办公建筑、学校、商场、宾馆、交通枢纽、文体娱乐设施等建筑内，为居住者或使用者提供供暖、通风、空调、照明、炊事、生活热水，以及其他为了实现建筑的各项服务功能所产生的能源消耗。根据清华大学建筑节能研究中心的核算结果，2019 年我国建筑建造和运行用能占全社会总能耗的 33%，与全球比例接近，其中建筑运行占我国全社会能耗的比例为 22%。另一方面，从碳排放角度看，2019 年我国建筑建造和运行相关的 CO_2 排放占全社会总 CO_2 排放的比例约为 38%。

建筑领域能耗的持续增长，一方面是因为新建建筑面积的增加，特别是快速的城镇化发展造成民用建筑需求的不断增加；另一方面，伴随着人们生活水平不断提高，民用建筑在生活热水、空调等方面需求的增加，也大幅提升了建筑在电力和热力方面的能源消耗。特别是 2019 年，由于极端天气的影响，以及供暖和制冷需求的持续增加，源自建筑电力与热力的直接和间接二氧化碳排放量上升到 10Gt，是有记录以来的最高水平。"双碳"目标的提出，对建筑领域能源结构的转型提出了新的要求，如何降低建筑在用电、供暖和制冷方面造成的直接或间接二氧化碳排放，是建筑领域未来发展面临的主要挑战。

提升建筑能效并降低建筑领域碳排放，需要在降低建筑自身能源需求的同时，优化建筑的能源利用。可再生能源利用提供了重要的解决方案。可再生能源利用在分布形式和规模上具有很强的灵活性，能源的生产更加接近消费端，适宜于在建筑上开展。提高可再生能源在建筑的应用比例，一方面可以减少空气污染和温室气体排放，降低城市能源成本，减少对传统化石燃料的依赖，另一方面可以推动本地与可再生能源利用相关产业经济发展。可再生能源的类型和利用形式多样，有不同发展潜力。在建筑领域利用可再生能源，需要根据城镇区域所在的气候地理条件，进行因地制宜的分析和一体化的规划设计。

1.1.2 净零能耗建筑基本概念

"零能耗建筑"一词并非最近出现，早在 1976 年，丹麦技术大学的 Torben V·Esbensen 等就对在丹麦使用太阳能为建筑物进行冬季供暖进行了理论和实验研究，并首次提出"零能耗建筑（住宅）"（Zero Energy House）一词。他选择了一栋丹麦单层独户居住建筑，对其建筑外保温构造进行了严格的处理，使建筑冬季供暖能耗从通常单体居住建筑的 20000kWh/a 降低为 2300kWh/a。同时采用 $42m^2$ 的太阳能集热器和 $30m^3$ 保温良好的蓄水池组成供暖系统对建筑物进行冬季供暖。根据检测，太阳能集热器吸收的热量为 7300kWh/a，其中 30% 用于建筑物冬季供暖，30% 用于热水供应，40% 通过蓄热水箱损失，水泵等辅助设备耗电为 230kWh/a（约占集热器吸收热量的 4%）。

Torcellini 等人通过分析，总结了 4 类常见"零能耗建筑"定义，即"净（现场）零能耗建筑"（Net Zero Site Energy Building）、"净（一次）零能耗建筑"（Net Zero Souce Energy Building）、"净零能耗账单建筑"（Net Zero Energy Cost Building）、"净零排放建筑"（Net Zero Energy Emission Building）。其中，净（现场）零能耗建筑定义为：以年为时间单位，以建筑所消耗的能源类型进行衡量，其本身产生的能量应等于或多于其消耗的能量；净（一次）零能耗建筑定义为：通过使用合理的转换系数将建筑用能与一次能源进行核算，建筑本身产生的能量应等于或多于其消耗的能量；净零能耗账单建筑定义为：以年为时间单位，建筑向能源服务公司输送能源，能源服务公司支付给建筑所有者的费用等于或多于建筑所有者支付给能源服务公司能源账单的费用的建筑；净零排放建筑的定义为：建筑物产生的可再生能源的能量应等于或多于其消耗的排放温室气体的一次能源的建筑。

由于当前"零能耗建筑"在实现上还较为困难且成本较高，欧洲目前公认的、可实施的为"近零能耗建筑"（Nearly Zero-energy Buildings）。对于"近零能耗建筑"，各国定义不同，如德国的"被动房"（Passive House，也翻译为微能耗建筑、零能耗建筑），指在满足规范要求的舒适度和健康标准的前提下，全年供暖通风空调系统的能耗在 $0\sim15kWh/(m^2 \cdot a)$ 的范围内、建筑物总能耗低于 $120kWh/(m^2 \cdot a)$ 的建筑；瑞士的"近零能耗房"（Minergie，也称迷你能耗房，或迷你能耗标准），要求按此标准建造的建筑其总体能耗不高于常规建筑的 75%，化石燃料消耗低于常规建筑的 50%；意大利的"气候房"（Climate House，Casaclima），指全年供暖通风空调系统的能耗在 $30kWh/(m^2 \cdot a)$ 以下的建筑。

随着能源危机和应对气候变化的压力越来越大，近几年又提出了"净零能耗建筑"。"净零能耗建筑"（Net Zero Energy Building）一词源于美国。2007 年 12 月，美国通过

《能源安全与独立法案》提出"净零能耗公共建筑"。2015年9月，美国能源部发布（净）零能耗建筑官方定义：以一次能源为衡量单位，其全年消耗能源小于或等于在线可再生能源产生能源的节能建筑。美国能源部提出，到2025年新建零能耗居住建筑可大范围推广，到2050年所有公共建筑达到"净零能耗"。

1.1.3 净零能耗建筑实现路径

净零能耗建筑的核心技术是通过建筑被动式设计、主动式高性能能源及可再生能源系统应用，最大限度减少或抵消化石能源的应用。实现路径如下：

1. 高性能围护结构

高性能的建筑围护结构可以更好地满足建筑的保温隔热要求，达到良好的室内居住环境和降低能耗。在外围护结构的所有部件中外墙、门窗和屋面尤为重要。

通过外墙的热损失占建筑热损失的30%，保温隔热措施是达到净零能耗建筑围护结构传热系数要求的重要措施。我国建筑墙体的保温做法已经从单一材料保温体到复合保温墙体。复合保温墙体可分为外墙内保温，外墙夹心保温和外墙外保温，目前外保温体系为净零能耗建筑提高外墙热工性能的主要技术措施。目前市场上常用的墙体保温材料主要分为有机类（如聚苯板、挤塑板、聚氨酯、酚醛板等）、无机类（如珍珠岩类、泡沫水泥、膨胀玻化微珠、发泡陶瓷、岩棉、YT新型墙体保温材料等）、复合材料类（胶粉聚苯颗粒等）三大类，共15种。从保温隔热性能上来看，胶粉聚苯颗粒保温砂浆、无机保温板、EPS保温板以及XPS保温板的保温性能是逐渐升高的。XPS的完全封闭孔式发泡化学结构与其蜂窝状物理结构，使其具有轻便、耐久、高强度的特点，因此在示范项目中使用最为广泛。其次为岩棉板，由于其较高的抗冲击性和良好的耐火防潮性能，以及较低的价格，在超低能耗建筑市场中占有较大份额。

外窗是建筑采光通风的重要通道，也是建筑保温隔热最薄弱的环节。一般来说居住建筑采用透光幕墙的比例很低，以外窗为主，窗墙面积比较小；而公共建筑中透光幕墙（主要是玻璃幕墙）的应用较多，窗墙面积比较大。因此，净零能耗建筑外窗（包括透光幕墙）热工性能要求应区分居住建筑和公共建筑。选用高性能外窗是示范项目降低传热系数、减少透光围护结构对整体节能效果影响的重要途径。

2. 建筑整体气密性

建筑整体气密性是指建筑在封闭状态下阻止空气渗透的能力，用于表征建筑或房间在正常密闭情况下的无组织空气渗透量。现阶段建筑外围护结构的热工性能发展已越来越成熟，通过外围护结构温差传热导致的能耗可以大幅降低，因此，建筑的气密性将会成为围护结构传热的主要影响因素。此外，建筑气密性对室内的热湿环境质量、空气品质以及隔声性能的影响也至关重要，是净零能耗建筑的重要技术指标。

要满足建筑的气密性要求，房屋应具有包绕整个供暖体积的、连续完整的气密层。因此，可以采用以下措施来提高建筑的整体气密性：

（1）在建筑设计中采用简洁的节点设计，尽量避免出现气密性难以处理的节点。

（2）选用高性能门窗及玻璃幕墙。

（3）选择抹灰层、硬质的材料板（如密度板、石材）、气密性薄膜等构成气密层。

（4）通过一系列的精细化施工措施处理外围护结构的连接节点，如：选择适用的气密性材料（如紧实完整的混凝土、气密性薄膜、专用膨胀密封条、专用气密性处理涂料等材料）做节点气密性处理，包括门窗与外墙的连接；穿墙管道的密封处理；安装开关插座孔洞的密封等。外门窗与结构墙之间的缝隙应采用耐久性良好的防水隔汽膜。

3. 被动式技术

通过优化建筑整体布局、采用高性能外窗和墙体，以及提升建筑的整体气密性等性能化设计，可以有效减少冬季供暖和夏季供冷需求。要进一步降低终端一次能源消耗，可通过遮阳、自然通风、自然采光等被动式技术手段降低建筑物的能量需求。应用最广泛的被动式技术为：自然通风、自然采光和建筑遮阳。

（1）自然通风

自然通风首先要在建筑群总体规划阶段总体考虑，营造适宜微气候。其次要在建筑单体室内平面布局设计时充分考虑对自然通风的有效利用，合理布置门窗位置。自然通风能够有效降低夏季和过渡季的空调能耗，尤其适用于温带气候的很多建筑类型。

（2）自然采光

自然采光的形式主要有侧面采光和顶部采光，对于一般的自然采光空间来说，应尽量降低近采光口处的照度，提高远采光口处的照度，使照度尽量均匀化。其中顶窗形成的室内照度分布比侧窗要均匀得多，主要用于公共建筑。侧窗是居住建筑中最易实现并最常用的采光形式。

（3）建筑遮阳

自然采光可以有效降低建筑的照明能耗，但是过多的太阳辐射可能会造成夏季房间的得热量增加，供冷需求增大。如何平衡好冬季自然得热、减少夏季太阳辐射得热和自然采光是净零能耗建筑设计中的关键问题。主要遮阳方式有建筑外置/中置、光伏构件及绿植遮阳等。

4. 主动式技术

主动式技术主要以提升用能系统整体能效为主，它是被动技术设计和可再生能源系统之间的结合。建筑大量使用能源系统和设备，其能效的持续提升是建筑能耗降低的重要环节。节能设备对于减少建筑能源需求至关重要，应优先使用能效等级更高的系统和设备。应用最广泛的能效提升系统为：热泵、新风热回收和高效照明。

（1）热泵

热泵是达到净零能耗标准的一项重要技术，相比于传统空调，热泵不仅对制冷有要求（两联供机组），而且对制热能效有要求。热泵机组夏季制冷、冬季制热，对比夏季中央空调制冷、冬季燃气锅炉供暖的方式，其全年运行费用比后者节省40%以上，夏季制冷与风冷机组中央空调的运行费用几乎相等。部分项目采用了新风热泵一体机、能源环境一体机等高性能设备，可以进一步提高能效。

（2）高效照明系统

照明系统的能耗一般占建筑能耗的20%~40%，作为绿色节能光源的代表，LED照明成为最具市场潜力的行业热点。相对于技术更加成熟的光源，LED 照明节能在 70% 以上，光线质量高，基本上无辐射，属于典型的绿色照明光源。其应用在住宅中还可以减小室内发热量，降低室内空调负荷。自然采光配合 LED 灯具＋智能照明系统是降低建筑整体能耗的有效途径。

（3）新风热回收

设置高效新风热回收装置是净零能耗建筑的主要特征之一，不仅可以满足室内新风量供应要求，而且通过回收利用排风中的能量降低建筑供暖供冷需求及系统容量，实现建筑净零能耗目标。

（4）末端能效提升

在暖通空调系统中，采用毛细管顶棚辐射、辐射板、地台风机盘管、重力柜等多种空调末端形式，能够进一步提高能源系统效率。

5. 可再生能源利用

《近零能耗建筑技术标准》GB/T 51350—2019 中根据不同的建筑等级对可再生能源利用率做出规定，对于近零、零能耗公共建筑和居住建筑的可再生能源利用率需大于 10%，未来这一比例还将继续加大。目前应用最广泛的可再生能源系统为：热泵、光伏发电、太阳能光热等。利用太阳能等可再生能源替代常规能源，解决建筑的供暖空调、热水供应、照明等，不仅能够降低建筑能耗，还有助于改善能源结构。

可再生能源利用系统常常是根据各地区的气候及地形地貌特征等具体情况综合考虑，采用多种形式进行组合，以实现能源的高效利用，提高能源供给的稳定性。以被动优先、主动优化、最大限度利用可再生能源的思路，选取最适宜的常规能源、可再生能源或者组合，如图 1-1 所示。

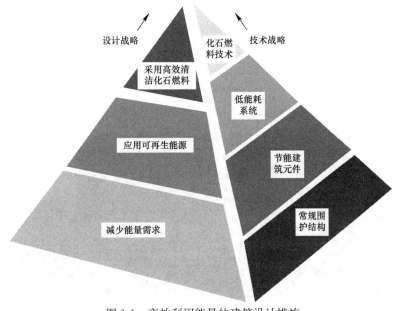

图 1-1　高效利用能量的建筑设计措施

图片来源：刘令湘 编译. 可再生能源在建筑中的应用集成［M］. 北京：中国建筑工业出版社，2012。

6. 建筑电气化

建筑行业用能全面电气化是降低直接碳排放的关键。鼓励化石能源供能的建筑向电气化转型，大规模的建筑电气化是实现低碳建筑最具成本效益的方法，实现低碳电网比其他建筑能源系统减排更容易达到。

随着电力越来越清洁，用电力来满足建筑的所有能源需求，消除建筑内化石燃料的直接应用，并淘汰大部分天然气管网系统，同时解决与之相关的成本和安全问题。在实现温室气体减排目标的进程中，降低大部分供热和热水锅炉二氧化碳排放将是各种减排手段当中相当重要的一项工作。此外，在利用电力提供供暖和生活热水的基础上，还能利用智能化控制来改变用能时间，从而以经济可行的方式推动更大规模的可再生电力并网。

此外，我国城镇炊事的发展需求已基本稳定，随着炊事电气化率的提升，炊事领域的化石燃料需求已经呈现下降趋势，这与欧洲的趋势基本一致。炊事领域要实现碳中和，主要考虑如何改变居民长期以来"无火不成灶，无灶不成厨，无厨不成家"的明火烹饪习惯，推进全电气化炉灶技术创新，实现零排放。

1.1.4 净零能耗建筑负荷特性

以沈阳建筑大学超低能耗示范建筑为例，运用 DeST 软件建立超低能耗建筑模型，通过改变 DeST 软件中模拟建筑所在城市的气象信息，模拟了该建筑在沈阳市、长春市、哈尔滨市的负荷特性。

沈阳建筑大学超低能耗示范建筑位于严寒地区。建筑共有两层，一层高 3.3m，二层高 3.6m，总建筑面积 334.8m²。包括会议室、开敞办公区、控制室、展厅、设备室及卫生间等，是典型的办公建筑。建筑充分利用了太阳能、地热能和相变储能技术，大幅度降低了对化石能源的依赖。该超低能耗示范建筑主体结构为钢框架＋现浇聚苯颗粒泡沫混凝土墙体，外围护结构采用保温性能良好的相变储能技术措施。建筑体形系数为 0.47。窗墙面积比：偏西侧为 0.09，偏南侧为 0.12，偏北侧为 0.12，偏东侧为 0.05。示范建筑如图 1-2 所示。

图 1-2　超低能耗示范建筑

1. 建筑全年逐时负荷模拟及不平衡率分析

DeST 软件使用状态空间法对房间得热过程进行动态模拟,能够准确模拟建筑的负荷情况。笔者使用 DeST 模拟软件进行负荷模拟,分析超低能耗示范建筑的负荷特性。根据超低能耗示范建筑的基础信息,在能耗模拟软件 DeST 中建立如图 1-3 所示的负荷计算模型。在 DeST 软件中改变示范建筑所在城市的气象信息,得出示范建筑在沈阳市、长春市、哈尔滨市全年 8760h 的逐时负荷。

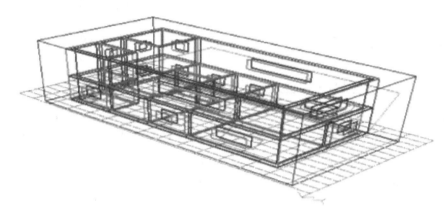

图 1-3 超低能耗建筑的 DeST 模型

表 1-1 为 3 个城市的全年冷热负荷模拟结果,可知沈阳市、长春市、哈尔滨市的全年累计冷负荷以及全年累计热负荷。由式(1-1)可得超低能耗示范建筑在沈阳市、长春市、哈尔滨市的年累计冷、热负荷不平衡率。年累计冷、热负荷不平衡率的计算公式为:

$$年累计冷、热负荷不平衡率 = |年累计热负荷减少 - 年累计冷负荷| /$$
$$年累计热负荷 \times 100\% \qquad (1-1)$$

3 个城市建筑全年负荷模拟结果 表 1-1

城市名称	冷负荷峰值 (kW)	热负荷峰值 (kW)	全年累计冷负荷 (kWh/m²)	全年累计热负荷 (kWh/m²)
沈阳市	19.49	13.76	34.52	28.20
长春市	15.96	15.12	31.41	35.36
哈尔滨市	14.84	18.12	27.81	43.17

沈阳市年累计冷、热负荷不平衡率为 19.86%,长春市年累计冷、热负荷不平衡率为 11.17%,哈尔滨市年累计冷、热负荷不平衡率为 35.60%。哈尔滨市冬季气温最低,热负荷最大,即年累计冷、热负荷不平衡率最高。沈阳市超低能耗示范建筑冷负荷比热负荷大,年累计冷、热负荷不平衡率适中。长春市超低能耗示范建筑的冷、热负荷基本持平,所以其年累计冷、热负荷不平衡率最低。

2. 建筑空调季逐时负荷及不平衡率分析

根据国家标准《民用建筑热工设计规范》GB 50176—2016,用累年最冷月和最热月平均温度作为主要指标,累年日平均温度低于 5℃ 的起始日期规定为供暖季,日平均温度高于 25℃的起始日期规定为制冷季。根据《民用建筑热工设计规范》GB 50176—2016 的规定，划分沈阳市、长春市、哈尔滨市空调季和供暖季的具体时间段。通过 DeST 软件得出了超低能耗示范建筑在沈阳市、长春市、哈尔滨市的全年累计冷、热负荷值以及空调季冷、热负荷值。

3 个城市制冷季和供暖季负荷模拟结果　　　　　　　　表 1-2

城市	冷负荷峰值 （kW）	热负荷峰值 （kW）	空调季冷负荷 （W/m²）	空调季热负荷 （W/m²）
沈阳市	19.49	13.76	8.31	6.42
长春市	15.96	15.12	7.15	7.37
哈尔滨市	14.84	18.12	5.61	9.19

从表 1-2 可知，沈阳市、长春市、哈尔滨市的空调季冷负荷以及空调季热负荷。由式（1-2）可得超低能耗示范建筑在沈阳市、长春市、哈尔滨市的空调季冷、热负荷不平衡率。

$$空调季冷热负荷不平衡率 ＝|空调季热负荷－空调季冷负荷|/空调季热负荷×100\%$$

$$(1-2)$$

沈阳市空调季累计冷、热负荷不平衡为 29.44%，长春市空调季累计冷、热负荷不平衡率为 2.98%，哈尔滨市空调季累计冷、热负荷不平衡率为 38.96%。由此可看出，在去除供冷时长与供热时长的条件下，哈尔滨市的冷、热负荷指标差别最大，沈阳市次之，而长春市的冷、热负荷指标差别最小。

1.2　可再生能源在建筑领域的应用形式

1.2.1　可再生能源应用现状

能源是经济社会发展的基础，大量使用化石燃料导致的气候变化、能源危机以及环境污染，是国际社会共同面临的重大问题。降低能源消耗，削减化石燃料使用，是解决这一问题的主要对策。可再生能源具有绿色、节能、零排放的优点，开发和利用可再生能源已受到越来越多的重视。我国 2016 年发布的《能源生产和消费革命战略（2016—2030）》中建议，能源转型将坚持分布式和集中式并举，以分布式利用为主，推动可再生能源高比例发展。对于我国来说，大力发展可再生能源在建筑中的应用，是发展清洁供暖，减少碳排放，促进我国绿色发展的重要组成部分。

可再生能源是指在自然界中可以不断再生、永续利用、取之不尽、用之不竭的资源，它对环境无害或危害极小，而且资源分布广泛，适宜就地开发利用，主要包括太阳能、风能、水能、生物质能、地热能和海洋能等。

我国大部分地区的太阳能资源丰富，全国 2/3 的国土面积年日照小时数在 2200h 以上。我国的光伏装机容量近年来一直稳居全球首位，根据国家能源局数据，我国光伏发电

2014～2019年期间累计装机容量持续增长，截至2019年，光伏发电累计装机容量达到20430万kW，其中主要为集中式光伏，比例接近70%。分布式光伏虽然占比较小，但在政策的鼓励下，所占比重从2016年以来逐年增加。光热利用方面，太阳能供热水发展起步较早，太阳能集热器装机容量长期保持世界领先，截至2019年，占世界总量的73%。但2013年以后，我国太阳能集热器的市场需求逐年下降。相比太阳能供热水，太阳能建筑供暖发展较晚，试点项目也多在村镇地区开展，在城镇地区发展缓慢。我国在全球风力发电发展领域处于领先地位，截至2019年年底，全国风电累计并网装机容量达到21005万kW，年发电量4057亿kWh，占总发电量的5.5%。我国风力发电以集中式陆上风电为主，分布式风电所占比例很低。

生物质能供热具有布局灵活、适用范围广的特点，在治理大气污染、发展清洁供暖方面具有很大潜力。我国生物质资源丰富，也为发展生物质能供热提供了很好的资源条件。在满足资源循环利用的前提条件下，城镇区域发展生物质热电联产，可发展如生活垃圾焚烧热电联产项目。2017年，国家能源局发布《促进生物质能供热发展的指导意见》，为我国发展生物质能热电联产提供了政策支持。生物质发电在可再生能源发电领域具有很大潜力，具有污染小、安全性高的特点。国际可再生能源机构的数据显示，2019年全球生物质能发电装机容量到124GW，占整个可再生能源发电装机容量的4.9%。在我国，截至2019年，生物质发电装机容量达到2254万kW，但主要还是采用垃圾焚烧发电的形式，占总容量的53%。

我国地热能资源量丰富，浅层地热能和水热型地热能利用发展迅速。2010年以来，浅层地热能利用以年均28%的速度递增，截至2019年年底，浅层地热供暖（制冷）建筑面积达到约8.41亿m²；北方地区中深层地热供暖面积累计约2.82亿m²。水热型地热能利用以年均10%的速度增长，截至2018年，全国水热型地热能供暖建筑面积约为1.65亿m²。

在我国明确了"双碳"目标后，根据清华大学气候变化与可持续发展研究院于2020年9月发布的《中国长期低碳发展战略与转型路径研究》，我国长期低碳排放路径选择需要从强化政策情景向2℃和1.5℃目标情景的过渡。实现2060年碳中和需要实施以1.5℃目标为导向的长期深度脱碳转型路径。因此，可再生能源在未来能源结构转型中将肩负更大的责任。

1.2.2 可再生能源在建筑领域的应用方式

1. 可再生能源发电

建筑领域可再生能源发电主要包括太阳能光伏发电、小型风力发电和生物质发电三种方式。这其中，太阳能光伏是建筑领域可再生能源发电最常见的利用方式。

（1）太阳能光伏发电系统

建筑设计结合光伏电池，如光伏屋顶、幕墙等，以利用太阳能进行发电供建筑使用，是建筑利用可再生能源的重要方式。依据和电网的关系，建筑太阳能光伏发电系统可以分为独立式发电系统、并网式发电系统以及具备以上两种特征构成微电网一部分的系统。一定规模的光伏发电系统属于分布式发电电源，在并入电网时其相对大型集中式发电系统，具有随机性、间歇性和布局分散的特点，如图 1-4 和图 1-5 所示。

太阳能光伏发电技术与建筑结合有着重要意义，不仅为建筑提供清洁能源，还可以替代部分建筑材料作为建筑的外围护结构，利用一定的设计手法可以使其成为一种建筑元素融入建筑中。但光伏系统的发电性能与周边环境存在密切关系，环境因素将直接决定光伏系统应该选用何种光伏电池，甚至是否适合采用光伏发电技术。根据光伏电池与建筑结合的方式不同，光伏建筑一体化可分为两大类，一类是将标准化的光伏组件依附于建筑物上，建筑物作为载体起支撑作用，是最方便的安装方式。另一种是将光伏电池与瓦、砖、建材、玻璃等建筑材料复合在一起成为不可分割的建筑构件或材料，以此构成建筑的光伏瓦屋顶、幕墙等。

选择何种方式安置太阳能光伏设施，对建筑物总体造型的影响是决定性的。影响光伏电池与建筑集成形式与效果的最主要因素是光伏电池的色彩、透光率和外形尺寸等。如今在市场上供应的光伏电池主要有：单晶硅光伏电池、多晶硅光伏电池、非晶硅光伏电池、铜-铟-（镓）-硒化物或者镉-碲化物制成的薄膜光伏电池。

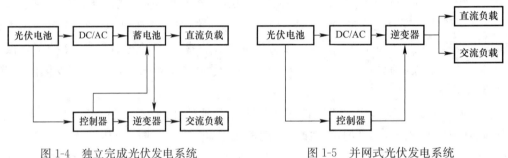

图 1-4　独立完成光伏发电系统　　　图 1-5　并网式光伏发电系统

（2）小型风力发电系统

风力发电系统将气流的动能转化为机械能。风力发电机由转子叶风轮、传动系统、偏航系统、液压系统、制动系统、发电机、控制与安全系统、机舱、塔架和基础组成。

小型风力发电在建筑领域中的应用主要是风力发电建筑一体化。风力发电机依据旋转轴的种类分为水平轴风力发电机和垂直轴风力发电机。水平轴风力发电机基于风的升力原理，输出功率和效率主要受塔架高度的影响，其主要优点是效率高、容量大，而且可以很容易地扩大规模，进行大规模发电，但随着风力的增加，噪声也会增加，通常应用在城镇周边空旷区域。

相对于水平轴风力发电机，垂直轴风力发电机受风向影响较小，可布置在城镇范围内。城市环境中的风非常素乱和多向，垂直轴风力发电机可以从城市的湍流和多向风中产生电力。垂直轴风力发电机同时具有设计简单、低维护和制造简单的特点，可作为独立的单元或集成到电力网络中使用，易于模块化使用。

受到主流风力涡轮机的规模限制、风速、湍流以及视觉和噪声干扰等影响，建筑领域的小型风力发电应用发展缓慢。

（3）生物质能发电系统

生物质发电以农业、林业、工业废弃物和城市垃圾为原料，采取直接燃烧或气化发电。生物质发电的形式主要包括直接燃烧发电和城市垃圾发电。

在建筑领域，生物质锅炉直接燃烧木质颗粒是主要形式。对于服务建筑供暖的小型热力发电机，木质颗粒是比较合适的燃料。家用壁炉中燃烧原木的排放量特别大，相比之下，现代自动颗粒加热系统的排放值相对较低，同时木质颗粒非常均匀，方便运输和储存。

2. 可再生能源供暖与制冷

利用可再生能源为建筑供暖和制冷的主要方式包括：太阳能供暖和制冷、地热能供暖以及生物质能供暖。

(1) 太阳能供暖与制冷

在太阳能集热系统中，屋顶上的太阳能集热器吸收太阳辐射，将其转化为热量。这些热量被传热介质水—防冻液混合物吸收，并由循环泵传递到锅炉房的热水箱。太阳能热利用（系统）技术主要有：太阳能热水系统、太阳能供暖系统、太阳能空调系统。太阳能热水系统的技术目前比较成熟，具有广泛的推广与应用前景。系统主要由集热器、传热介质、管道、储能水箱四部分组成，有些还包括循环水泵、支架、控制系统等相关附件。一般来说太阳能热水系统按循环方式可分为：自然循环、光电控制直接强制循环、定时器控制直接强制循环、温差控制间接强制循环、双回路等系统类型，系统工作基本原理如图 1-6 所示。系统效率的高低与集热器的效率有直接关系，但是系统的构成形式、管道的管径和走向、水箱的位势和保温措施等都会影响系统的工作性能。因此必须对整个太阳能热水系统进行最优化地选择或设计。

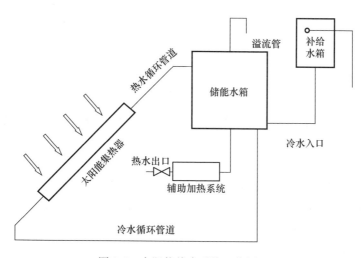

图 1-6 太阳能热水系统工作原理

太阳能热的应用也可以扩展到制冷领域。为达到制冷目的，太阳能热利用通常与吸收式冷却器结合使用。热流由太阳能集热器提供，冷却系统利用热流驱动制冷循环，用于建筑物冷却和除湿。太阳能制冷在夏季可以有效降低电网高峰需求，减少停电和电网增强的成本。

在建筑领域，通常使用三种类型的太阳能集热器：平板集热器、真空管集热器（产生

120℃及以下的温度）和低聚光集热器（120℃及以上至200℃）。在三种太阳能集热器类型中，平板集热器和真空管集热器的市场应用最普及。平板集热器由隔热层、选择性太阳能吸收涂层以及挡雨棚组成，其核心部件是吸热器，由黑铬、黑镍、氧化铝和氮氧化物等不同材料制成。真空管集热器由一排或多排双层玻璃管组成，两层之间有隔热真空。太阳能集热系统可以安装在建筑屋顶、外墙、阳台以及任何建筑外区域。

（2）地热能供暖和制冷

在浅层地热能利用中，水平集热器安装在开阔地带、浅层地表（深度为1～2m）。垂直安装的地热探头深入地下利用地热能。在这两种情况下都通过热泵将地热带到所需的较高温度水平。当热泵的驱动力也来自可再生能源，就实现了可再生能源供暖。衡量热泵效率的标准是性能系数（COP），表示产热量与热泵所需总能量之比。

热泵是建筑实现地热能利用的主要手段。地源热泵（GSHP）借助于埋在地下盘管中的水溶液或防冻剂将存储在土壤中的能量抽取出来，具体工作模式是冬季将土壤或水体作为热源通过盘管取热，夏季将土壤或水体作为冷源通过盘管放热冷却溶液（图1-7）。地源热泵的技术优势在于：比起通常用电制热或者制冷，用电量至少省一半，即可以做到从地下转移3～4倍的热量到建筑物。

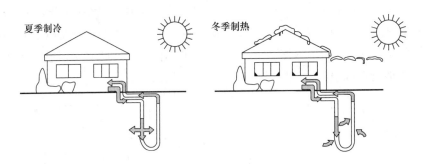

图1-7　地源热泵夏季/冬季工况运行原理图

地源热泵根据所使用浅层地热能类型的区别分成土壤源热泵、地表水源热泵、地下水源热泵和污水源热泵四种。

1）土壤源热泵

土壤源热泵根据地表以下地温较恒定的性质，运用埋设于建筑物附近的管道和房屋室内进行热传递的设备。在冬天制热工况下，深埋于土壤中的管道从土壤中提取热量，经过系统输送到房屋内部实现制热；在夏季则是一个逆过程，房屋内的热量通过室外换热系统释放至地下达到降低室内温度的目的。

土壤源热泵依赖的土壤温度常年稳定在10～25℃，相比风冷热泵使用成本更低；封闭系统无需抽取地下水，因此不会污染地下水。但土壤的热工性能对系统埋地换热器的传热影响较大，使用前需进行详细的地勘评价。

2）地表水源热泵

地表水源热泵分成开放式系统和封闭式系统两大类，其原理类似于土壤源热泵。区别在于它以地表水（包括江河、湖泊或水塘等水源）为冷热源。因此，设计前需评估系统对水体环境造成的影响。

3）地下水源热泵

以地下水体作为冷热源水体品质优于地面水，且水温较恒定，热泵供热制冷效果比较理想。在地下水量充沛、水质较好、政府部门许可的地区，可以使用地下水源热泵。目前在国内该系统的使用受到了多方面因素的制约，系统是否适合使用首先取决于项目地周边地下水资源情况，需花费一定的成本做地下水文评估，倘若地下水层较深，必会增加土建钻井施工的成本，初投资和运行费用上升，地源热泵的经济性受到影响。

4）污水源热泵

污水源热泵是以城市原生污水或矿区废水作为热泵的低位热源，冬季通过热泵把污水中的低温热能转变为更高品位的热能给用户供热；夏季通过热泵自取低温冷水以满足用户制冷空调的需求。这种装置既可用于供暖，又可用于制冷。尽管污水源热泵技术应用时间不长，但已充分显现了它的优越性，与其他热泵技术相比，污水源热泵热源较稳定，不抽取地下水、无需回灌，水温变化幅度小，环境效益明显等优点。但污水源热泵的使用区域具有局限性，需水量充足、水质较好的地区才能使用。

（3）空气源热泵技术。

空气源热泵技术早在20世纪20年代就已在国外出现，它是一种利用高位能使热量从低位热源流向高位热源的节能装置，我国暖通空调领域中早期应用的热泵机组基本上全是空气源热泵机组，直到目前，我国仍然是全球空气源热泵应用最广泛的区域之一，其机组形式主要是空气—空气热泵和空气—水热泵两种，其工作原理如图1-8所示。

与其他热泵机组相比，空气源热泵具有以下特点：

1）以室外空气为热源。空气是空气源热泵机组的理想热源，其热量主要来源于太阳对地球表面的直接或间接辐射。因此，空气源热泵的热源具有处处存在、时时可得、随需而取的特点，同时机组冷热源合一，不需要设专门的制冷机房、锅炉房，利于热泵机组的安装和使用。

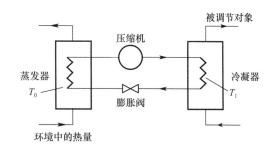

图1-8 空气源热泵制热工况流程图

2）适用于中小规模工程。空气源热泵机组一般需设置四通换向阀来改变热泵工质的流动方向，限制了热泵机组的使用规模。据不完全统计，大型空气源热泵机组供热能力在1000～1400kW，而大型水源热泵机组供热能力通常在1000～3000kW，供大型热泵站用的水源热泵机组供热能力可达到15MW、20MW、25MW、30MW。

3）运行成本低，节能环保。节能效果突出，投资回报期短，空气源热泵可节省70%的能源，且运行过程无污染、无燃烧外排物，不会对人体造成损害，具有良好的社会效益。

4）需采取必要措施提高机组低温适用性。空气源热泵机组的供热能力和供热性能系数受室外空气状态参数的影响很大。室外环境温度越低，机组的供暖能力和供暖性能系数也越小。因此，在使用空气源热泵机组时，应正确合理地选择平衡点温度，以此来设置辅助热源或第二热源。

（4）生物质能供暖系统

生物质燃料高效燃烧时能产生较高比例的热量，可用于建筑供暖。热量供应是通过两个发电机组件来实现的。供热负荷主要由固体燃料锅炉燃烧木屑或其他固体生物质来承担。目前生物质能供暖主要采用生物质能供暖与生物质发电结合的热电联产模式。

1）生物质制成型燃料

生物质固化成型技术是将结构松散的生物质材料经过干燥、粉碎和压缩成型等工序加工成形状规则、密度较大的固体燃料的过程，生物质固化成型技术生产的固体燃料有成型颗粒、成型棒和成型块等。

生物质固体成型燃料，可以部分替代化石燃料用作发电和供暖，也可以替代薪柴用作家用燃料。与煤相比，生物固体成型燃料 CO_2 的净排放为零，NO_x 和 SO_2 的排放大为减少。与传统的薪柴相比，它的密度较高，形状和性质较为均匀，热值高，便于应用到工业领域。在欧洲许多国家，颗粒状、棒状的生物质固化燃料已经在超市出售，这些燃料可以实现完全市场化运作而不需要依赖政府的补贴措施。此外，生物质固化成型技术有助于提高森林资源的利用效率。截至 2015 年，我国生物质成型燃料年利用量约 800 万 t，主要用于城镇供暖和工业供热等领域。

2）生物质制气态燃料

生物质气化是在一定的热力学条件下，在水蒸气和氧的参与下，将组成生物质的碳氢化合物转化为 CO、H_2 等可燃气体的过程。生物质热裂解是指生物质在完全缺氧或只提供有限氧的条件下，利用热能切断生物质大分子中碳氢化合物的化学键，使之转化为小分子物质的热化学转化技术。热解过程的终产物可以是液体生物油、可燃气体和固体生物质炭，产物的种类和比例与很多因素相关，如生物质的尺寸、升温速率、最终温度和压力等。

生物天然气是指以生物质废弃物为原料，经厌氧发酵然后净化提纯，生产出与常规天然气成分、热值等基本一致的绿色低碳、清洁环保可再生燃气。

（5）可再生能源多能互补系统

多能互补系统主要是指针对不同的资源条件和用能对象，多种能源互相补充，以缓解能源供需矛盾，合理保护自然资源，促进生态环境良性循环。国内外已有很多研究，如薛彩霞以海岛海洋能为研究对象，集成海洋能发电、储能系统和常规发电机组为多能互补系统，并提出了多能互补系统的运营优化策略；Disomma 等提出了一种多能互补系统，系统主要由天然气、生物质能以及太阳能共同驱动。目前，多能互补主要包括下述两种发展模式：

（1）面向终端用户的电、热、冷、气等多种用能需求，因地制宜、统筹开发、互补利用传统能源和新能源，优化布局建设一体化集成供能基础设施，通过冷热电三联供、分布式可再生能源和能源智能微网等方式，实现多能协同供应和能源综合梯级利用。

（2）利用大型综合能源基地风能、太阳能、水能、煤炭、天然气等资源组合优势。推进风光水火储多能互补系统建设。多能互补针对不同资源条件和用能对象，采取多种能源互相补充，构成丰富的能源结构体系，多种能源间互补和梯级利用，提升能源系统的综合效率。

总的来说可再生能源多能互补系统已经有了众多研究成果，同时也已经实现了大面积推广使用，这都归结于多能互补系统的下述优势：

（1）提高能源系统运行效率、设备利用率。多能互补集成优化工程可根据用户需求量身定制能源供应服务，减少能源转换和输送环节，提高能源效率，降低用能成本，改善用户体验。

（2）梯级利用，提高能源利用率。我国是世界最大的能源生产和消费国，煤电、水电、风电、太阳能发电等规模均为世界第一，多项技术达到世界领先水平，但是在多能互补方面还有很大优化空间。2016 年我国一次能源消费总量约 43.6 亿 tce，终端能源消费总量约 32.1 亿 tce，其中大量能源在加工转换过程中损失掉。通过多能互补实现能源梯级利用，充分利用化石能源中的能量，是提高能源利用效率的必然选择。

（3）减少弃风弃光，提高新能源消纳率。近年来，我国"三北"地区出现了突出的弃风弃光现象，制约了新能源的发展。未来可通过加强调峰电源建设、外送通道建设、推进电力体制改革等措施逐步解决弃风弃光问题。鉴于风电、光伏发电具有随机性和波动性的特点，实施多能互补，将风电、光伏发电与火电、水电协同运行，并辅以储能电池、蓄热装置，形成与用户负荷相匹配的能源供应，可有效促进新能源就地消纳，减小系统调峰压力。

（4）促进行业发展、科技创新，带来良好的社会效益和经济效益。在传统能源市场，电力、热力、燃气等能源分属不同部门，各供应商的工作也相对独立。多能互补集成优化的任务就是在技术创新和体制改革的支持下，将能源的需求侧与供给侧深度融合、统筹优化，实现清洁高效的多能协同供应和综合利用。

综合以上优势，在未来发展中可再生能源多能互补系统将会在各类建筑、各类设备中使用。另外，可再生能源多能互补系统的发展与利用将会推进我国近零碳排放区的出现，近零碳排放区的建设是以缓解能源危机和温室效应为目标的，通过充分利用风能、太阳能和天然气等分布式能源，协调满足终端用户多种能源需求，提高能源的综合利用效率，降低能源生产、传输和消费过程中的碳排放，对我国未来的发展至关重要。

1.3 可再生能源在建筑领域应用的机遇与挑战

1.3.1 太阳能光伏系统

1. 优势与机遇

太阳能光伏发电在建筑领域的利用具有很多优势，光伏发电过程产生的二氧化碳与其他温室气体（含氟气体、甲烷、六氟化硫）排放很低，光伏设备的安装对建设环境负面影响小，设备组件也可以集成到现有的建筑和基础设施中，从而缓解城镇空间紧张的问题。光伏设备维护成本低，具有较高的投资安全性。产能的盈余可以输入公共电网，减少建筑能源结构中一次能源的使用。

我国在光伏产业从原材料采购，到生产和市场推广应用都具有完整和成熟的产业链，为建筑领域光伏发电的推广提供了非常有利的条件。光伏补贴政策的转型从长远看也可以推动市场的良性发展和结构优化。在光伏建筑一体化的发展领域，住房和城乡建设部2017年印发的《建筑节能与绿色建筑发展"十三五"规划》中提出全国城镇新增太阳能光电建筑应用装机容量1000万kW以上的主要目标，为光伏建筑一体化技术发展提供了广阔的发展空间。完整的光伏产业链为传统光伏产业向光伏建筑一体化的转型提供了有力的支持。

2. 面临的问题与挑战

光伏系统的产能效果受天气条件、时间和区位位置影响较大，夏季光伏系统产量约占全年总产量的2/3，冬季光伏产能效果较差。同时，建筑用于铺设太阳能光伏系统建筑屋顶空间有限，也限制了光伏发电的进一步发展。此外，分布式小装机容量的光伏设备并网条件尚不完善，各地审批标准也不统一。在光伏建筑一体化方面，当前相关产品种类不丰富，市场选择少，商业模式不明确，并且缺乏光伏建筑一体化行业规范，包括设计、施工和验收的规范。

光电光热系统在建筑领域的大规模应用还面临着不少挑战。首先，政策的转型使光伏补贴大幅降低，可能会导致企业在短期内以降低成本为目的减少对新技术和产品（如光伏建筑一体化）的研发；其次，扩大光伏产能效应的关键因素之一是储能技术，当前储能设备的技术尚不成熟，投资成本较高。此外，光伏电池与蓄电池的生产和处理也可能对环境造成负面影响。光热建筑一体化目前还没有完整的技术标准体系，产品技术水平参差不齐。同时由于光热建筑项目涉及开发商、设计院、投资方和建筑使用者等多个参与者，光热建筑一体化项目的开展也面临着协调不同参与者利益冲突的挑战，如太阳能供热制冷系统的后期运维问题。

1.3.2 地热能供能系统

1. 优势与机遇

地热能具有资源分布广、清洁低碳、稳定可靠等优势，应用技术较成熟，非常适宜在新建建筑、园区和城市区域安装。我国地热能资源丰富，地热能是解决当前供暖造成的污染问题的有效途径。同时，地热能供暖的利用也扩大了供暖区域，可为我国南方地区供暖提供热源。

近年来，我国推出了多项政策和法规支持地热能的开发利用，并推动城镇层面的相互合作，如2017年发布的《京津冀能源协同发展行动计划2017-2020年》中明确了在京津冀新增用能区域，支持以地热能、风能、太阳能为主的可再生能源开发。

此外，相比于浅层地热能，深层地热能（如干热岩型地热能）的利用可以在更大深度上挖掘热能，为整个城镇区域提供供热热源。虽然目前发展处于起步阶段，但具有很大的发展潜力。

2. 面临的问题与挑战

在城镇区域利用浅层地热能和水热型地热能受到空间和经济因素的影响较大，如地源热泵水平埋管占地面积较大，热泵系统增量成本过高，节能回报年限过长等。发展深层地热能资源更需要精确的地质勘查，我国目前还面临勘查基础薄弱、评价结果精度低的问题，还需要进一步加大投入力度，以及多部门间的协同合作以及监测体系的建立。

1.3.3 风力发电系统

建筑领域的小型风力发电属于城镇范围内的分散式风力发电，发电过程中二氧化碳和温室气体排放较低，产能方与用能方于同一区域，无传输或分配损失，对电网依赖度低。采用垂直轴风力发电机产生的噪声较小，可降低对建筑使用者的影响。在适宜的条件，可采用风光互补技术用于城镇照明。

目前建筑领域的小型风力发电还处于发展的初始阶段，城镇空间的风力可控性较低，风力发电的功率受天气影响较大，是制约大规模推广的主要因素，也因此造成风力发电投资稳定性较低。发展建筑领域小型风力发电，还需理念和技术层面的突破。

1.3.4 生物质能系统

生物质能源可提供相对可靠和稳定的能源供应，生物质燃烧过程中产生的二氧化碳量很低，为城市循环经济发展提供了解决方案。为了进一步发展生物质能在城镇区域的利用，需要生物质燃料的生产供应，这就需要城镇与周边区域合作，如建设能源作物种植园，进而推动区域内生物质相关产业的发展。

生物质发电厂选址需要土地供应，对于城镇有限的空间是很大的挑战，同时基础设施和能源网络的投资成本较高，目前生物质发电厂的盈利能力还取决于补贴。此外，受环境保护政策影响，生物质供能存在政策限制。生物质热电联产项目在经济性上还主要依靠可再生能源补贴，经济性较差，且占用空间较大。另外，如同其他可再生能源供暖制冷技术，储能设备也是生物质供暖制冷系统设计的关键环节，需要理念、技术、规范和商务模式层面的突破。

1.4 净零能耗建筑可再生能源利用的基本原则

1. 坚持开发利用与建筑环境相协调

可再生能源的利用既要重视规模化开发利用，不断提高可再生能源在建筑领域的应用比例，也要重视可再生能源对解决建筑高耗能、高排放问题，发展建设绿色低碳建筑的作用，更要重视与建筑室内外环境的协调一致。要根据资源条件和建筑需求，在保护环境和生态系统的前提下，科学设计，因地制宜，合理布局，有序开发。推动建筑领域可再生能源的利用不能只靠单一项目的累积，更需要运用合理的城市规划工具。能源综合利用规划有助于早期对可再生能源利用进行可行性研究，也可以用于指导后期可再生能源运行规模和形式的设计。

2. 坚持与智能化、储能技术相耦合

在建筑领域实施可再生能源方案，需要考虑到可再生能源可变性的特点，特别是电网系统，必须具备一定的灵活性。同时，数字技术在电网系统中的应用，将大幅增加可再生能源技术的效率。如太阳能光伏可通过数据驱动的预测技术、储能系统、电动汽车等耦合技术，使可再生能源利用更多地融入建筑能源系统。智能电网可以解决分布式光伏发电与公共电网兼容性的问题。在建筑领域，通过智能电网的优化运行和管理，在不对建筑物进行重大硬件改造的情况下，可以节省建筑物能源消耗。可变可再生能源如太阳能和风能的供应存在间断性的特点，可再生能源与冷热能储存技术结合，可提高能源使用效率。

3. 坚持分布式与集中式相互补

分布式能源系统是利用小型设备向用户提供能源的供应方式。与传统的集中式能源系统相比，分布式能源更接近负荷，可减少能源传输损失，节约输配电建设投资和运行费用，同时兼具发电、供暖等多种能源功能，可以有效实现能源的梯级利用。比如分布式太阳能光伏系统可以集成在人口密集区域的新建和现有建筑物中，可以避免长途电力传输损失，模块化配置光伏设备，使光伏设备在较小规模上表现良好。高密度的城镇区域适宜采用区域集中供暖，虽然目前全球 90% 的区域供热需求还是通过采用化石燃料的热电联产和供热厂来满足，但有可再生能源参与的区域供暖比重近年来也在逐步提升。比如新一代热网技术允许使用低温热源（通常低于 70℃），可利用太阳能和地热能等可再生能源，同时与蓄热系统和电热泵相结合，当区域供热网需要低温供应时，可以使用热泵来提高系统效率并由此产生较好的经济效益。

4. 坚持政策激励与市场机制相结合

加强顶层设计，建立完善支持可再生能源在建筑领域应用的政策和法规，减少可再生能源投资行政许可方面的阻碍，完善可再生能源利用相关的税收制度，制定新建建筑和公共建筑节能法规，强力推动可再生能源的利用。同时，促进可再生能源发展的市场机制，运用市场化手段调动建筑领域相关企业、用户的积极性，提高可再生能源的技术水平，建立以自我创新为主的可再生能源技术开发和产业发展体系，加快可再生能源技术进步，通过持续的规模化发展提高可再生能源的市场竞争力，为可再生能源在建筑领域大规模发展奠定基础。

本章参考文献

[1] 住宅和城乡建设部科技与产业发展中心. 中国被动式低能耗建筑年度发展研究报告（2017）［M］北京：中国建筑工业出版社，2017.

[2] 徐伟. 中国近零能耗建筑研究和实践［J］. 科技导报，2017，35（10）：38-43.

[3] IEA. World Energy Balances［EB/OL］. 2020［2022-01-05］：www.iea.org/subscribe-to-date-services/world-energy-balances-and-statistics.

[4] 清华大学建筑节能研究中心. 中国建筑节能年度发展研究报告 2020［M］. 北京：中国建筑工业出版社，2020.

[5] Torcellini P，Pless S，Deru A M. Zero Energy Buildings：A Critical Look at the Definition［R］. ACEEE Summer Study. Pacific Grove. California：National Renewable Energy Laboratory，2006.

[6] 刘令湘. 可再生能源在建筑中的应用集成［M］. 北京：中国建筑工业出版社，2012.

［7］ 冯国会，徐小龙，王悦等. 以能耗为导向的近零能耗建筑围护结构设计参数敏感性分析［J］. 沈阳建筑大学学报（自然科学版），2018，34（6）：1069-1077.

［8］ IRENA. Global Renewables Outlook：Energy transformation 2050［M］. International Renewable Energy Agency，2020.

［9］ 国家能源局. 2019 年全国电力工业统计数据［EB/OL］. 2020-01-20［2022-06-01］. http://www.nea.gov.cn/2020-01/20/c_138720881.htm.

［10］ 水电水利规划设计总院. 中国可再生能源发展报告 2019［M］. 北京：水利水电出版社，2020.

［11］ 清华大学气候变化与可持续发展研究院. 中国长期低碳发展战略与转型路径研究［R］，2020.

［12］ 吴智泉. 近零碳排放区示范工程建设研究［M］. 北京：科学出版社，2018.

第2章 新型太阳能光伏系统与建筑一体化设计方法

2.1 新型太阳能光伏系统与建筑一体化原理

随着现代社会的发展，人们对建筑环境舒适性的要求越来越高，导致建筑供暖和空调的能耗日益增大。目前，在建筑中注入绿色元素（诸如太阳能）已经成为建筑发展的趋势，绿色建筑也将成为21世纪全球建筑发展的主流。太阳能在建筑中的应用主要有两种形式，分别为主动式和被动式。被动式太阳能利用主要以被动式太阳能房为代表，通过墙体接受太阳辐射蓄热及通过窗户直接引入太阳能对房间进行供暖；主动式太阳能利用形式则需要借助一定的设备对太阳辐射进行收集，而后应用于建筑中。典型的主动利用形式又可分为太阳能光热利用和光电利用两类。光热利用是采用了集热器收集太阳能用以加热冷水，实现对建筑内供暖及热水供应。通过与空调设备结合，光热利用亦可实现对建筑供冷。太阳能光电利用则是通过光伏电池将太阳能转化为电能的一种利用形式。光伏利用可单独实现发电，也可以与建筑相结合实现发电和节能双重效益。

近年来，各发达国家开始大力发展太阳能光伏建筑一体化（BIPV）的应用研究。光伏建筑一体化，提出了"建筑物产生能源"的新概念，即建筑与光伏发电的集成化在建筑物的外围护结构表面上布设光伏阵列产生电力。建筑可以与光伏系统相结合，直接将光伏组件安装在屋顶，构建与建筑物结合的光伏发电系统，而建筑与光伏的进一步结合就是将光伏器件与建筑材料集成化，用光伏器件代替部分建筑材料，即用光伏组件作建筑的屋顶、外墙和窗户，这样既可用作建筑材料也可用来发电，大大降低光伏发电系统的建造成本，缩短能量回收期，提高建筑物能效，同时发出的电能可以就地使用，减小了电能的传输损耗。

2.1.1 PVT集热原理概述

光伏光热技术是指进行太阳能光电转换的同时，收集利用太阳辐射所产生的热量，也被称为PVT技术，PVT是Photovoltaic/Thermal的简写，相关的集热器被称为PVT集热器。在应用太阳能光伏技术发电的过程中发现，光伏电池发电效率与光伏组件表面温度存在反比的关系，研究表明每当光伏电池表面温度升高$1℃$，其发电效率就会降低约0.5%（图2-1）。标准条件下，光伏电池在$0℃$时的理论最大能量转换效率可达30%。在光强一定的条件下，硅电池自身温度升高时，硅电池转换效率为$12\%\sim17\%$。太阳能照射到电池表面上时，大约有83%的能量未被利用，相当一部分能量以热能的形式散失在周围环境中。太阳能光伏光热技术的核心是光伏/光热集热器，它将光伏电池（或组件）与太阳能集热器通过层压或胶粘技术结合起来，集热器吸收太阳辐射的过程中，约85%的长波辐射能量转换为热量被集热板吸收转化为热能，集热板表面温度升高可达 40～60℃，其余约 15％的短波辐射能量由光伏电池转化为电能输出。PVT 装置在加热传热介质的同时可以冷却太阳能光伏板，从而提高太阳能光伏发电效率，延长使用寿命，太阳能综合利用率也得到提高。

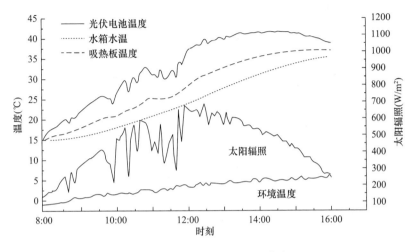

图 2-1　光伏电池温度变化曲线

　　根据冷却工质不同，PVT 集热器可以分为风冷、水冷和其他冷却剂型三种；根据结构不同，常用的集热器分为平板型和聚光型；根据是否利用玻璃盖板，可分为有盖板型和无盖板型。一般情况下，无盖板型 PVT 集热器具有较高的发电效率，但出口流体的温度一般较低；有盖板型 PVT 集热器具有较高的热效率和出口流体温度，但是电池发电效率下降。

　　图 2-2 为 PVT 空气集热器剖面图。由于空气的密度和热容都比水小，为了降低光伏电池的温度，PVT 空气集热器冷却流道的截面通常比液体集热器的大。通常 PVT 液体集热器中热媒的导热性能较高。因此，在相同的条件下 PVT 空气集热器的能量转换效率会低于 PVT 液体集热器。

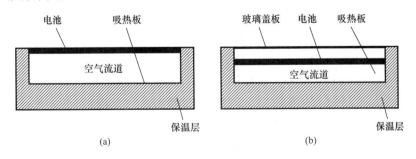

图 2-2　PVT 空气集热器剖面图

（a）无盖板；（b）有盖板

2.1.2　PVT 技术与建筑结合

　　PVT 技术与建筑相结合具有可以有效降低建筑能耗、降低建筑对市政配套的依赖和有利于环境保护等优点，具体结合形式如下：PVT 组件安装在斜屋顶建筑上，如图 2-3（a）所示；PVT 组件作为建筑斜屋顶的一部分，与建筑结合一起，如图 2-3（b）所示；PVT 组件安装在平屋顶建筑上方，如图 2-3（c）所示；PVT 组件作为建筑平屋顶的一部分，与建筑结合一起如图 2-3（d）所示；PVT 组件作为幕墙安装在建筑立面，如图 2-3（e）所示；PVT 组件与建筑外围护结构结合，如图 2-3（f）所示。特殊情况下，PVT 组件还可以安装在建筑附近。

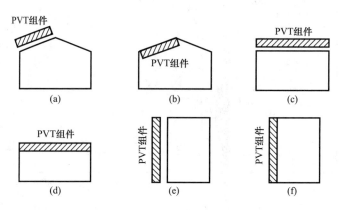

图 2-3　PVT 组件与建筑结合的方式

2.1.3　PVT 系统的烟囱效应

"烟囱效应"是由室内外空气温差引起的热效应。对于 PVT 集热系统，由于集热器受到太阳辐射照射，空腔中空气温度升高，与室外环境温度有较大的温差。由于温度差的存在，系统空腔内外空气产生密度差，沿着集热器的垂直方向出现压力梯度。如果集热器内部空气温度高于周围环境温度，系统的上部将会有较高的压力，而下部存在较低的压力。若 PVT 集热系统同时在这两个部位设置开口时，空气会从底部进入系统，从顶部开口流出，如图 2-4 所示。当周围环境温度低于系统空腔中空气温度时，气流流动方向相反。系统中热压的大小主要取决于上下开口的高度差 H，以及空腔内外空气的密度差值，即：

$$\Delta\rho = \rho_a - \rho_i \tag{2-1}$$

根据上述原理，得到 PVT 集热系统热压的计算公式：

$$\Delta P_h = gH(\rho_a - \rho_i) \tag{2-2}$$

根据空气的膨胀系数 β 的定义，系统热压的计算公式如下：

$$\Delta P_h = \rho_a gH\beta(T_i - T_a) \tag{2-3}$$

式中　ρ_i——系统内的空气密度，kg/m^3；

ρ_a——周围环境空气的密度，kg/m^3；

H——进出气流中心的高度，m；

T_i——系统内空气温度的平均值，K；

T_a——环境空气温度的平均值，K。

由于室外自然通风对系统进口或出口的压力有一定的影响，系统热压作用的大小会受到风压的影响，如图 2-5 所示。根据集热器空腔内外压差、进出口的位置、大小，可计算得出系统在热压作用下的通风量：

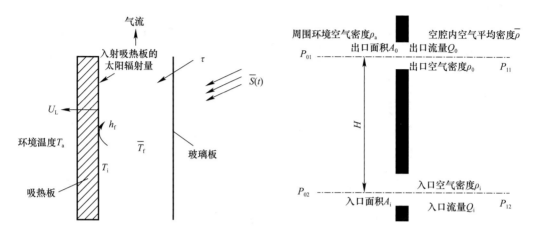

图 2-4　PVT 系统的烟囱效应示意图　　　　图 2-5　系统热压原理图

$$Q_0 = C_D A_0 \left[\frac{2(P_{02} - P_{12})}{\rho_0} \right]^{0.5} \tag{2-4}$$

$$Q_i = C_D A_i \left[\frac{2(P_{02} - P_{12})}{\rho_i} \right]^{0.5} \tag{2-5}$$

式中：

$$P_{02} = P_{01} + \rho_a g H \tag{2-6}$$

$$P_{12} = P_{11} + \bar{\rho} g H \tag{2-7}$$

$$(P_{02} - P_{11}) + (P_{11} - P_{01}) = g H (\rho_a - \bar{\rho}) \tag{2-8}$$

根据质量守恒定律得到：

$$m = \rho_i Q_i = \rho_0 Q_0 \tag{2-9}$$

即

$$m = \frac{C_D \left[2(\rho_0 - \bar{\rho}) g H \right]^{0.5}}{\left(\dfrac{1}{\rho_i A_i^2} + \dfrac{1}{\rho_0 A_0^2} \right)^{0.5}} \tag{2-10}$$

由于空腔内外条件的正常范围和密度差远比绝对值重要，因此得到：

$$\rho_a - \bar{\rho} = \Delta\rho \tag{2-11}$$

$$\rho_0 \approx \rho_i \approx \rho \tag{2-12}$$

并且由于

$$m = \rho_i Q \tag{2-13}$$

因此，得到通风量 m 为：

$$m = \frac{C_D A_0 (2 g H \rho \Delta\rho)^{0.5}}{(1 + A_r)^{0.5}} \tag{2-14}$$

式中：

$$A_r = \frac{A_0}{A_i} \tag{2-15}$$

C_D 为流量系数，一般取 0.6。

综合集热器的集热板和流动空气的能量守恒方程，可以得出 PVT 集热系统进口和出口的温度值。

竖向 PVT 集热系统的集热过程如图 2-4 所示，单位面积集热板的能量守恒方程为：

$$\alpha\tau\bar{S}(t) = h_f(T_P - \overline{T_f} + U_L(T_P - T_a)) \tag{2-16}$$

式中 α——集热板的吸收率；

τ——玻璃板的透射系数；

$\bar{S}(t)$——平均太阳辐射强度，W/m²；

h_f——集热板和空腔流道内气流之间的对流传热系数，W/(m²·K)；

T_P——集热板内壁面的平均温度，K；

$\overline{T_f}$——空腔内流体的平均温度，K；

U_L——集热板与周围环境之间的热损失系数，W/(m²·K)；

T_a——周围环境的温度，K。

空腔中流动空气的能量平衡方程为：

$$\dot{m}C_P\frac{dT_f}{dx}\Delta x = h_f w\Delta x(T_P - T_f) \tag{2-17}$$

式中 $\dot{m}$——空气的质量流量，kg/s；

C_P——空气的定压比热，J/(kg·K)；

Δx——微元尺寸，m；

w——集热器的宽度，m。

求解式（2-17）时，其边界条件为：

$$x = 0$$
$$T_f = T_R$$

式中 T_R——建筑室内温度，K。

得到：

$$\begin{cases} \frac{dT_f}{dx} = \frac{h_f w\Delta x(T_P - T_f)}{\Delta x m C_P} \\ x = 0; T_f = T_R \end{cases} \tag{2-18}$$

解得：

$$T_f(x) = T_P - (T_P - T_R)\exp(-Zx) \tag{2-19}$$

式中：

$$Z = \frac{h_f w}{\dot{m}C_P} \tag{2-20}$$

空腔中空气的平均温度表示为：

$$\overline{T_f} = \frac{\int_0^L T_f dx}{\int_0^L dx} = \frac{1}{L}\int_0^L T_f dx \tag{2-21}$$

$$\overline{T_f} = T_P - \left(\frac{T_P - T_R}{ZL}\right)[1 - \exp(-ZL)] \tag{2-22}$$

式中 L——系统集热器玻璃板的长度，m。

将式（2-22）代入到式（2-16），得到：

$$T_P = \frac{\alpha\tau\overline{S}(t) + U_L T_a + U_l T_R}{U_L + U_l} \tag{2-23}$$

式中：

$$U_l = \frac{h_f}{ZL}[1 - \exp(-ZL)] \tag{2-24}$$

在式（2-24）代入边界条件：$x=L$；$T_f = T_{fo}$，系统出口流体温度 T_{fo} 可以通过式（2-19）计算得出。

出口流体温度 T_{fo} 和建筑室内温度 T_R 之间的温差，可表示为：

$$T_{fo} - T_R = T_P[1 - \exp(-ZL)] - T_R[1 - \exp(-ZL)] \tag{2-25}$$

$$\Delta T = (T_P - T_R)[1 - \exp(-ZL)] \tag{2-26}$$

通过式（2-19）、式（2-23）、式（2-24）、式（2-26），得到 PVT 集热系统空气的体积流量为：

$$Q = C_D A_0 \left\{\frac{2gH\sin\beta[1 - \exp(-ZL)]}{T_R(1 + A_r^2)}\left[\frac{\alpha\tau\overline{S}(t) + U_L T_a + U_l T_R}{U_L + U_l} - T_r\right]\right\}^{0.5} \tag{2-27}$$

随着 PVT 集热器制造工艺的提高、制作的模块化以及价格的下调，PVT 集热器的应用范围已由工业建筑扩展到民用建筑，应用形式从单一化发展到多元化。在建筑的外围护结构外表面设置 PVT 组件可以实现在提供电力的同时提供热水或实现室内供暖等功能，解决了光伏模块的冷却问题，同时改善了建筑外围护结构的得热，甚至可以使建筑物的室内空调负荷减少达到 50％以上，为建筑节能和推广 BIPVT 系统提供了一种新的思路。

2.2 光伏建筑一体化设计方案

本小节基于净零能耗建筑的能源供应系统，以沈阳建筑大学与德国达姆施塔特应用科技大学联合设计的"中德节能示范中心"为研究对象，主要阐述光伏建筑一体化系统模型的构建，及耦合系统的基本理论，并对其性能及相关影响因素进行分析。

2.2.1 光伏建筑一体化设计模型

1. PVT 集热系统物理模型建立

PVT 集热系统采用平板型 PVT 空气集热器组成，系统的物理模型按照建筑实体的规格等比例建立，其示意图如图 2-6 所示。由于建筑南立面的窗户嵌入 PVT 集热系统中，为了合理布置风口，优化集热系统空腔气流组织，提高 PVT 集热系统的能量利用效率，根据建筑构造的实际情况，提出了两种可实现的集热系统风口布置方案。方案一：系统入口设计于下方，设置 3 个 600mm×320mm 的进风口，出口设置于上方，同样设置 3 个

600mm×320mm 的回风口，风口具体位置如图 2-7 所示；方案二：系统的进风口布置与方案一相同，而回风口同样设置在系统上方，但数量上从 3 个改为 4 个，回风口的尺寸为 600mm×200mm，具体位置如图 2-8 所示。

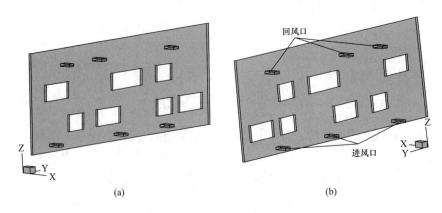

(a)   (b)

图 2-6　BIPVT 系统物理模型

（a）物理模型正面　　（b）物理模型背面

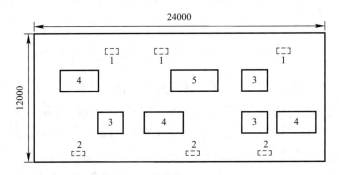

图 2-7　方案一 BIPVT 系统主视图

1—回风口：600mm×320mm；2—送风口：600mm×320mm；3—窗户：
2000mm×2000mm；4—窗户：3000mm×2000mm；5—窗户：4000mm×2000mm

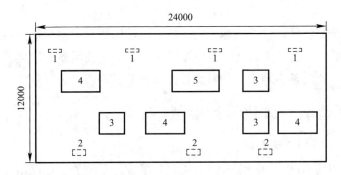

图 2-8　方案二 BIPVT 系统主视图

1—回风口：600mm×200mm；2—送风口：600mm×320mm；3—窗户：
2000mm×2000mm；4—窗户：3000mm×2000mm；5—窗户：4000mm×2000mm

PVT 集热系统采用平板型 PVT 空气集热器，为便于分析，减少不必要的计算量，对物理模型进行合理简化，建立了三维系统物理模型，简化条件如下：

(1) PVT 集热系统处于准稳态；

(2) PVT 空气集热器集热板看作恒定热源；

(3) 忽略集热器吸热板与玻璃盖板之间的辐射换热；

(4) 集热器内部辐射换热强度低，忽略不计；

(5) 集热器内部空腔流道为水力光滑条件；

(6) 集热器底板以及各边框保温性能较好，设为绝热壁面，忽略散热损失；

(7) 空气集热器气密性能良好，不存在泄漏问题。

2. PVT 集热系统数学模型建立

在三维空间直角坐标系下，根据流体力学基本理论，得到三维不可压缩稳态流动的控制方程如下：

连续性方程：

$$\frac{\partial u_x}{\partial x} + \frac{\partial u_y}{\partial y} + \frac{\partial u_z}{\partial z} = 0 \tag{2-28}$$

能量方程：

$$u_x \frac{\partial T}{\partial x} + u_y \frac{\partial T}{\partial y} + u_z \frac{\partial T}{\partial z} = \frac{\lambda}{\rho C_p} \left(\frac{\partial^2 T}{\partial x^2} + \frac{\partial^2 T}{\partial y^2} + \frac{\partial^2 T}{\partial z^2} \right) \tag{2-29}$$

动量方程分为三个方向：

x 方向：

$$u_x \frac{\partial u_x}{\partial x} + u_y \frac{\partial u_y}{\partial y} + u_z \frac{\partial u_z}{\partial z} = \upsilon \left(\frac{\partial^2 u_x}{\partial x^2} + \frac{\partial^2 u_y}{\partial y^2} + \frac{\partial^2 u_z}{\partial z^2} \right) - \frac{1}{\rho} \frac{\partial P}{\partial x} \tag{2-30}$$

y 方向：

$$u_x \frac{\partial u_x}{\partial x} + u_y \frac{\partial u_y}{\partial y} + u_z \frac{\partial u_z}{\partial z} = \upsilon \left(\frac{\partial^2 u_x}{\partial x^2} + \frac{\partial^2 u_y}{\partial y^2} + \frac{\partial^2 u_z}{\partial z^2} \right) - \frac{1}{\rho} \frac{\partial P}{\partial y} \tag{2-31}$$

z 方向：

$$u_x \frac{\partial u_x}{\partial x} + u_y \frac{\partial u_y}{\partial y} + u_z \frac{\partial u_z}{\partial z} = \upsilon \left(\frac{\partial^2 u_x}{\partial x^2} + \frac{\partial^2 u_y}{\partial y^2} + \frac{\partial^2 u_z}{\partial z^2} \right) - \frac{1}{\rho} \frac{\partial P}{\partial z} - g \tag{2-32}$$

式中　u_x、u_y、u_z——x、y、z 方向的速度，m/s；

　　　　T——空腔内空气的温度，K；

　　　　ρ——空气密度，kg/m³；

　　　　P——空腔内的压强，Pa；

　　　　υ——运动黏性系数，m²/s；

　　　　C_p——空气比热，J/(K·kg)；

　　　　λ——导热系数，W/(m·K)；

　　　　g——重力加速度，m/s²。

空气在集热空腔中的对流换热系数由下式得到：

$$h_c = \frac{Nu \cdot k}{D_e} \tag{2-33}$$

式中 k——空气的导热系数，W/(m·K)；

Nu——空气的努谢尔特准则数；

D_e——特征长度，m。

对于层流流动（$Re<Re_c$）：

带翅片流道：$\overline{Nu}$ (laminar) $= Nu_{\infty,1} + \dfrac{0.4849\left[D\left(y_2^*\right)-D\left(y_1^*\right)\right]}{\left(y_2^*-y_1^*\right)C^{1/2}}$ （2-34）

式中： $Nu_{\infty,1}=8.235\left(1-2.0421\chi+3.0853\chi^2-2.4765\chi^3+1.0578\chi^4-0.1861\chi^5\right)$

（2-35）

$$D(y^*)=\ln\{2\left[Cy^*\left(1+cy^*\right)\right]^{1/2}+2Cy^*+1\}$$ （2-36）

$$C=64.52+434.2(\chi-1)^4$$ （2-37）

式中：χ 为空腔流道横截面的高宽比，当 $\chi>1$ 时，则取其倒数。

无翅片流道：$\overline{Nu}$ (laminar) $=5.385+\dfrac{2B\left[\arctan\left(Ey_2^*\right)^{1/2}-\arctan\left(Ey_1^*\right)^{1/2}\right]}{\left(y_2^*-y_1^*\right)E^{1/2}}$ （2-38）

式中：B、E 为常数，$B=0.4849$，$E=141$。

其中： $$y^*=\dfrac{y}{D_eRePr}$$ （2-39）

对于湍流流动（$Re>10000$）：

带翅片流道：$\overline{Nu}$ (turbulent) $=\dfrac{(f/2)(Re-1000)Pr\left[1+2.425\left(D_{ec}/y\right)^{0.676}\right]}{1+12.7(f/2)^{1/2}\left(Pr^{2/3}-1\right)}$

（2-40）

式中： $$f=0.4091\left[\ln\left(\dfrac{Re}{7}\right)\right]^{-2}$$ （2-41）

无翅片流道：$\overline{Nu}$ (turbulent) $=0.0158Re^{0.8}+\dfrac{F\left[\exp\left(-Gy_1^*\right)-\exp\left(-Gy_2^*\right)\right]}{G\left(y_2^*-y_1^*\right)}$

（2-42）

式中：$F=0.00181Re+2.92$

$G=0.03795RePr$。

若 $Re_c<Re<10000$：

$$\overline{Nu}=(1-\gamma)\overline{Nu}(\text{laminar})(Re_c)+\gamma\overline{Nu}(\text{turbulent})(Re=10^4)$$ （2-43）

式中： $$\gamma=\dfrac{Re-Re_c}{10^4-Re_c}$$ （2-44）

3. 边界条件和初始条件

（1）边界条件

PVT 集热系统的进风口类型为速度入口（velocity-inlet），考虑能量条件时，需设置入口边界上的流速和温度。系统出风口类型为自由出流，由于出流边界上的压力和速度均为未知条件，所以出口选择自由出流边界。

系统集热板设置为恒定热源，热源强度数值上等于某一时刻的太阳辐射强度。

系统集热器底板以及各边框为绝热条件，即

$$\frac{\partial T}{\partial x} = \frac{\partial T}{\partial y} = \frac{\partial T}{\partial z} = 0 \tag{2-45}$$

流体与集热器集热板的换热面设置为耦合边界（coupled），因此忽略集热板的厚度和热阻，在此无需对其他参数进行设置。

（2）初始条件

初始时，集热器外壁与室外空气温度相等，系统空腔内流体与室内空气的温度相等，即

$$T_{\text{cout}}\big|_{t=0} = T_{\text{out}} \tag{2-46}$$

$$T_{\text{a}}\big|_{t=0} = T_{\text{in}} \tag{2-47}$$

式中　T_{a}——系统空腔内流体温度，K；

　　　T_{cout}——集热器外壁的温度，K；

　　　T_{in}——室内空气温度，K；

　　　T_{out}——室外空气温度，K。

初始化选择从系统的速度入口开始，利用 Patch 面板对系统集热板和空腔内流体的初始温度进行赋值。

4. 求解模型建立

（1）网格划分

采用 Gambit 前处理软件，对 PVT 集热系统建立三维模型，系统的集热板区域和空腔流体区域均采用 Tgrid 算法划分成由四面体网格元素组成，网格数量为 77.7 万个。图 2-9 为 PVT 集热系统的网格划分。

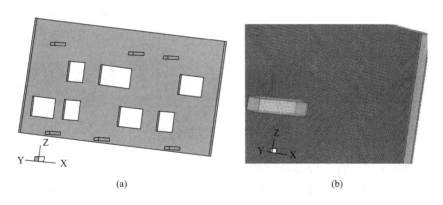

（a）　　　　　　　　　　　　　　　　（b）

图 2-9　PVT 系统网格划分

（a）整体网格效果；（b）局部网格效果

（2）求解模型及数值算法

启动 FLUENT 模拟软件，读入网格并检查网格质量和网格信息，并建立稳态模型。由于 RNG k-ε 模型来源于严格的统计数据，它和标准 k-ε 模型很相似，但是 RNG 模型在 ε 方程中加入了一个数值条件，有效改善了计算精度，并考虑了湍流漩涡的影响因素。RNG 理论模型提供了低雷诺数的流动黏性解析公式，而且腔道流动和边界层流动的模拟结果都

比标准 $k\text{-}\varepsilon$ 模型更为准确。因此在本次模拟研究中，Viscous 选择 RNG $k\text{-}\varepsilon$ 湍流模型，在 Thermal 选项中，选择强化壁面换热处理选项（Enhanced Wall Treatment），其他参数默认设置。集热板与空腔流体相接触交界面设置为热耦合面，压力-速度耦合方程采用 SIMPLE 算法，动量方程、能量方程选择二阶迎风格式（Second Order Upwind），其他亚松弛因子采用默认值。

（3）参数设置

1）设置流体参数

PVT 集热系统空腔内的空气参数可以直接从模拟软件材料库中复制。集热板设置为固体材料，在 properties 栏对材料的属性和参数进行修改。表 2-1 给出了 PVT 集热板的热物性参数。

PVT 集热板热物性参数 表 2-1

密度（kg/m³）	平均比热容 [kJ/(kg·K)]	平均导热系数 [W/(m·K)]
2320	0.7	150

2）边界条件设置

设置 PVT 集热系统的进风口为速度边界条件：进口流速设置 6 种不同数值进行比较，分别为 1m/s、2m/s、3m/s、4m/s、5m/s、6m/s，湍流动能（Turbulent Kinetic Energy）均设置为 $1m^2/s^2$，湍流耗散率（Turbulent Dissipation Rate）设置为 $1m^2/s^3$；出口采用自由出流边界条件。

固体边界区域设置集热板为恒定热源：启动源项（Source Term），能源（Energy）项设置为 22500W/m³（复合集热板的平均厚度为 0.02m），对应太阳辐射强度为 450W/m²。

空腔内流体与集热板的换热面为耦合边界（coupled），因忽略集热板的壁厚和热阻，在此不需要输入任何信息。

3）初始化

初始化从速度入口算起，利用 Patch 面板指定流体区域的初始温度为 283K。

2.2.2 光伏建筑一体化设计方案性能分析

PVT 集热技术可以有效降低建筑能耗，但在净零能耗建筑中 PVT 集热系统应用较少。为了充分发挥 PVT 集热器的作用，通过数值模拟手段，对系统方案进行优化模拟。分析系统运行的影响因素，为系统的实际运行提供理论基础，对优化 PVT 集热系统的设计起指导性作用。

1. 模拟结果分析

模拟研究的重点是 PVT 集热系统的能量转换特性，体现在系统的热效率和发电效率，通过数值模拟，分析对比两种不同风口布置方案中系统空腔的气流组织形式和空腔内温度场分布情况。模拟的监测内容为系统各出口流速、温度，集热板内、外壁面温度。本次模拟重点对系统的热性能进行研究。

模拟时空腔内流体初始温度设定为 10℃，太阳辐射强度为沈阳市 12 月平均值

（450W/m²），室外空气温度为沈阳市冬季平均温度（－5℃），模拟过程所有数据均在模拟收敛之后进行整理收集，最后对数据进行分析。

（1）集热系统方案一

方案一的风口布置形式是：上下各设置 3 个 600mm×320mm 的风口，具体位置如图 2-7 所示。图 2-10 为 PVT 集热系统空腔 $X=0.1$m（注：$X=0.1$m 为 PVT 集热系统的中间截面，取这一截面方便进行数据分析，得到的结果具有代表性）切面的速度分布云图，图中黑色带箭头线条代表流体的流线。由图可知，空气沿＋X 方向进入到集热空腔，Z 方向的速度最大值集中在进口和出口处，其他位置的空气流速较小，系统 4 个角的速度值最小。从不同进口速度的流线图中可以看出，空气进入集热空腔后，由一股气流分散为多股流体，流向不同方向。当气流流动到系统内窗户时，主流区气流会贴附窗户流动，但受到惯性的影响，流速较高的主流区气流继续沿原来的方向流动，主流区中流速较低的气流受到摩擦阻力的作用脱离主流区，与其他气流相遇后形成涡旋区域，因此窗户上部基本都出现了涡旋区域。

当进口流速较小时，如图 2-10（a）所示，空腔内涡旋区域少且范围较小，沿空腔边缘流动上升的气流，由于速度小，受到回风口负压的影响向回风口流动，造成空腔顶部左右两角空气不流动，出现真空状态形成了"死区"，导致这部分区域热交换受阻，造成热量积聚。随着系统进口流速的增加，空腔内气流流动加快，空腔中涡旋区域也会随之增加，系统整体流速分布区域均匀。

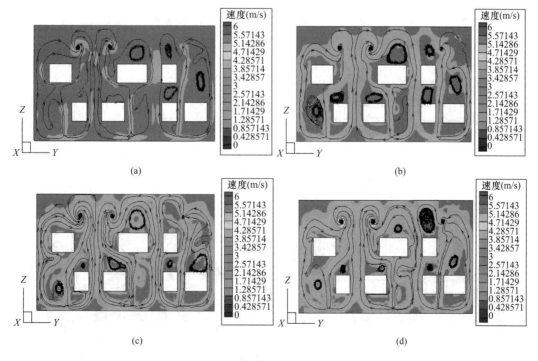

(a)　　　　　　　　　　　　　　(b)

(c)　　　　　　　　　　　　　　(d)

图 2-10　不同进口流速下 PVT 系统空腔 $X=0.1$m 切面速度分布云图（一）

（a）$v=1$m/s；（b）$v=2$m/s；（c）$v=3$m/s；（d）$v=4$m/s

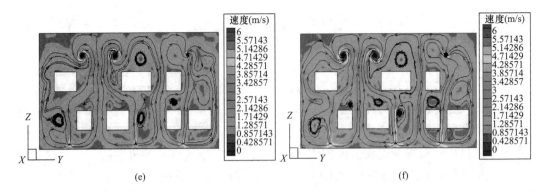

(e)　　　　　　　　　　　　　　　　　(f)

图 2-10　不同进口流速下 PVT 系统空腔 $X=0.1\mathrm{m}$ 切面速度分布云图（二）

(e) $v=5\mathrm{m/s}$；(f) $v=6\mathrm{m/s}$

　　空气与热泵系统进行热交换后温度降低，进入集热空腔吸收热量温度上升。数值模拟的基本思想基于 PVT 集热系统的运行，当模拟计算达到稳定收敛时，不同进口流速对应的空腔温度场分布是不相同的。

　　图 2-11 为模拟计算稳定收敛后不同进口流速分别对应的 PVT 系统空腔 $X=0.1\mathrm{m}$ 切面的温度分布云图，可见在进口处的温度最低，随着空气流动与空腔集热板进行热交换，温度沿 $+Z$ 轴方向逐渐升高。当进口流速较低时，如图 2-11（a）和（b）所示，窗户上部和空腔顶部左右两侧区域均出现了"死区"现象，导致这一区域热量积聚，空气温度升高。当进口流速逐渐增大时，如图 2-11（c）～（f）所示，系统内涡旋区域逐渐增加，

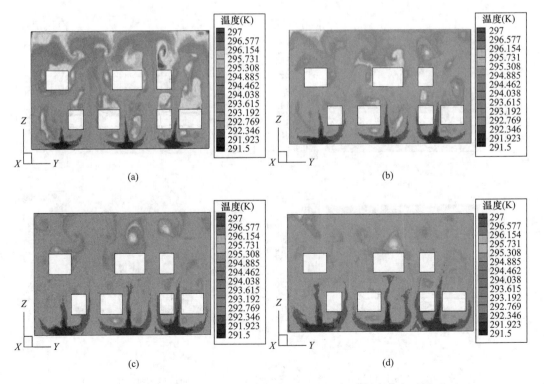

(a)　　　　　　　　　　　　　　　　　(b)

(c)　　　　　　　　　　　　　　　　　(d)

图 2-11　不同进口流速下 PVT 系统空腔 $X=0.1\mathrm{m}$ 切面温度分布云图（一）

(a) $v=1\mathrm{m/s}$；(b) $v=2\mathrm{m/s}$；(c) $v=3\mathrm{m/s}$；(d) $v=4\mathrm{m/s}$

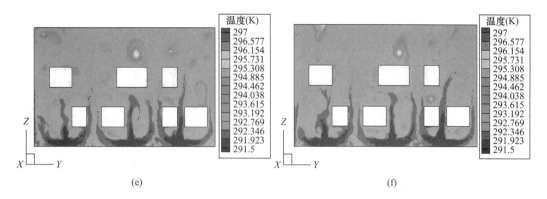

(e)　　　　　　　　　　　　　　　(f)

图 2-11　不同进口流速下 PVT 系统空腔 $X=0.1$m 切面温度分布云图（二）

(e) $v=5$m/s；(f) $v=6$m/s

这种涡旋流动有利于增加空气的扰动，促进这部分区域的热量交换，空腔上半部分的"死区"现象逐渐减少，空气温度变化明显，最高温度由 296.5K 降低到 295K，空腔整体温度分布趋于均匀。

（2）集热系统方案二

方案二的风口布置形式与方案一相比：上侧 3 个尺寸为 600mm×320mm 的风口改为 4 个尺寸为 600mm×200mm 的风口，具体位置如图 2-8 所示。图 2-12 为不同进口流速下 PVT 集热系统空腔 $Y=0.1$m 切面的速度分布云图，可见回风口数量和位置进行调整后，空腔顶部左右两侧的"死区"现象明显减少，回风口的涡旋现象加强，靠近回风口的涡旋

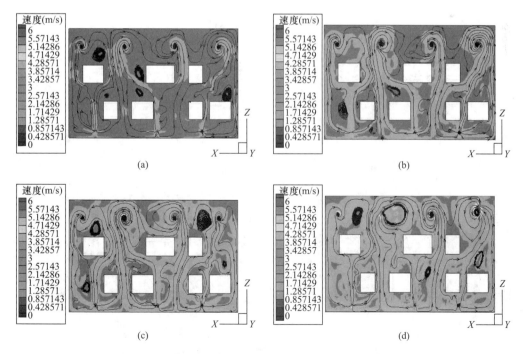

(a)　　　　　　　　　　　　　　　(b)

(c)　　　　　　　　　　　　　　　(d)

图 2-12　不同进口流速下 PVT 系统空腔 $Y=0.1$m 切面速度分布云图（一）

(a) $v=1$m/s；(b) $v=2$m/s；(c) $v=3$m/s；(d) $v=4$m/s

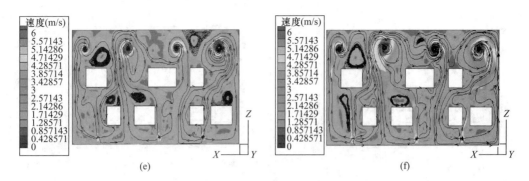

图 2-12　不同进口流速下 PVT 系统空腔 $Y＝0.1m$ 切面速度分布云图（二）

(e) $v＝5m/s$；(f) $v＝6m/s$

区域增大。与方案（一）相比，进口流速增大的过程中，出口流速增加速度加快，且 PVT 系统一层窗户上方的涡旋区域缩小。

受到风口数量以及位置改变的影响，PVT 系统温度分布情况发生了改变。图 2-13 所示为不同进口流速下 PVT 系统空腔 $Y＝0.1m$ 切面温度分布云图，进口处温度值最低，随着进口流速增加，一方面，系统顶部左右两侧"死区"减少，热量积聚现象明显缓解；另一方面，低温区域逐渐扩大，当速度增加到 6m/s 时，如图 2-13（f）所示，一层窗户下方大部分区域温度为 292K。由于回风口处涡旋区域增大，加强了空气与集热板热交换，导致回风口区域温度相比方案一有一定程度的提高，且系统温度分布不均匀，沿＋Z 轴方向存在明显的温度梯度，部分位置温度偏高。

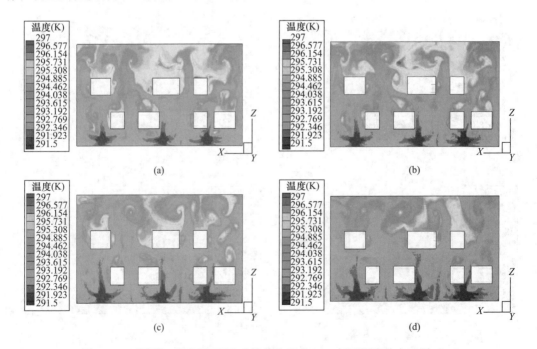

图 2-13　不同进口流速下 PVT 系统空腔 $Y＝0.1m$ 切面温度分布云图（一）

(a) $v＝1m/s$；(b) $v＝2m/s$；(c) $v＝3m/s$；(d) $v＝4m/s$

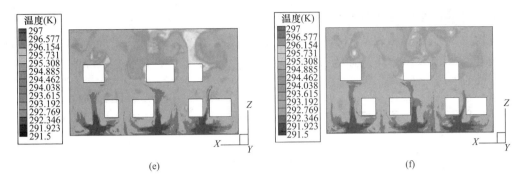

图 2-13　不同进口流速下 PVT 系统空腔 $Y=0.1$m 切面温度分布云图（二）

（e）$v=5$m/s；（f）$v=6$m/s

2. 系统热效率分析

随着进口流速的增加，系统的出口平均温度逐渐降低，图 2-14 为出口平均温度随进口流速的变化曲线，从图中可以得到，两种方案的出口平均温度变化趋势基本相同。当流速为 1～2m/s 时，出口平均温度下降最快，两种方案的曲线斜率相同；当流速为 2～4m/s 时，曲线斜率开始变小，方案一的出口温度降低较少，造成两种方案的出口平均温差逐渐增大；当流速为 4～6m/s 时，曲线斜率变得平缓，系统出口平均温度下降最慢，两种方案的温差不再变化，最终温差约为 0.6K。

图 2-15 为方案一与方案二的系统热效率曲线图，可见两种方案的系统热效率变化趋势大致相同，热效率变化曲线大致可分为三个阶段：1～2m/s 时，热效率呈直线上升状态；2～3m/s 时，热效率增长发生变化，增长速度逐渐平缓；当速度达到 3m/s 之后，方案二中系统热效率基本不再变化，达到相对稳定的状态，而方案一的系统热效率在 3～4m/s 这一阶段依旧增加，曲线斜率变得平缓，在 4～6m/s 时系统热效率基本不再增长。

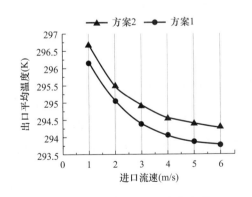

图 2-14　出口平均温度变化曲线

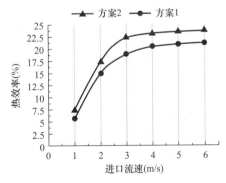

图 2-15　系统热效率曲线

导致系统热效率上升分为三个阶段的原因是进口流速的改变造成系统传热过程发生变化。进口流速在 1～2m/s 的阶段，流速增大时空腔内气流的 Re 增加，根据式（2-43）可知，随着 Re 的增加，$\overline{Nu}$（turbulent）呈幂级数的形式增长，根据传热学对流换热理论得到空气与集热板的对流换热系数增大，换热量随之增加，系统热效率呈直线上升；当流速为 $2\sim3\text{m/s}$ 时，对流换热系数增长变慢，导致系统热效率从直线增长转为平缓增长；当流速为 $3\sim6\text{m/s}$ 时，系统热效率基本不变，说明对流换热系数已经达到最大值。

2.2.3 光伏幕墙系统热效率优化分析

（1）优化模型的建立

光伏幕墙系统由太阳能电池板及空腔部分组成，合理的空腔选择和风口布置对改善空腔内温度分布和提升光伏幕墙系统换热效率有着重要的作用。因此，建立光伏幕墙系统优化模型，以下送上回的基本气流换热形式为例，模拟验证各项影响因素对系统原型的影响程度，并完成模型优化。优化模型 PVT 集热器尺寸为 $3000\text{mm}\times6400\text{mm}\times140\text{mm}$，风口尺寸为 $250\text{mm}\times250\text{mm}$，送、出风口均位于光伏幕墙空腔背侧，送风口设置在空腔右下侧，回风口设置在左上侧，风口距离集热器两侧均为 200mm。系统的几何模型如图 2-16 所示。为简化计算，在模型设置过程中认定 PVT 集热器系统为恒定热源且处于准稳态；空腔四周除光伏背板外均保温性能良好，设为绝热壁面；考虑集热器外壁存在自然对流，并与空腔内空气对流换热。

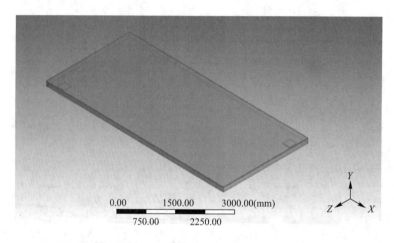

图 2-16　优化系统几何模型

模拟使用 FLUENT 软件，地点选择沈阳，工况为冬季工况，根据沈阳地区历史气象数据，冬季白天室外平均温度设定为 -5℃，室外风速为 3m/s，根据式（2-48）计算得出集热器外壁换热系数为 $17.1\text{W/(m}^2\cdot\text{K)}$。

$$h_{\text{out}} = 5.7 + 3.8 v_{\text{out}} \tag{2-48}$$

式中　h_{out}——外壁面对流换热系数，$\text{W/(m}^2\cdot\text{K)}$；

$\quad\quad v_{\text{out}}$——室外风速，$\text{m/s}$。

模拟边界条件设置如下：PVT 集热器空腔进风口设置为质量流量入口（Mass Flow Inlet），根据风机选型，设定入口流量为 $2800\text{m}^3/\text{h}$，即质量流率（Mass Flow Rate）为

1.003kg/s，初始表压（Initial Gauge Pressure）设置为101325Pa，出风口设定为自由出流边界。PVT集热器设定为恒定热源，辐射强度为450W/m²。集热器空腔除光伏背板侧外，其余界面均设置为绝热条件，流体与集热板的换热面设置为耦合边界。

模拟的初始条件为：集热器外表面温度等于室外空气温度，空腔内空气温度与室内空气温度相等。PVT集热器为恒定热源，厚度为200mm，能源（Energy）项设置为22500W/m³。初始化选择从系统的速度入口开始，使用Patch面板设定空腔初始温度为283K。

利用Mesh对几何模型进行网格划分，总体网格划分和局部网格划分情况如图2-17所示。开启能量方程模型，RNG k-ε 模型和DO（Discrete Ordinates）辐射模型，进行系统换热过程的模拟。

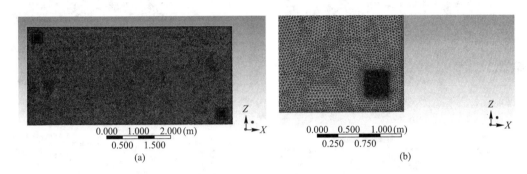

图2-17　优化模型网格划分

（a）整体网格划分；（b）局部网格划分

PVT集热系统从太阳能获得的热量 Q_S 通过下列公式计算：

$$Q_S = \dot{m}C_P(T_o - T_a) \tag{2-49}$$

$$\dot{m} = \rho V \tag{2-50}$$

式中　$\dot{m}$——热空气质量流量，kg/h；

　　　V——空气体积流量，m³/h；

　　　ρ——空气密度，kg/m³；

　　　C_p——空气比热容，J/(K·kg)；

　　　T_o——PVT系统出口温度，K；

　　　T_a——环境温度，K。

系统的瞬时热效率 η_S 通过下列式得到：

$$\eta_S = \frac{Q_S}{SA_S} \tag{2-51}$$

式中　S——太阳辐射强度，W/m²；

　　　A_S——PVT系统集热面积，m²。

（2）模拟结果分析

模拟研究的主要内容是，在改变集热器空腔厚度、出风口面积，以及多出风口间距等因素的情况下，模拟空腔内温度场的变化和换热效率的大小，以找到最佳的流场分布和系统热效率，完成对 PVT 集热器空腔物性参数的优化。

1）空腔厚度优化

优化模型初始空腔厚度为 140mm，使用 Fluent 软件进行减小空腔厚度的模拟，空腔进、出风口大小均设置为 250mm×250mm，为右下进、左上出的空气流向。以 20mm 为步长，设定空腔厚度为 140mm，120mm，100mm，80mm，60mm 的五种情况，分别模拟。空腔内温度云图选择空腔中心截面，即分别为 $Y=0.07m$，$Y=0.06m$，$Y=0.05m$，$Y=0.04m$ 和 $Y=0.03m$ 的截面，模拟温度场云图如图 2-18 所示。

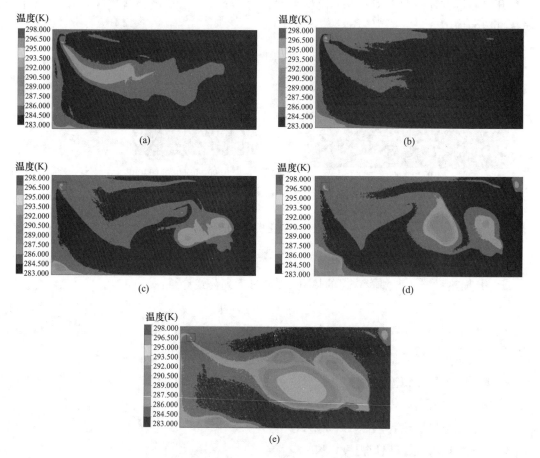

图 2-18　不同空腔厚度下空腔中心截面温度场分布

（a）空腔厚度 140mm；（b）空腔厚度 120mm；（c）空腔厚度 100mm；

（d）空腔厚度 80mm；（e）空腔厚度 60mm

根据模拟云图可以看出，空腔厚度较大的时候空腔内温度均匀性偏低，换热效果较差，出口温度偏低，因此系统热效率不高，在 140mm 的情况下只有 22.88%。随着空腔厚度减小，空腔内温度升高，换热逐渐充分，热效率提高。但由于总风量不变，空腔变窄的同时会造成空气流速增加，因此会出现"死区"现象，即换热不充分的现象，如图 2-18（e）所示。图 2-19 显示了空腔厚度变化时系统热效率的变化趋势，可以看出，当空腔厚度

为 60mm 时，热效率虽然对比厚度为 80mm 的
情况有 0.23％的上升，但是空腔内换热效果较
差，形成热量聚集，并出现较为严重的局部换
热不均匀现象；当空腔厚度为 80mm 时系统热
效率可以达到 26.98％，对比空腔厚度为
100mm 的情况有 2.03％的提升，且空腔内换热
较为充分。因此，对比几组的空腔温度场和换

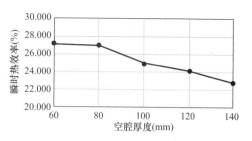

图 2-19　变空腔厚度热效率曲线图

热效率，最终确定优化后空腔厚度为 80mm，可以得到较为均匀的温度场和较高的换热效率。

2）出风口尺寸优化

模型进、出风口均位于空腔背侧，为 250mm×250mm 的正方形风口。模拟增大空腔
出风口尺寸，在进风口尺寸不变的情况下，将出风口尺寸增加为 350mm×350mm、
450mm×450mm、550mm×550mm、和 650mm×650mm，模拟过程依然保持总风量不
变，此时空腔厚度按照之前的优化结果定为 80mm。增大出风口面积的同时，依然保持正
方形风口，来消除风口形状对气流组织的影响。按照 80mm 空腔厚度，截面依然选取在
$Y=0.04\text{m}$ 处，其温度分布云图如图 2-20 所示。

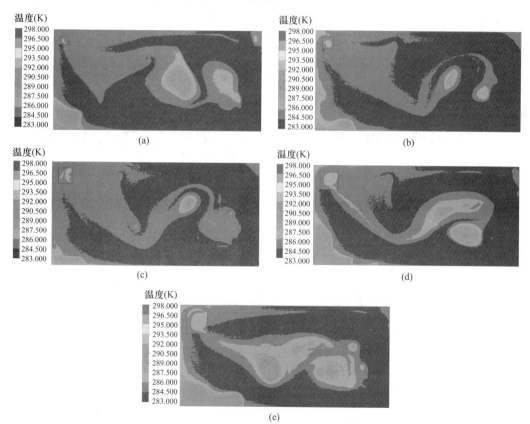

图 2-20　变出风口尺寸 $Y=0.04\text{m}$ 截面温度场分布

（a）出风口尺寸 250mm×250mm；（b）出风口尺寸 350mm×350mm；

（c）出风口尺寸 450mm×450mm；（d）出风口尺寸 550mm×550mm；（e）出风口尺寸 650mm×650mm

图 2-21 是在改变出风口尺寸的情况下，系统热效率的对应值，可以看出，在出风口尺寸增大的过程中，系统热效率总体上呈现出上升的趋势。根据图 2-20 所示的温度云图，对比其他情况，在出风口尺寸为 350～450mm 的阶段，空腔内换热效果良好，局部温度不均匀现象减弱。根据热效率图像，当出风口尺寸为 350mm×350mm 时，其出风口温度为 285.43K，系统热效率较高，可以达到 27.58%；而当尺寸增加到 450mm×450mm

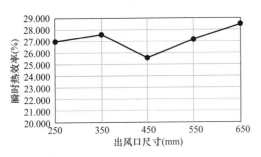

图 2-21　变出风口尺寸热效率曲线

时，出风口平均温度有所降低，只有 285.31K，热效率为 25.60%。因此，综合考虑选择优化出风口尺寸为 350mm×350mm。

3）多出风口间距优化

随着出风口面积的增加，总体的换热效率呈现上升趋势，因此考虑多出风口情况对空腔换热过程的影响。在原有右下送左上回的送、回风口模式的基础上，出风口右侧增加一个出风口，并调整两出风口间距进行模拟（图 2-22），比较得出风口的较佳布置方式。

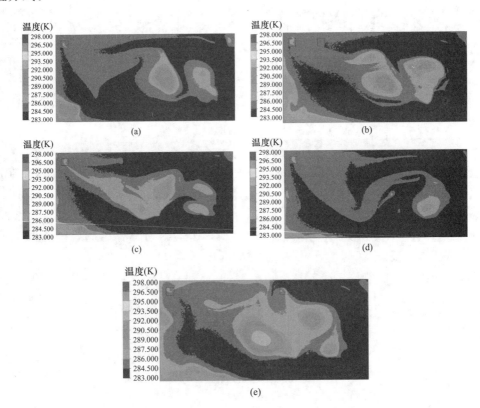

图 2-22　改变出风口间距 $Y=0.04$m 处温度场分布

(a) 单出风口；(b) 两出风口距离 1000mm；(c) 两出风口距离 2000mm；

(d) 两出风口距离 3000mm；(e) 两出风口距离 3500mm

如图 2-22（a）和（b）所示，在出风口右侧增加一个同样尺寸的出风口对空腔内换热
有较好的改善作用，空腔内局部温度过高现
象得到了缓解。由于在原出风口右侧新增一
个出风口，导致部分空气未进行完全换热就
已经流出空腔，因此在增加出风口间距的同
时，系统换热效率呈下降趋势（图 2-23）。
随着出风口间距的增加，直到增加到
3000mm，空腔内换热更加均匀，有利于空气

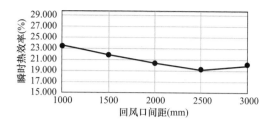

图 2-23　变两出风口间距热效率曲线

扰动。优化模型 PVT 集热器总长度为 6400mm，当两风口间距大于集热器总长度的一半，
如图 2-22（e）所示，间距增大到 3500mm 时，空腔内"死区"现象更加明显。因此，在
两回风口间距不大于 PVT 集热器总长度一半的情况下，风口布置越均匀，空腔内温度场
分布越均匀。

2.3　光伏幕墙辅助空气源热泵系统性能分析

2.3.1　耦合系统理论分析

PVT 耦合空气源热泵系统的原理如图 2-24 所示。光伏幕墙系统与墙体之间围合形
成空腔。在冬季白天利用太阳辐射得热加热空腔内的空气，通过与空腔顶部连接热泵机
房的管道，将空腔内的高温空气送至空气源热泵机组，提取高温空气中的热量加温热
水，为建筑冬季供暖。最后，将换热后的低温空气通过风管送回至幕墙空腔底部再循环
加热。

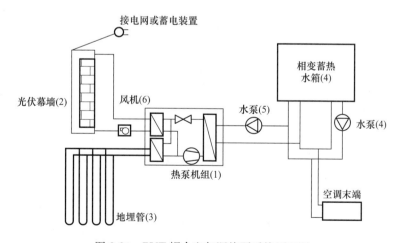

图 2-24　PVT 耦合空气源热泵系统原理图

在构建光伏建筑一体化模型的过程中，对 PVT 系统的集热性能和发电性能的验证是
确定系统能否正常运行及光伏一体化节能程度的关键。

系统的平均得热量和平均集热效率通过下式得到：

$$Q_{ave} = \frac{\int_t^{t_0} Q_s \mathrm{d}t}{t_0 - t} \qquad (2-52)$$

$$\eta_{ave} = \frac{\int_t^{t_0} Q_s \mathrm{d}t}{\int_t^{t_0} SA_s \mathrm{d}t} \qquad (2-53)$$

式中　t——系统开始运行时间 s；

　　t_0——结束运行时间。

系统的热电性能系数是供暖系统的热量与系统耗电量之比，是评价供暖系统的一个重要指标，可通过下式得到：

$$COP = \frac{Q_{ave}}{P_e} \qquad (2-54)$$

式中　P_e——系统整体用电功率，W。

2.3.2　耦合系统模型建立

本次模拟采用 TRNSYS 软件，建立光伏幕墙耦合空气源热泵系统，对最不利日和整个供暖期进行运行模拟和机组分析。建筑负荷模块、PVT 空气集热器模块、气象参数模块、地埋管换热器模块、相变蓄热水箱模块以及数据输出模块为本次模拟研究所采用的模块。

（1）建筑负荷模块（Type9c）

利用 DeST 建筑能耗计算软件，计算得出示范建筑的全年设计负荷，输出导入建筑负荷读取模块。

（2）用热末端模块（Type682）

主要用于连接建筑负荷模块，输入建筑负荷参数。

（3）气象参数模块（Type109-TMY2）

气象参数模块共有 4 个参数，分别是数据读取模式、逻辑单元、天空散射模型以及集热器表面太阳辐射追踪模式。该模块可以向其他模块输出需要的气象数据，如环境温度、湿度、有效天空温度、太阳辐射强度等。

（4）PVT 空气集热器模块（Type567-3）

该模块有 17 个主要参数，主要是集热器的长度、宽度、盖板发射率、盖板导热系数、盖板厚度、流道高度、背板热阻等。

（5）地埋管换热器模块（Type557b）

该模块有 35 个主要参数，主要包括埋管深度、埋管头部高度、地埋管半径、土壤导热系数、土壤比热、流体密度、流体比热、模拟年数、土壤层的厚度、流体在地表的阻力系数等参数。

（6）相变蓄热水箱模块

相变蓄热水箱模块基于蓄热水箱模块（Type4c）采用 FORTRAN 语言，根据相变蓄热水箱的理论计算公式编写完成。

（7）数据输出模块（Type65b）

通过数据输出模块可以显示模拟结果，模块中可设置参数有 12 个，包括左右轴线上的变量数目、左右轴的变量范围以及 X 轴的节点数等，输入变量的个数及类型由用户定义的部件参数决定。

根据选用的设备及系统运行模式，建立 TRNSYS 仿真模拟模型，如图 2-25 所示。

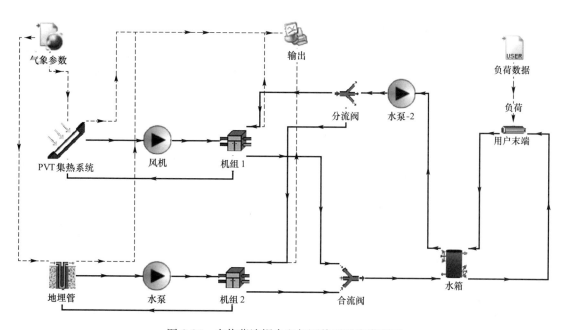

图 2-25　光伏幕墙耦合空气源热泵系统模型图

2.3.3　耦合系统模拟结果分析

1. 耦合系统最不利日模拟结果分析

沈阳的供暖期为 152d，为 11 月初到次年的 3 月末。通过沈阳市典型年气象数据可以得到，最冷天是 1 月 9 日，最不利日的室外平均温度为 −17.36℃，当天的最高温度为 −8.5℃，最低温度为 −25.4℃。当天作为此次模拟的最不利日，分析该光伏幕墙耦合空气源热泵系统的模拟运行结果，开始时间为 1 月 9 日 0：00，结束时间为 1 月 9 日 24：00。

图 2-26 为 PVT 光伏幕墙集热系统空腔内进出口温度变化情况。由图可知，该空腔系统的进口温度最大值为 35.2℃，出口温度最大值为 31.6℃，出现时间为 14：00 左右，进出口温度变化情况为先增大再减少的趋势，7：00 以后，集热系统中的空气温度逐渐上升；13：00 之后，集热系统内的空气温度逐渐下降，上升趋势和下降趋势的速率基本相同，由于集热系统内空气的热惰性，19：00 以后室外温度与 PVT 集热系统的进出口温度基本保持一致。

图 2-27 为最不利日空气源热泵机组 COP 变化曲线图。空气源热泵机组在 0：00～
6：00 时段内 COP 值平均为 2.0，说明这一时段内空气源热泵机组运行效率较低，建筑的
供暖在 0：00～6：00 时段内供给较差。在 6：00～12：00 时段内，随着 PVT 集热系统的
进出口温度升高，空气源热泵机组 COP 值也增大，约为 4.45，运行状态为满载运行；在
12：00～14：00 时段内，PVT 集热系统进出口空气温度达到最高，此时，空气源热泵
机组 COP 值平均值在 4.4 左右，最大值可达 4.52；14：00 后，由于太阳辐射降低，
PVT 集热系统进出口空气温度逐渐下降，空气源热泵机组 COP 值也随着空气温度的下
降而降低，COP 值由 4.5 持续下降到 2.2 左右。这一天中，空气源热泵 COP 值在 4.0
以上的时间为 4h，COP 值在 3.5 以上的时间为 8h，其余 12h COP 值的平均值大约为
2.5。因此，运行空气源热泵机组的时间应该在每天的 12：00～14：00，热泵机组的供
热效率最高。

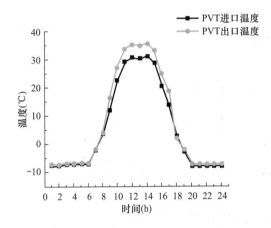

图 2-26　1月9日空腔进出口温度模拟

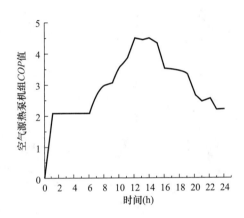

图 2-27　1月9日空气源热泵机组 COP 值

2. 耦合系统供暖期间模拟结果分析

为了解光伏幕墙耦合空气源热泵系统的能效特性，需要利用 TRNSYS 软件对系统的
供暖季节进行动态模拟分析，并进行深入研究。11 月、12 月、1 月、2 月和 3 月为沈阳市
的供暖月份，共 5 个月。图 2-28 为耦合系统中 PVT 集热系统空腔温度 11 月、12 月、1
月、2 月、3 月的变化情况示意图。

PVT 空腔在供暖季温度最低的月份为 1 月，温度变化在 −15～15℃ 之间，温度最高
月份是 11 月和 3 月，温度变化在 −5～30℃ 之间。PVT 空腔的温度在整个供暖季期间是
从 −15℃ 至 30℃ 之间变化的。从 PVT 空腔供暖季模拟温度变化图中可以看出，温度在
15℃ 以上的时间占到一半以上，在供暖末期 3 月份空腔温度有 3/4 的时间都在 20℃ 以上，
一天中 12：00～14：00 的空腔温度是最高的，所以在该时段是可以持续使用光伏幕墙耦
合空气源热泵系统的。

图 2-29 为耦合系统中空气源热泵在整个供暖季 COP 值的变化。空气源热泵 COP 的
最小值为 3.2，最大值为 5.1，平均为 4.3；在早晚无太阳辐射时，PVT 集热系统进出口
空气温度较低，空气源热泵源侧供热量低是造成空气源热泵 COP 值低的主要原因；当太

阳辐射强烈时，PVT 集热系统空气较高，空气源热泵源侧供热量高，机组可以满负荷运行，COP 值较高。因此在供暖季，每天 12：00～14：00，使用光伏幕墙耦合空气源热泵系统，空气源热泵 COP 值最高。

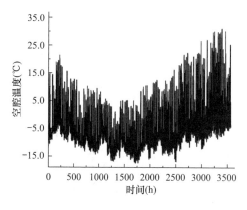

图 2-28　PVT 空腔供暖季模拟温度变化图

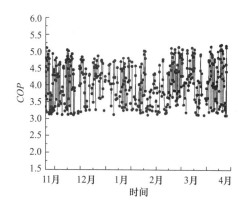

图 2-29　空气源热泵供暖季 COP 值变化图

2.4　净零能耗建筑光伏一体化实践案例

2.4.1　案例概况

"中德节能示范中心"项目来源于德国与我国联合举行的"德中同行"活动，该活动以"可持续发展的城市化进程"为主题，基于德国被动式建筑技术和我国建筑节能技术特点，在沈阳建筑大学建设一个"中德建筑节能示范平台"，旨在推进建筑行业的发展。

"中德节能示范中心"位于沈阳建筑大学校区内西南角，该建筑总体设计为地下 1 层、地上 2 层，建筑面积 $1600.7m^2$，建筑总高度 10.3m，主要用作办公使用。建筑整体结构形式为轻钢结构体系，隔墙采用轻质板材，屋面上设置太阳能光伏发电板，南立面采用太阳能光电光热建筑一体化设计，屋顶开设高透天窗，增强采光效果。该示范中心坚持以绿色设计、绿色施工为主要原则，严格按照绿色建筑三星级标准进行施工。为了最大限度减小建筑的体形系数，降低建筑的热损失，建筑主体轮廓采用造型简单的方块形状。该建筑集成了高效被动式建筑围护结构保温系统、绿色建筑监测与智能控制系统、可再生能源系统等技术。图 2-30 为示范建筑的整体效果图。

该建筑共有 3 层，其中图 2-31（a）所示为地下一层平面图，主要设置热泵机房、新风机房、展示大厅、会议室和储物间。一层为主要

图 2-30　建筑整体效果图

展示区域 [图 2-31 (b)]，设计了展示大厅、小型展厅、接待室、会议室和两个休息室。二层为主要办公区域 [图 2-31 (c)]，设置一大一小的办公室、信息采集中心和监控中心。图 2-31 (d) 为屋顶平面图，主要设置了绿化地块和光伏发电系统。

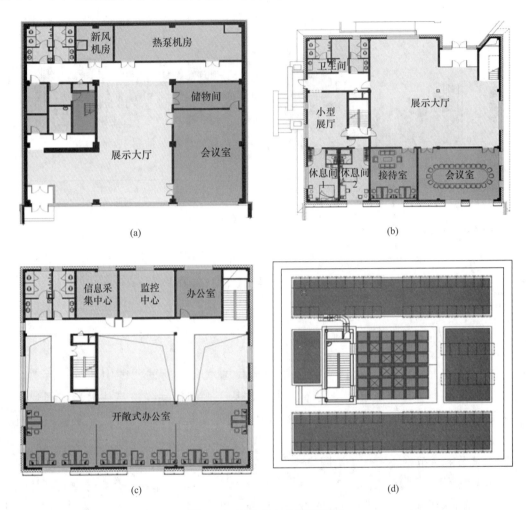

图 2-31　示范中心建筑平面图

2.4.2　光伏一体化设计

根据建筑西南立面的大小，设置宽 25.6m、高 12.5m 的光伏幕墙，除外窗部分，总面积为 153.6m²。PVT 幕墙安装角度为南偏西 30°，垂直安装，施工时在建筑外立面预留龙骨预埋件，建筑外墙施工完毕之后进行 PVT 集热板支架安装，将 PVT 集热板安装在基础支架之上。为保证系统密封性，缝隙采用密封胶进行密封，在空腔底部与顶部预留风口，顶部风口数量为 3 个，尺寸为 600mm×320mm，底部风口数量为 4 个，尺寸为 600mm×320mm。为保证系统循环，采用风机进行腔内加压，风机额定风量为 5200m³/h，出口风压为 332Pa，额定功率为 1.1kW，光伏幕墙外观如图 2-32 所示。

如图 2-33 所示，用浅色粗线表示的风管为机房的出风管，被机组吸收热量之后的空气经过风管进入光伏幕墙，阳光照射到光伏幕墙上之后，温度升高，冷空气吸收光伏幕墙的热量，温度上升，光伏幕墙玻璃板的温度下降，发电效率也得到提高，被加热的空气通过二层顶部的风管返回到机房，完成循环。

图 2-32　光伏幕墙外观　　　　　　　　图 2-33　幕墙加热示意图

　　机房中空气源热泵机组通过特制风口吸收来自空腔内的空气，将热空气送入机组蒸发端，被冷却后重新送入光伏幕墙空腔内，在这个过程中热泵吸收了空气中的热量，通过冷凝器将用户侧的回水加热，实现建筑物供暖。

2.4.3　运行监测结果分析

　　1. 耦合系统最不利日实测结果分析

　　按照之前的对比要求，选择沈阳市冬季最不利天 1 月 9 日进行数据分析。将热泵机组调至运行工况，采集空腔温度数据并对数据求平均值。1 月 9 日空腔进出口温度变化如图 2-34 所示。

　　可见 PVT 集热系统的进口温度最高值为 18.1℃，PVT 集热系统的出口温度的最高值为 23.6℃，出现在 13：00 左右，进出口温度变化情况为先增大再减少的趋势，7：00 以后，集热系统中的空气温度逐渐上升；13：00 之后，集热系统内的空气温度

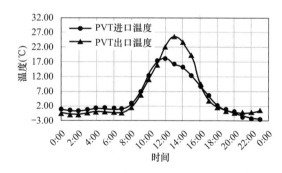

图 2-34　1 月 9 日集热系统进出口温度实际变化

逐渐下降，上升趋势和下降趋势的速率基本相同，由于集热系统内空气的热惰性，18：00 以后 PVT 集热系统的进出口温度基本与室外温度相同。

　　图 2-35 为最不利日空气源热泵机组 COP 值实际变化情况。空气源热泵机组在 0：00～7：00 时段内 COP 值平均为 2.8，说明这一时段内空气源热泵机组运行效率较低，建筑的供暖在该时段内供给较差。在 7：00～12：00 时段内，随着 PVT 集热系统的进出口温度升高，空气源热泵机组 COP 值也增大，约为 4.5，处于满负荷运行状态；在 12：00～14：00 时段内，PVT 集热系统进出口空气温度达到最高，此时，空气源热泵机组 COP 值平均值

在 4.5 左右，最大值可达 4.72；14：00 以后，由于太阳辐射降低，PVT 集热系统进出口空气温度逐渐下降，空气源热泵机组 COP 值也随着空气温度的下降而降低，由 4.7 持续下降到 3.3 左右。这一天中，空气源热泵 COP 值在 4.0 以上的时间为 6h，COP 值在 3.5 以上的时间为 10h，其余 8h COP 值的平均值大约为 2.8，因此运行空气源热泵机组的时间应该在每天的 11：00～14：00，热泵机组的供热效率最高。

2. 耦合系统供暖期间实测结果分析

PVT 空腔中有 8 个温度测试点，通过该净零能耗建筑智能控制监测平台采集测点数据。求 8 个测点的平均值，监控整个供暖季空腔温度的变化情况。

从图 2-36 中可以看出，PVT 空腔在供暖季实测温度最低的月份同样为 1 月，温度变化在 −15～25℃之间，温度最高月份是 11 月和 3 月，温度变化在 −5～35℃之间，PVT 空腔的温度在整个供暖季是从 −15℃至 35℃之间变化的。从图 2-37 可以看出，温度在 15℃以上的时间占到 90%以上，温度在 25℃以上的时间占到 60%。在供暖末期（3 月）空腔温度有 4/5 的时间都在 25℃以上；一天中 11：00～14：00 的空腔温度是最高的，在 25℃以上，所以实测数据显示该时段也是可以持续使用光伏幕墙耦合空气源热泵系统的。

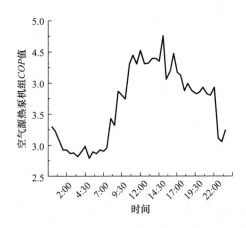

图 2-35　1 月 9 日空气源热泵 COP 值实际变化

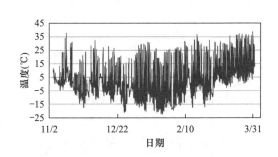

图 2-36　PVT 空腔供暖季实测温度变化图

3. 光伏幕墙耦合空气源热泵模拟与实测数据对比分析

通过对 PVT 空腔在供暖季的温度和耦合系统中空气源热泵 COP 值的实测分析，并利用 TRNSYS 软件对光伏幕墙与空气源热泵耦合系统进行模拟分析，得出模拟与实测数据的结论。通过 TRNSYS 软件模拟可知，PVT 光伏幕墙空腔温度的变化呈现先升高后降低的趋势，在 12：00～14：00 时段内的温度是最高的，热泵机组 COP 值与空腔温度变化的趋势是一致的。通过实测结果的分析，得出的结果与模拟结果基本保持一致，趋势不变，说明模拟结果具有科学依据，在 12：00～14：00 使用空气源热泵，热泵机组 COP 值最高。

2.5　本章小结

本章基于利用光伏技术降低建筑能耗，引出新型光伏系统与建筑一体化相关概念，通过对 PVT 系统进行数学模型和物理模型的构建,运用 FLUENT 等软件模拟,分析影响因素,提出 PVT 与空气源热泵耦合系统设计方案。在沈阳建筑大学中德节能示范中心进行案例实践,通过系统模拟和实验验证可知,耦合系统在每天 11:00～14:00 运行时,热泵机组的 COP 值最高,并且在整个供暖季的此时间段可以保证系统持续运行。

本章参考文献

[1] 吴于成,施涛. 太阳能光热发电的技术特点与应用研究 [J]. 现代制造,2016,3:61-61.

[2] 龙文志. 光电光热建筑一体化(BIPVT)概论 [J]. 中国建筑金属结构,2012,9:35-43.

[3] Ghoneim A,Mohammedein A. Experimental and Numerical Investigation of Combined Photovoltaic-Thermal Solar System in Hot Climate [J]. British Journal of Applied Science & Technology,2016,16 (3):1-15.

[4] Jarimi H,Bakar M N A,Manaf N A,et al. Investigation on the Thermal Characteristics of a Bi-fluid-Type Hybrid Photovoltaic/Thermal(PV/T)Solar Collector [C] //Renewable Energy in the Service of Mankind Vol II. 2016.

[5] 国家气象中心. 中国气象辐射资料年册 2001 年 [Z]. 2001.

[6] Agrawal B,Tiwari G N. Life cycle cost assessment of building integrated photovoltaic thermal(BI-PVT)systems [J]. Energy and Buildings,2010,42 (9):1472-1481.

[7] Jong M J M,Zondag H A. System studies on combined PV/Thermal panels [C] //9th Int. Conf. on solar Energy in High Latitudes,2001.

[8] Esbensen T V,Korsgaard V. Dimensioning of the solar heating system in the zero energy house in Denmark [J]. Solar Energy,1977,19 (2):195-199.

[9] 谭刚,左会刚,李晓锋,等. 自然通风的理论机理分析与实验验证 [C] //全国暖通空调制冷 1998 年学术年会,1998.

[10] 白剑. 相变蓄热在太阳能热泵供热系统中的应用研究 [D]. 太原:太原理工大学,2012.

[11] 叶盛. 空调冷热源的选择与评估 [D]. 上海:同济大学,2007.

[12] 崔福义,李晓明等. 无水源热泵供热空调的技术经济分析 [J]. 节能技术,2005,129 (23):14-17.

[13] 王登甲,刘艳峰. 太阳能热水采暖蓄热水箱温度分层分析 [J]. 建筑热能通风空调,2010,29 (1):16-19.

[14] 祖文超. 复合式太阳能供热系统研究 [D]. 济南:山东建筑大学,2010.

[15] Duffie J A,Beckman W A. Solar engineering of thermal processes [M]. New York etc.:Wiley,1980.

[16] Aboulnaga M M. A roof solar chimney assisted by cooling cavity for natural ventilation in buildings in hot arid climates:an energy conservation approach in Al-Ain city [J]. Renewable Energy,1998,14 (1):357-363.

[17] Aboulnaga M M,Abdrabboh S N. Improving night ventilation into low-rise buildings in hot-arid climates exploring a combined wall-roof solar chimney [J]. Renewable Energy,2000,19 (1-2):47-54.

[18] 陈雁. 太阳能辅助空气源热泵供暖实验和模拟研究 [D]. 天津:天津大学,2006.

[19] 程韧. 浅层地能（热）的开发与利用 [Z]. 希萌太阳能光伏发电网，2008.

[20] 马最良，姚杨，姜益强. 暖通空调热泵技术 [M]. 北京：中国建筑工业出版社，2008.

[21] 钟浩，李志民，罗会龙，等. 空气源热泵辅助供热太阳能热水系统实验研究 [J]. 建筑节能，2011，3：36-39.

[22] 何伟，季杰. 光伏光热建筑一体化对建筑节能影响的理论研究 [J]. 暖通空调，2004，33（6）：8-11.

[23] 王福军. 计算流体动力学分析——CFD 软件原理与应用 [M]. 北京：清华大学出版社，2004.

[24] 邬振武. 建筑一体化太阳能光伏组件的通风散热分析 [J]. 华东电力，2012，40（12），2216-2219.

第3章 净零能耗建筑可再生能源耦合供应生活热水方案

3.1 净零能耗建筑生活热水需求分析

3.1.1 热水用途、热水用量及使用时间规律

1. 背景

随着收入水平的提高,居民对生活品质的要求逐步提升,而热水使用体验便是衡量生活舒适度的重要方面之一,因此24h供热水俨然已成为高端住宅小区的标配。据统计,生活热水能耗占到了建筑能耗的10%~20%,是继供暖、空调、照明之后的第四大能源消费活动。随着经济的进一步发展,人们对生活品质的追求必然使高端住宅的需求不断增加,为了应对能耗增长的压力,提高能源利用效率,更加科学合理地提供生活热水是必须关注的问题,评估居民生活热水用量、挖掘生活热水需求特点则是首要步骤。

张磊等人通过总结大量的住宅热水用量实态调查数据并参考国外调研资料,分析了设计太阳能热水系统集热面积的关键技术参数——居民平均日热水用量。建议在采用局部热水供应系统时,居民平均日热水用量取30~40L/(人·d);采用集中热水供应系统时,居民平均日热水用量取45~60L/(人·d)。邓光蔚等人提出目前普通住宅每户每天的生活热水用量仅为20~80L/(户·d),而集中生活热水系统在高用水量的使用模式下运行效率较高,实际用水量偏低是导致其在我国有效热利用率低的主要原因之一。张西漾研究了影响用水定额的因素,分析和比较现行地方政策,结合城市气候条件,细分了现有居民生活用水定额的取值范围,提出了各个分区的建议值,建议值相比现有用水定额范围缩小,取值也较小。陈海峰提出生活热水系统设计应对不同人群实行不同的标准,充分考虑不同人群之间的差别;若冷水计算温度过低,会导致设备容量偏大等问题。王永峰指出,住宅小区集中供应热水时,人均热水用量为45~50L/(人·d),供应水温为45~50℃,而相关规范中设计热水温度为60℃。按照《建筑给水排水设计标准》GB 50015—2019规定,热水供应系统应该以最高日生活用水定额计算热水负荷,并选用加热设备,以满足最不利情况下的供水要求。王珊等人采用问卷与访谈的形式,结合工程测试结果,对居民的用水习惯、用水方式和热水价格等进行了调查,结果表明生活热水的需求量低于或趋近于各类标准或规范中的下限值,不同气候区的用水量不同,且居民热水使用时段相对集中在晚上。

太阳能热水系统作为目前技术最成熟、应用最广泛、产业化发展最快的太阳能应用技

术，是已知的可再生能源建筑应用领域中最易被公众接受的形式。有学者指出，在计算集中太阳能热水系统设计集热负荷时存在一定的折减空间。在我国，日用水量达到峰值属于极端的情况，若按照这种情况确定系统的集热面积，在大部分的时间内，使集热面积和集热量偏大，浪费能源且增大投资。

现有居民生活热水使用模式的相关研究主要关注热水用量，而对于热水主要使用时段的分布、热水供应形式、费用以及用户对不同供水系统的使用评价的研究较少。居民热水用水量的取值大小和范围应随气候区和人群的变化等应深入探讨。此外，用户使用热水的时间段会影响系统的循环策略，进而影响系统的能耗，现有的研究更多地侧重节约水量，而非节约能源。本章基于问卷及访谈的调研结果，利用太阳能热水系统建筑应用工程的实际运行数据，对居民的用热水规律等进行了梳理及分析，从用水定额、供水时间及供水形式和费用上就生活热水系统的设计给出合理参考。

2. 热水用途

调查研究显示，居民主要将热水用于洗澡、炊事（洗菜、洗米、清洗餐具等）、洗衣、打扫卫生等方面。不同季节的热水用途占比如图 3-1 所示。结果显示，用热水行为会随季节发生变化，其中使用热水洗澡的居民数量季节性变化不明显，占到79%左右；日常洗漱、厨房用水、洗衣物、打扫卫生等均呈现出冬季热水使用占比较高的情况，分别占 57%、56.0%、52%、30%。广东、海南等夏热冬暖地区因气候炎热，居民并非全年都使用热水洗澡，夏季广东仅有 25% 左右的居民使用热水洗澡。在气温更高的海南，在夏季仅有 11% 的居民使用热水洗澡，大部分居民只有在部分月份使用热水洗澡。

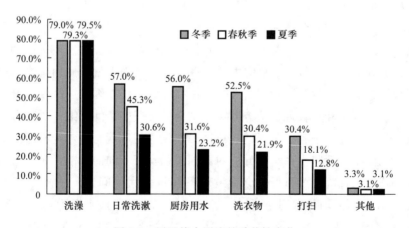

图 3-1 居民热水用途的季节性变化

3. 热水用量

根据 12 个集中集热—集中供热的太阳能热水系统住宅小区，共涉及 21.03 万户居民的监测数据可知，在供热水温度为 55℃、热水主要用于洗浴的情况下，各小区每户年平均热水用量如图 3-2 所示，平均每户每年热水用量为 22.6t，日用水量约为 25L/（人·d）。调研发现，有某温泉小镇项目和某高端住宅小区，每户的年平均热水用量高达 50t 以上，热水使用量偏高。

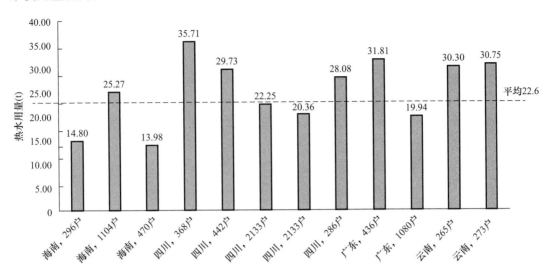

图 3-2　集中集热—集中供热太阳能热水系统住宅小区户年平均热水用量

在工程案例的检测中，对用户实际用水量进行调研，根据水表数据得到居民实际用水量，如表 3-1 所示。通过对比发现，调研所得数据与居民实际生活热水用量基本保持一致。居民洗浴热水用量约为 32L/（人·d），在校学生洗浴热水用量约为 24L/（人·d），远低于相关标准。

居民生活热水用量调查　　　　　　　　　　　　　　　　　　表 3-1

调研结果	962 户	32L/（人·d）	洗浴用水
	高校学生	24L/（人·d）	洗浴用水
实测结果	赤峰项目 6 户居民	40.7L/（人·d）	洗浴、厨房用水
	北京项目 594 户	33L/（人·d）	洗浴用水
	上海集中式项目 110 户	34.9L/（人·d）	洗浴用水
	上海分体式项目 60 户	31.1L/（人·d）	洗浴用水
	某高校公共男生浴室 968 人	20L/（人·d）	洗浴用水

4. 热水使用时间规律

洗澡是居民日常生活中热水使用率最高的用水方式之一，且提供洗澡用水是集中式生活热水最广泛的用途，只有少数会在提供洗澡用水之外提供厨卫热水。

一般来说，洗澡时间多数是早上（6：00～9：00）、中午（11：00～13：00）或下班后（19：00～23：00），由于下班后时间较长，居民作息规律不同，将其划分为晚饭后（19：00～21：00）和休息前（21：00～23：00）。问卷调查结果显示（图 3-3），洗澡时间未随季节变动而出现规律性变化，近 80% 的居民洗澡时段集中在下班后，春秋季和冬季则更为集中，冬季 92% 的居民选择在下班后洗澡。夏季天气炎热，居民会在早上、中午、晚上等多个时段洗澡。不同气候区（寒冷地区、温和地区、夏热冬暖地区）在不同季节洗澡时间的分布未表现出明显差异。此外，厨房洗刷、盥洗、打扫卫生等使用热水时间主要集中在一日三餐和周末，与洗澡用水习惯基本保持一致。

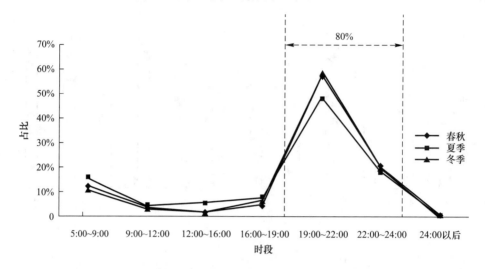

图 3-3 不同季节的洗澡用水时间分布（问卷调查）

对 24h 供应生活热水、用于洗浴的 9 个集中集热—集中辅热的太阳能热水系统住宅小区的热水用量监测数据显示，居民热水用量存在早晚两个高峰，分别占到全天热水用量的 33.1% 和 51.3%，且 8：00 和 20：00 热水用量达到峰值，如图 3-4 所示。从月份来看，7月用水量最高、12 月用水量最低，各月份用水量存在差异，如图 3-5 所示。不同季节和气候区的洗澡用水行为差异主要源于温度变化，气温是影响居民用热水习惯非常重要的因素，即气温与洗澡次数正相关，与洗澡用时和热水温度负相关。

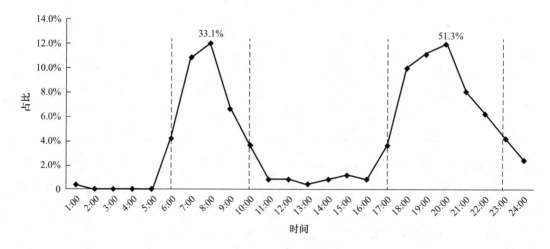

图 3-4 居民 24h 热水使用量比例分布（监测数据）

从问卷调查和工程监测数据可以得出热水的使用情况，居民热水使用主要集中在早晨和晚上，且以晚上为主，因此，太阳能热水系统的设计应尽可能合理解决这两个用热水高峰。此外，调查和监测数据显示，人均日热水用量为 20～40L/（人·d），低于相关标准规定。从季节上看，夏季热水使用量相对较高，冬季相对较低。

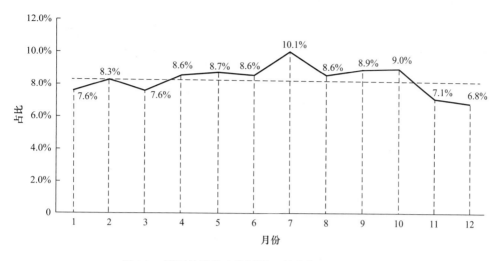

图 3-5　不同月份热水使用量比例分布（监测数据）

3.2　可再生能源耦合供应生活热水系统分类及性能技术分析

本节以行为节能为指导思想，提出一个通过不同产品和技术融合解决客户综合性问题的可行性节能方案。太阳能＋系统是将太阳能和热泵、燃气锅炉、电锅炉等进行融合，同时将不同的技术进行融合，如储热技术、定温技术等，技术也是不同产品的技术融合。不仅仅是热水的需求，还要考虑用户的其他需求，如泳池、净水、发电、供暖等。

表 3-2 为热水分级表，通过对热水整体全面的了解，热水体验的相关维度较为复杂，需要一个综合的评估体系，包括出水温度、出水水质、出水压力、供水时间、等待时间、出水末端等。根据不同的用户需求，选择相适宜的热水技术体系，不同的热水分级技术体系对应不同的热水体验。

热水分级表

表 3-2

技术分类			技术简介	一级热水	二级热水	三级热水	四级热水	五级热水
出水温度	恒温	水箱自混技术	打破水箱分层	●	●	●	●	●
	定温	混水定温技术	即时混水式定温	○	○		○	○
		多水箱定温技术	低温存储式定温		○	●	●	●
出水水质	过滤	砂滤	良好的过滤效果			●	●	
		盘式过滤器	优质的过滤效果				●	●
	水垢	水垢抑制技术	抑制水结垢，不去除	●	●			
		离子交换技术	去除钙镁离子			●	●	●
	杀菌	高温杀菌	70℃以上循环杀菌			●		●
		紫外杀菌	管道紫外杀菌技术				●	
		AOT 光催化水体灭菌	管道高级氧化技术					●

续表

技术分类		技术简介	一级热水	二级热水	三级热水	四级热水	五级热水
出水压力	流量调节供水技术	良好的供水调节	●				
	冷热同源供水技术	优质的供水调节				●	●
	无极变频供水技术	优质的供水调节			●	●	●
供水时间	定时	分时段供水	○				
	24h全天候供水	全天热水使用	○	●	●	●	●
等待时间	主管定温循环技术	主供水管道定温循环	●	●	●		
	支管定温循环技术	支管及主管定温循环				●	
	24h全管网循环技术	持续循环					●
出水末端	喷雾式单柄混水阀	良好的体验	●	●			
	雨水式双柄混水阀	优质的体验			●	●	●

注：热水等级越高，热水品质越好。●表示系统配置必须项，○表示可选项。

3.2.1 住宅建筑中常用的热水系统形式

1. 分散集热—分散供热

住宅建筑中常见的太阳能热水系统主要分为分户式和集中式两种系统。分户式系统是最常见的形式，即相互独立的系统，不存在各户之间的流量分配以及复杂的控制问题，安全隐患较小。但由于各户之间使用的不平衡，不能充分利用太阳能集热设施，利用率不高，造价相对较高。分户式又分分体式和整体式两种形式（图3-6）。

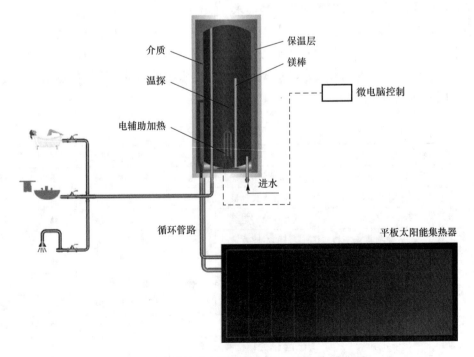

图 3-6　阳台壁挂式与整体落水式太阳能热水系统图

2. 集中式系统

集中式太阳能热水系统是指集中集热和集中供热的系统，集中式集热系统的太阳能利用效率高，能够实现热水资源共享。系统通过集热器集中集热，储水箱中的热水，水温达到设定温度时，进入恒温水箱储存供用户使用；没有达到温度要求时，启用辅助加热设施加热后再进入恒温水箱，系统可实现 24h 供水或定时供水（图 3-7）。

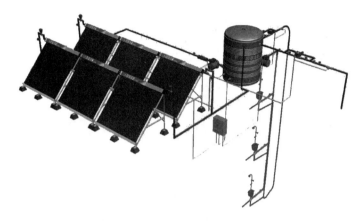

图 3-7　集中式系统太阳能热水系统

集中式太阳能热水系统集成化程度高，管路简单，初期投资较少。但由于系统集中运行，一旦某点出现故障，维修服务不及时，则将影响一大片用户，使许多用户热水供应不能得到保证。且在管路系统设计不当时，会出现支管较长的问题，使用时需先放出较多冷水，浪费水资源。

3. 半集中式系统

半集中式太阳能热水系统的集热器集中集热，通过循环泵将热水输送到各用户的承压水箱中，通过判断水箱中的水温和集热管中的温度差控制电磁阀的启动，水箱使用换热盘管中加热水，用户加水时，由冷水的流入提供热水流出的压力，水压稳定（图 3-8）。各户单独使用，热水资源分配均匀，集热部分可承压运行，系统闭关循环，避免了水质引起管路和集热器的结垢，运行控制简单。该系统的最大特点是将热水储存于每户中，减少水箱的占地面积。

3.2.2　公共建筑中常用的热水系统形式

1. 校园热水

校园可分为幼儿园、中小学和高校，其热水应用方式也有所不同。

（1）幼儿园热水系统

1）人群分析

幼儿园小朋友缺乏危险意识，行动力较差且好奇心重，抵抗力弱。他们更容易感冒，对于该阶段的孩子来说，高温热水对其皮肤的伤害远远大于成人，其对水质的清洁度也更加敏感。

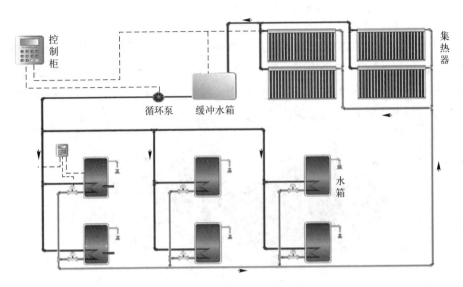

图 3-8　半集中式太阳能热水系统

2）规范及其他分析

幼儿园不得建在高层建筑内，三个班级以下规模的幼儿园可设在多层公共建筑内的一～三层，应有独立院落和出入口，室外游戏场地应有防护设施；三个班级以上规模幼儿园不应设在多层公共建筑内，幼儿园办园规模如表 3-3 所示。幼儿园采用集中浴室，由老师帮助进行洗浴，淋浴喷头较少，故水温无需定温出水，由教师进行调节即可，洗浴出水压力需进行降压处理。幼儿园应增加设备避免噪声影响上课及休息。幼儿园有寒暑假及周末假期，部分私立幼儿园无假期。

幼儿园办园规模　　　　　　　　　　　　　　　　　　　表 3-3

分类	服务人口（人）
3 班（90 人）	3000
6 班（180 人）	3001～6000
9 班（270 人）	6001～9000
12 班（360 人）	9001～12000

注：幼儿园办园规模不宜超过 12 班。城镇幼儿园办园规模不宜少于 6 班。农村幼儿园宜按照行政村或自然村设置，办园规模不宜少于 3 班。

3）设计关键点

① 水温：由老师帮助洗澡，无需设计定温出水，只需恒温设计即可。

② 水质：洗浴用水需进行有效的过滤、软化和定期灭菌处理，保证水质安全。

③ 供水时间：采用集中式洗浴，无需设置管道循环功能，供水时间为定时供水。

④ 运行：系统运行高效、节能，对环境无污染，运行费用低且智能化。

⑤ 水压：不能过高，否则会对幼儿的皮肤产生伤害。

⑥ 噪声：部分区域的设备需做消声降噪处理，如休息区和教学区。

⑦ 假期：需要结合假期情况，实现太阳能系统的灵活设计，注意过热处理。

⑧ 余热：采用淋浴形式，将排放大量废水余热，条件允许时应做余热回收处理。

4）运行原理

幼儿园太阳能＋空气源热泵热水系统如图 3-9 所示。

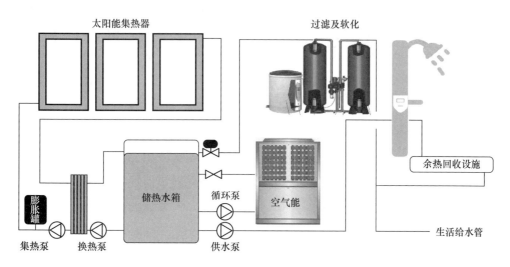

图 3-9　幼儿园太阳能＋空气源热泵热水系统

① 递进加热技术：最大化利用太阳能进行热水供应，极大节省常规能源，同时可选配定温出水装置。

② 余热回收技术：余热回收设备通过用户洗浴水集中收集余热，经过换热可将自来水温度提高 10℃以上。

5）设计关注点

幼儿园热水系统设计时应关注辐照量的问题。学校学生在寒暑假期间不使用热水，因此针对学校而言，根据当地纬度安装太阳能不是最佳的方案，需要考虑用户的使用时间，寒暑假的时间太阳能利用率不高，太阳能倾角可以按春秋季节的太阳能入射角度选取，太阳能倾角相对常规的全年倾角应适当增大（图 3-10、图 3-11）。

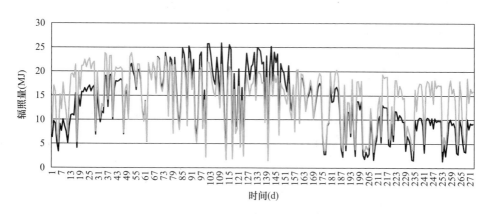

图 3-10　0°和 45°倾角的辐照量对比

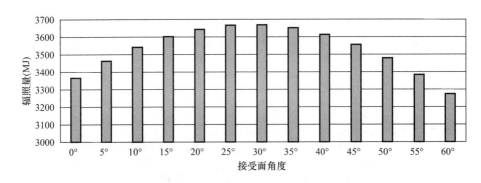

图 3-11　去除寒暑假后不同接受面角度总辐照量柱状图

（2）中小学热水系统

1）人群分析

中小学学生具有活泼好动、免疫力较低等特点，因此对于该阶段的学生应避免出现危险，其接触的热水应安全且保证质量。

2）规范及其他分析

小学普通教室农村 3 层、城市 4 层以下；中学的普通教室农村 4 层、城市 5 层以下，实验室、专用教室、办公用房和生活用房的层数宜根据实际情况确定，一般在 6 层以下。浴室应有供暖设备，以保证寒冷季节学生洗浴时的室内温度要求，防止出现冻伤等情况，宜使用淋浴喷头，相邻两个淋浴喷头的间距不小于 0.9m。小学不宜小于 6 个班，不宜超过 36 个班，每班 45 人左右；初中不宜小于 12 个班，不宜超过 36 个班，每班 50 人左右；高中不宜小于 18 个班，不宜超过 60 个班，每班 50 人左右。一般采用集中式洗浴，不收费；学生自己洗浴，需采用定温出水设计。定时开放的淋浴间应保证住宿学生至少每周一次淋浴。浴室的热水应达到人体感觉适宜的温度，浴室在开放后的当晚要彻底清洗，经过消毒后再行换水。

3）设计关键点

① 水温：由于学生自行洗浴，故采用定温出水的方式来保证洗浴安全。

② 水质：洗浴用水需进行有效的过滤、软化和定期灭菌处理，保证水质安全。

③ 供水时间：采用集中式洗浴，无需设置管道循环功能，定时供水。

④ 运行：系统运行高效、节能，对环境无污染，运行费用低且智能化。

⑤ 水压：变频增压供水，供水水压在洗浴时需满足不同淋浴数量的压力稳定性。

⑥ 噪声：部分区域的设备需做消声降噪处理，如休息区和教学区。

⑦ 假期：需要结合假期情况，实现灵活的太阳能系统，注意过热处理。

⑧ 余热：采用淋浴形式，将排放大量的废水余热，条件允许时需做余热回收处理。

4）运行原理

中小学太阳能＋辅助热源热水系统如图 3-12 所示。

① 恒温混水技术：通过纯物理调节装置实现出水恒温，设定出水温度为 41℃。

② 余热回收技术：通过余热回收，将热量直接用于混水装置，减少热水的使用量，

降低能源消耗，节省运行费用。

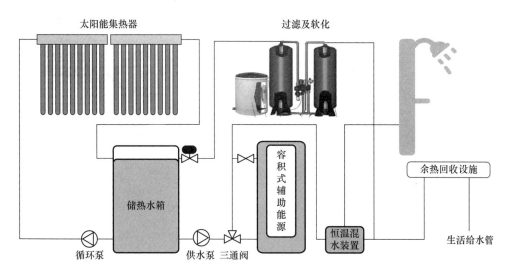

图 3-12　中小学太阳能＋辅助热源热水系统

（3）高校热水系统

1）人群分析

如图 3-13 所示，68％的高校使用公共浴室，73％为定时开放，只有 27％为全天开放。

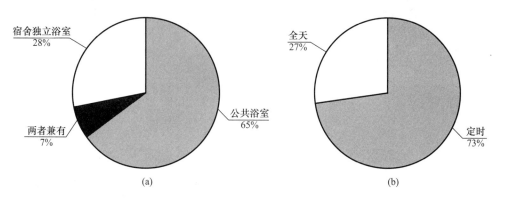

图 3-13　高校浴室使用率

（a）高校浴室形式分析；（b）洗浴开放时间

　　高校学生的洗浴使用率显示（图 3-14、图 3-15），夏季每天都洗澡的学生居多，春秋季每周洗澡 3 次的学生居多，冬季每周洗澡 1 次的学生居多，常规能源供热水的占比为85％。如图 3-16 和图 3-17 所示，学生浴室采用插卡计量、自行调节混水阀的情况居多。运动之后洗澡的学生占比最多。大多数学生暑假回家。

　　2）规范及其他分析

　　本科生公寓 4 人/间，人均建筑面积 8m²；硕士生公寓 2 人/间，人均建筑面积 12m²；博士生公寓 1 人/间，人均建筑面积 24m²。夏热冬暖地区和温和地区应在宿舍建筑内设淋浴设施，其他地区可根据条件设分散或集中的淋浴设施，每个浴位服务人数不应超过 15 人。

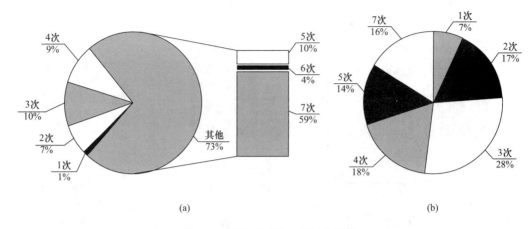

图 3-14 夏季高校学生洗浴使用率

(a) 夏季；(b) 春秋季

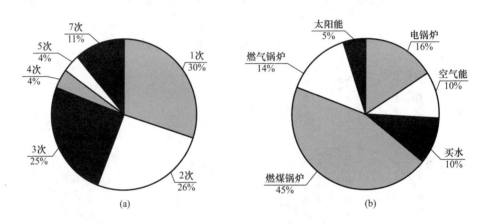

图 3-15 冬季高校学生洗浴使用率

(a) 冬季；(b) 高校热水加热能源分析

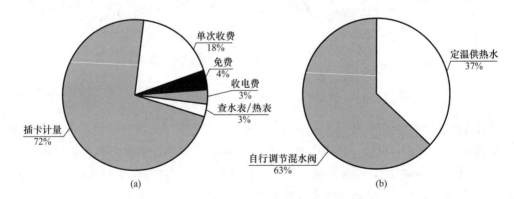

图 3-16 高校学生洗浴计费用水方式分析

(a) 学校浴室缴费计量方式；(b) 学校用水方式分析

3）设计关键点

① 水温：大学生的自我保护能力强，因此采用恒温出水设计。

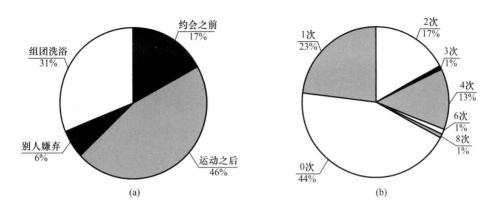

图 3-17　洗浴原因及暑假留校分析

（a）驱使去洗澡的原因；（b）四年制寒暑假留校次数

② 水质：保障水质安全，提升热水体验，保障热水系统稳定运行。

③ 供水时间：集中式热水系统采用定时间段供水，独立浴室采用全天候供水。

④ 运行：系统运行高效、节能，对环境无污染，运行费用低且智能化。

⑤ 水压：采用变频增压供水，供水水压在洗浴时需满足不同淋浴数量下的压力稳定性。

⑥ 计费：采用水联网的方式进行热水计费和统计，通过一卡通实现热水联网。

⑦ 假期：需要结合假期情况，实现灵活的太阳能系统，注意过热处理。

⑧ 余热：采用淋浴形式，将排放大量的废水余热，条件允许时需做余热回收处理。

4）运行原理

高校太阳能＋辅助热源热水系统如图 3-18 所示。

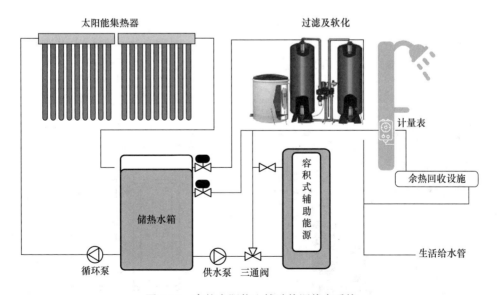

图 3-18　高校太阳能＋辅助热源热水系统

① 定温循环技术：保证打开龙头即有热水，实现用户体验的升级，同时减少水资源

的浪费。

② 余热回收技术：余热采用集中式回收，即收即用，此时要注意计量仪表的设置位置，以及计量精确性。

2. 酒店热水

（1）酒店必备项目检查

在酒店热水的分级必备检查项目上仅有供应时间的最低要求且分级粗略（图3-19）。

一星级酒店	二星级酒店	三星级酒店	四星级酒店	五星级酒店
□应24h供应冷水，每日固定时段供应热水	□应24h供应冷水，至少12h供应热水	□24h供应冷、热水	□24h供应冷、热水，水龙头冷热标识清晰	□24h供应冷、热水，水龙头冷热标识清晰
□客房内应有卫生间，或提供宾客方便使用的公共卫生间	□至少50%的客房内应有卫生间，或每一楼层提供数量充足的公共卫生间	□客房内应有卫生间	□客房内应有装修良好的卫生间	□客房内应有装修精致的卫生间
□客房内应提供热饮用水	□客房内应提供热饮用水	□客房内应24h提供热饮用水，免费提供茶叶或咖啡	□免费提供茶叶或咖啡。提供冷热饮用水	□免费提供茶叶或咖啡。提供冷热饮用水
□应有至少15间(套)可供出租的客房	□应有至少20间(套)可供出租的客房	□应有至少30间(套)可提供出租的客房	□应有至少40间(套)可供出租的客房	□应有至少50间(套)可供出租的客房

图 3-19　酒店必备项目检查图

通过调研可知，某酒店的全年日均用热水量10t（45℃），最高日用水量15t，最低日用水量8t。入住率约74%，房间数量平均107间，房间日均用水量110L。传统设备提供热水的成本居高不下，影响酒店的成本控制计划；酒店要响应国家节能减排政策，符合酒店业生态环保要求；酒店热水控制系统不智能，不能根据预约人数等进行系统的智能运行；酒店用水波动大且集中，需要全天24h热水供应。

（2）递进式太阳能低能耗热水解决方案

该系统递进加热，运行成本低且保障率高，优先太阳能系统进行热水供应，太阳能不足时，仅提供基础水温，由辅助能源二次升温，降低传统能源消耗，节省运行成本（图3-20）。

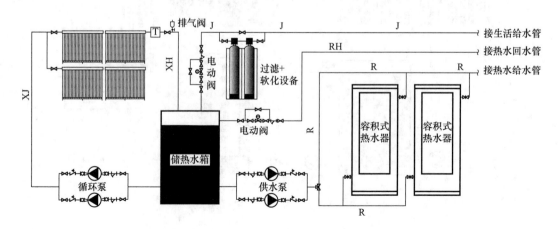

图 3-20　递进式太阳能低能耗热水系统图

该系统使用太阳能＋多能耦合系统形式，运行费用极低。与其他系统相比，太阳能＋电递进式复合系统的总寿命周期能耗最低，为传统电锅炉的 1/5、燃油锅炉的 1/4、燃气锅炉的 2/5（图 3-21）。该系统使用太阳能递进式加热，效率高且更节能。

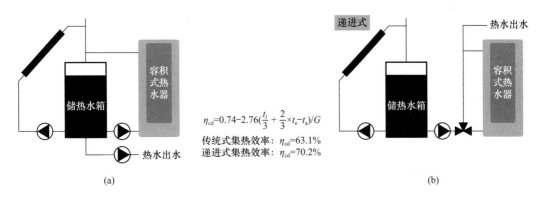

$$\eta_{cd}=0.74-2.76(\frac{t_i}{3}+\frac{2}{3}\times t_e-t_a)/G$$

传统式集热效率：$\eta_{cd}=63.1\%$
递进式集热效率：$\eta_{cd}=70.2\%$

(a)　　　　　　　　　　　　　　　　　　　　(b)

图 3-21　传统式与递进式系统对比

(a) 传统式系统；(b) 递进式系统

传统式太阳能热水系统为保证时刻出水，太阳能一直处于高温加热部分；而递进式系统储热水箱中的水不需要保持高温。以北京为例，递进式系统相较于传统式系统提高 11％的效率（未考虑高温热损），热损约为传统式系统的 60％。该系统稳定性高且供水连续性强。酒店用水的波动性较大（图 3-22），因此需要较高的保障系数。该系统采用多能复合递进式加热方式，在用水突然达到高峰期或太阳能不足时，通过辅助能源快速补偿，保证热水持续供应。

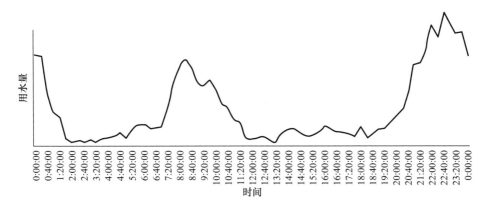

图 3-22　酒店 24h 用水变化曲线

3. 医院热水

(1) 设计关键点

1) 用水需求部门：一般来说，医院的病房卫生间、手术室洗手、产科病房、洗婴室、中心供应室宜设置集中供水热水系统，而门急诊、医技各科室和后勤行政部门由于用水点分散，对热水供应的要求不高，一般可不设置热水供水。

2) 系统设计形式：对于设置集中热水供水的项目，热水机房宜集中设置，但要根据使用功能分为不同的系统，便于运行管理维护。目前大部分医院除有独立卫生间的病房外基本为定时供应；中心供应、手术室洗手、产房热水为全天候供应。

3）军团菌问题：人们对水质的要求越来越高，生活热水中发现军团菌致病的实例引起了人们的高度重视。30～45℃的水中军团菌最易繁殖，因此《建筑给排水设计标准》GB 50015—2019 明确规定医院建筑不得采用有滞水区的容积式水加热器。

4）全循环供水方式：在一些标准较高的医院建筑中，由于卫生器具布置相对分散、数量多、配水支管长，难以按半循环方式保证大多数配水点的水温，设计中有必要采用全循环供水方式。

（2）运行原理

医院太阳能＋辅助热源热水系统如图 3-23 所示。

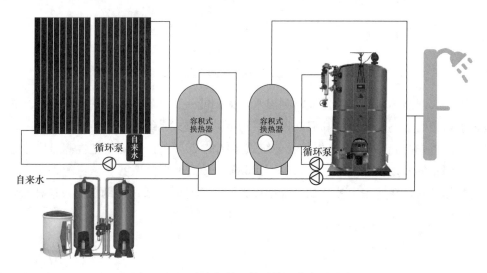

图 3-23　医院太阳能＋辅助热源热水系统图

1）冷热同源供水技术：通过冷热同源供水技术，实现出水压力稳定，同时不形成滞水区，避免军团菌大量繁殖。

2）承压分布储热技术：承压储热的热量损失降低了 20％以上，能够有效节约能源；承压密闭系统不与大气接触，因此避免了水污染。

3）水处理技术：配备水处理设施，涵盖软化及 AOT 杀菌技术，实现洗澡热水的健康优质供应。

4．太阳能泳池及热水

（1）设计关键点

1）温度设定：恒温泳池水温常年保持在适合人体的温度，即 26～28℃。

2）技术成熟度：太阳能热水系统在加热泳池池水方面的技术在国外已经比较成熟。美国 70％的太阳能热水系统应用在游泳池池水加热上。

3）系统形式：集热器中与泳池水接触的材料不应污染水，且材料不应被腐蚀。除铬—镍钢外，其他金属不能用于与泳池水接触的部件，故系统采用间接换热形式。

4）需求状况：需要洗澡及泳池恒温同步进行。

（2）运行原理

太阳能泳池热水与供热系统如图3-24所示。

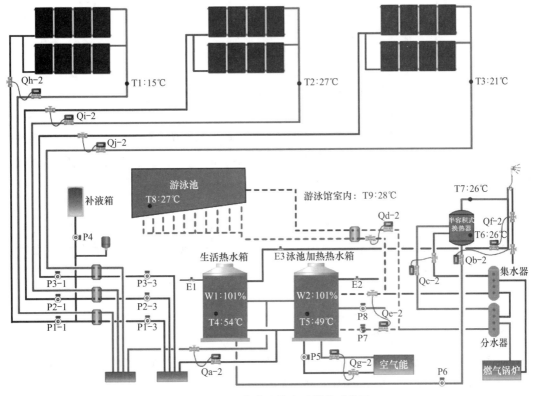

图3-24 太阳能泳池热水及供热系统图

1）热水优先：在系统设计时，一切以热水洗浴为先，其次为泳池加热，此方式是能够提升用户体验，同时提高能源利用率，双水箱选择性加热可避免高温。

2）多能复合：根据不同的用户需求选择合适的太阳能集热器，采用多种能源复合，实现热水及泳池双重应用。

3）递进式加热系统：对于生活用水部分采用容积式换热器，无滞水区，同时提升了太阳能利用效率。

3.3 可再生能源耦合供应生活热水系统设计

3.3.1 可再生能源耦合系统的热源配置

1. 设计依据

（1）法律法规

1）《中华人民共和国安全生产法》；

2）《中华人民共和国环境保护法》。

（2）设计规范

1）《建筑给水排水设计标准》GB 50015—2019；

2）《民用建筑太阳能热水系统应用技术标准》GB 50364—2018；

3）《可再生能源建筑应用工程评价标准》GB/T 50801—2013；

4）《生活热水水质标准》CJ/T 521—2018；

5）《集中生活热水水质安全技术规程》T/CECS 510—2018。

（3）施工及验收规范

《建筑给水排水及采暖工程施工质量验收规范》GB 50242—2002。

2. 生活热水特点及要求

热水温度应根据工艺要求确定，其他用途的热水水温宜按60℃设计。生活热水系统的水加热器出水温度不应低于60℃，系统回水温度不应低于50℃。系统应便于操作、维护，热水系统应安全可靠且节能环保。

3. 太阳能与辅助热源耦合配置选型计算

本小节以北京地区某工程为例，分别介绍以空气源热泵为辅助热源、以燃气加热器为辅助热源和以蒸汽为辅助热源的太阳能热水系统选型计算。该工程用水人数500人、用水定额110L/（人·d）、同日使用率为0.9、热水温度为60℃、冬季冷水温度为4℃。

（1）以空气源热泵为辅助热源的太阳能热水系统

1）空气源热泵热水系统设计要求

① 空气源热泵供应系统辅助热源设置原则：最冷月平均气温不小于10℃的地区，可不设辅助热源；最冷月平均气温小于10℃且不小于0℃时，宜设置辅助热源。

② 当设辅助热源时，宜按当地农历春分、秋分所在月的平均气温和冷水供水温度计算；当不设辅助热源时，应按当地最冷月平均气温和冷水供水温度计算，并考虑电辅热措施。

2）系统流程

自来水通过加热循环泵送入空气源热泵加热至60℃后进入加热水箱、供热水箱，空气源热泵生活热水系统流程如图3-25所示。

3）空气源热泵计算

空气源热泵设备价格较高，为降低设备投资、提高设备利用率，空气源热泵日工作时间取16h。

① 空气源热泵小时耗热量计算

$$Q_g = k_1 \times \frac{m \times q_r \times C \times (t_r - t_1)}{T_1} = 1.1 \times \frac{500 \times 110 \times 4.187 \times (60-4)}{16} = 886597 (\text{kJ/h})$$

(3-1)

式中　Q_g——空气源热泵设计小时供热量，kJ/h；

　　　m——用水人数，取500人；

　　　q_r——用水额定，取110L/人；

　　　t_r——供水温度，取60℃；

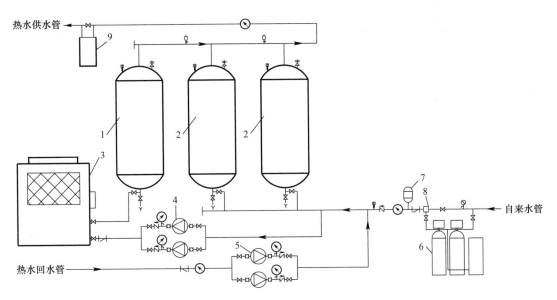

图 3-25　空气源热泵生活热水系统图

1—承压加热水箱；2—承压供热水箱；3—空气源热泵；4—加热循环泵；5—热水回水加压泵；

6—钠离子软水器；7—闭式膨胀罐器；8—调节混水器；9—紫外光催化二氧化钛灭菌设备

t_1——基础水温，取 4℃；

k_1—— 安全系数，取 $1.05 \sim 1.10$；

T_1—— 热泵机组设计工作时间，h/d，取 16h/d。

②空气源热泵台数计算

$$N = \frac{Q_g}{Q_{kd} \times 3600} \tag{3-2}$$

式中　N——空气源热泵台数；

Q_{kd}——单台空气源热泵在最冷月平均温度下的供热能力，kW，若有辅助热源则取辅助热源启动温度下的供热能力。

③ 辅助热源

$$辅助热源功率(kW) =$$

$$\frac{[设计小时供热量(kJ/h) - 热泵在冬季室外空调计算温度下的供热能力(kJ/h)]}{3600}$$

$$\tag{3-3}$$

容积式电热水器参数如表 3-4 所示。

容积式电热水器参数表　　　　　　　　　　　　表 3-4

容积式电热水器		
型号	MD-36/300	MD-54/300
额定功率（kW）	36	54
储水容量（L）	300	300
进出水管管径（mm）	DN32	DN32

续表

安全阀管径（mm）	DN20	DN20
额定工作压力（MPa）	1.0	1.0
A 炉体高度（mm）	1530	1530
B 炉体直径（mm）	φ650	φ650
MD300 产热水率		
各产品对应功率	36kW	54kW

相对温升的产热水率	25℃　（L/h）	1174	1759
	35℃　（L/h）	839	1260
	55℃　（L/h）	534	820

4）水箱容积计算

$$V_r = k_2 \times \frac{(Q_h - Q_g) \times T}{\eta \times (t_r - t_1) \times C} \times 0.001 \tag{3-4}$$

式中　V_r——供热水箱总容积，m^3；

　　　k_2——安全系数，1.1～1.2；

　　　Q_h——设计小时耗热量，kJ/h；

　　　T——设计小时耗热量持续时间，h，T＝2～4h；

　　　η——立式水箱容积系数，η＝0.85～0.9；

　　　t_r——热水温度，℃，按设计水加热器出水温度或贮水温度计算；

　　　t_1——冷水温度，℃，按照规范选用。

5）水泵选型

① 加热循环泵

加热循环泵设 2 台，按照 1 用 1 备配备。

② 加热循环泵流量

$$G_{jr} = 1.1 \times 0.86 \times \frac{Q_g}{3600 \times \Delta t} = 1.1 \times 0.86 \times \frac{886597}{3600 \times 8} = 29(m^3/h) \tag{3-5}$$

式中　G_{jr}——加热循环泵流量，m^3/h；

　　　Q_g——空气源热泵设计小时供热量，kJ/h；

　　　Δt——循环温差，℃，取 5～10℃。

③ 加热循环泵扬程

$$H_{jrb} = h_x + h_e + h_f = 20 \times 0.03 + 5 + 2 = 7.6(m) \tag{3-6}$$

式中　h_x——循环管路损失，m，应通过计算确定，取最远管路总长度的 2.5%～3%；

　　　h_e——通过空气源热泵的水头损失，m，查产品参数；

　　　h_f——附加压力，m，取 2～5m。

6）空气源热泵热水系统控制

生活热水系统数据采集点分布如表 3-5 所示，阀门、水泵控制逻辑如表 3-6 所示。

生活热水系统数据采集点分布　　　　　表 3-5

监测部位	温度		压力		流量		远程启停及状态监测
	就地显示	远传	就地显示	远传	就地显示	积算	
自来水管	√	√	√		√	√	
热水供水管					√	√	
热水回水	√	√			√	√	
供热水箱	√	√	√				
换热循环泵							√
热水回水加压泵							√
空气源热泵							√

注：本表仅列出控制用监测数据，在工程中还要根据运行需要增设其他温度压力仪表，其他仪表设置见流程图。

阀门、水泵控制逻辑　　　　　表 3-6

设备名称	控制逻辑
再热循环泵空气源热泵	第一台供热水箱水温低于设定值（50℃），加热循环泵启动，空气源热泵连锁启动；供热水箱水温达到设定值（60℃），加热循环泵停止，空气源热泵连锁关闭
生活热水回水加压泵	回水温度≤50℃，水泵启动；回水温度≥55℃，水泵停止，温度设定可根据使用条件调整

7）能源消耗情况

① 生活热水年耗热量

$$Q_a = 1.1 \times m \times q_r \times C \times (t_r - t_{1p}) \times 365 \times 10^{-3} \tag{3-7}$$

式中　Q_a——热水年耗热量，MJ/a；

　　1.1——热损系数；

　　t_{1p}——年自来水平均温度，℃。

② 空气能耗电量计算

$$E_k = \frac{Q_a}{3.6 \times COP_p} \tag{3-8}$$

式中　E_k——空气能年耗电量，kWh/a；

　　COP_p——空气源热泵年均值，取年均温度下的 COP 值。

③ 再热循环泵耗电量计算

$$E_p = \frac{q_x \times H_x}{367.3 \times 0.6} \times h \times 365 \tag{3-9}$$

式中　E_p——再热循环泵年耗电量，kWh/a；

　　q_x——再热循环泵流量，m³/h；

　　H_x——再热循环泵泵扬程，mH₂O；

　　h——日均运行时间，h，取 1~2h。

④ 年运行费用

$$M_a = (E_k + E_p) \times P_d \tag{3-10}$$

式中　M_a——年运行费用，元/a；

　　　E——年耗电量，kWh/a；

　　　P_d——电价，元/kWh。

⑤ 单位热水生产成本

$$M_d = \frac{1000 \times M_a}{m \times q_r \times 365} \tag{3-11}$$

式中　M_d——单位热水生产成本，元/m³；

　　　M_a——年运行费用，元/a；

　　　m——用水人数，取 500 人；

　　　q_r——用水定额，取 110L/人。

（2）以燃气加热器为辅助热源的太阳能热水系统

1）工艺流程

① 热水流程

自来水先进入钠离子软水器软化，再进入导流式容积式加热器吸收太阳能热量，然后进入容积式燃气加热器被加热到 60℃，最后输送至用水点。

② 太阳能集热系统流程

集热循环为闭式系统，循环介质为防冻液。循环介质被循环泵加压后进入太阳能集热器吸热，温度升高后再进入导流式容积式加热器将太阳能热量传递给自来水，温度降低后回到循环泵吸入口（图 3-26）。

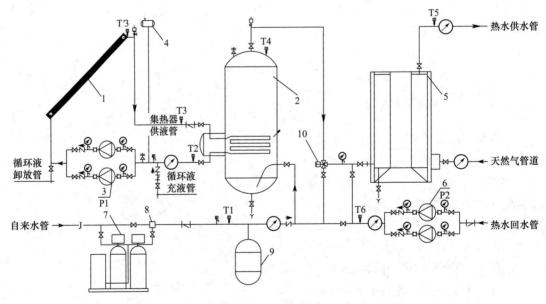

图 3-26　以燃气加热器为辅助热源的太阳能热水系统图

1—平板集热器；2—导流式容积式加热器（太阳能贮热水箱）；3—太阳能系统循环泵；4—开式膨胀罐；

5—容积式燃气加热器；6—热水回水加压泵；7—钠离子软水器；8—调节混水器；9—闭式膨胀罐；

10—冷热水调节混合阀

2）数据监测与计量

系统设有多个温度传感器进行数据采集，使用 PLC 控制水泵的运行。自来水管、热水供水管、热水回水管、太阳能集热器供液管、天然气管道设有流量计，测量自来水消耗量、热水供水量、热水回水量、太阳能循环介质流量和天然气消耗量。PLC 控制器采集流量信号与温度信号，计算热水系统耗热量、热水循环耗热量、太阳能集热系统供热量（表 3-7）。系统同时设有电表，对热水系统耗电量进行计量。设热水高温报警、低温报警、设备故障报警。

生活热水系统数据采集分布　　　　　　　　　　　　　　表 3-7

监测部位	温度		压力		流量		远程启停及状态监测
	就地显示	远传	就地显示	远传	就地显示	积算	
自来水管	√	√	√		√	√	
太阳能集热器供液管	√	√					
太阳能集热器回液管	√	√	√		√	√	
太阳能贮热水箱	√	√					
容积式燃气加热器	√	√					√
热水供水			√		√	√	
热水回水	√	√			√	√	
天然气			√	√	√	√	
太阳能集热系统循环泵							√
生活热水回水加压泵							√
系统控制系统	PLC 控制器						

注：本表仅列出控制用监测数据，在工程中还要根据运行需要增设其他温度压力仪表，其他仪表设置见图 3-31。

3）控制原理

水泵及电动阀运行采用温差及温度控制。

① 太阳能集热循环泵 P1

当 $T_3 - T_4 \geqslant 8℃$ 时，水泵 P1 启动；当 $T_3 - T_4 \leqslant 3℃$ 时，水泵 P1 停止运行，温度设定可根据使用条件调整。

② 回水加压泵 P2

当 $T_6 \leqslant 50℃$ 时，水泵 P2 启动；当 $T_6 \geqslant 55℃$ 时，水泵 P2 停止，温度设定可根据使用条件调整。

③ 冷热水调节混合阀

冷热水调节混合阀为自力式，设定热水出水温度 60℃，当 $T_4 > 60℃$ 时，自来水与储热水箱出水混合，使 T_4 维持在 60℃。

④ 容积式燃气加热器

自带控制器，正常运行时 $55℃ \leqslant T_5 \leqslant 60℃$，温度设定可根据使用条件调整。

4）设备选型

太阳能集热器计算、导流式容积式加热器、太阳能集热系统循环泵计算、热水回水加压泵选型与 2.4 节一致。

系统中容积式燃气加热器不得少于 2 台，当 1 台检修时其余各台的总供热能力不得小于小时供热量的 60%。

① 容积式燃气加热器

（a）导流式半容积加热器选型步骤

a）计算热水系统小时耗热量；

b）先按照加热器容积为 0m³ 测算加热器总热功率；

c）按照总加热器面积选加热器。

（b）热水系统小时耗热量计算

$$Q_h = K_h \times \frac{m \times q_r \times C \times (t_r - t_1)}{T} = 3 \times \frac{500 \times 110 \times 4.187 \times (60-4)}{24} = 1611955 (\text{kJ/h})$$

$$(3-12)$$

式中　Q_h——设计小时耗热量，kJ/h；

　　　K_h——热水小时变化系数；

　　　C——热水比热，4.187kJ/(kg·℃)；

　　　T——日热水使用时间，h，采用 24h 供水。

（c）初选加热器

初选 MRW-50/440 型容积式燃气热水器（表 3-8），设备台数为：

$$n = 1.1 \times \frac{1611955}{3600 \times 49.5} = 10 (\text{台})$$

$$(3-13)$$

台数 10 台偏多，占地面积大且不利于设备维护。

选择 MRN-99/440 型容积式燃气热水器（表 3-8），设备台数为：

$$n = 1.1 \times \frac{1611955}{3600 \times 99} = 5 (\text{台})$$

$$(3-14)$$

容积式燃气加热器参数表　　　　　　　　　　　表 3-8

产品型号	MRN-50/440	MRW-50/440	MRN-99/440	MRW-99/440
安装位置	室外型	室内型	室外型	室内型
排气方式	强制排气式	强制排气式	强制排气式	强制排气式
烟管尺寸	—	$\varphi60$	—	$\varphi60$
外形尺寸	710mm×910mm×1740mm	710mm×910mm×1740mm	1020mm×860mm×1740mm	1020mm×860mm×1740mm
重量	130kg	130kg	150kg	150kg
燃气种类	天然气（12T）	天然气（12T）	天然气（12T）	天然气（12T）
最大燃气消耗量	4.95m³/h	4.95m³/h	9.9m³/h	9.9m³/h
额定输入负荷	49.5kW	49.5kW	99kW	99kW
热效率	≥92%	≥92%	≥92%	≥92%

加热时间		33min（将 10℃ 冷水加热到 60℃）	33min（将 10℃ 冷水加热到 60℃）	17min（将 10℃ 冷水加热到 60℃）	17min（将 10℃ 冷水加热到 60℃）
配管	燃气	DN20	DN20	DN25	DN25
	冷、热水	DN40	DN40	DN40	DN40
额定电压/频率		220VAC/50Hz	220VAC/50Hz	220VAC/50Hz	220VAC/50Hz
额定电功率		167W	167W	285W	285W
防冻电加热功率		136W	136W	136W	136W
水箱容积		440L	440L	440L	440L
循环水泵电功率		100W	100W	151W	151W
安全阀规格		1.0MPa/99℃ 接口 DN20	1.0MPa/99℃ 接口 DN20	1.0MPa/99℃ 接口 DN20	1.0MPa/99℃ 接口 DN20

（d）试算 4 台 MRN-99/440 型容积式燃气热水器能否满足要求

容积式燃气热水器具有储水能力，高峰期也能够提供一定的热水，有利于降低燃气热水器加热功率。

a）燃气热水器小时供热量计算：

$$Q_g = Q_h - \frac{\eta V_t}{T}(t_r - t_1)C\rho_r = 1611955 - \frac{0.9 \times 4 \times 500}{3} \times$$
$$(60 - 4) \times 4.187 \times 1 = 1412653 (\text{kJ/h}) \tag{3-15}$$

式中　Q_g——半容积式水加热器的设计小时供热量，kJ/h；

　　　η——有效贮热容积系数，容积式水加热器 $\eta=0.7\sim0.8$；导流型容积式水加热器 $\eta=0.8\sim0.9$；

　　　V_t——总容积，L，按照产品样本选用；

　　　T——设计小时耗热量持续时间，h，$T=2\sim4$h；

b）台数校核

$$4 \times 99 \times 3600 = 1425600 < 1.1 \times 1412653 = 1553918 \tag{3-16}$$

4 台燃气热水器的供热能力不满足。

选用 5 台 MCWS-DP1-90W-440 型容积式燃气热水器。

5）能源消耗情况

① 生活热水年耗热量

$$Q_a = 1.1 \times m \times q_r \times C \times (t_r - t_{1p}) \times 365 \times 10^{-3} = 1.1 \times 500 \times$$
$$110 \times 4.187 \times (60 - 14) \times 365 \times 10^{-3} = 4253134 (\text{MJ/a}) \tag{3-17}$$

太阳能年供热量：

$$Q_t = A_{jz} \times J_{tp} \times \eta_j \times (1 - \eta_l) \times 365 = 879 \times 17.2 \times$$
$$0.48 \times (1 - 0.2) \times 365 = 2119051 (\text{MJ/a}) \tag{3-18}$$

② 蒸汽加热器年供热量、耗天然气量

（a）燃气热水器年供热量

$$Q_{rq} = Q_a - Q_t = 4253134 - 211905 = 2134082(\text{MJ/a}) \tag{3-19}$$

（b）天然气消耗量计算

$$L_a = \frac{Q_{rq}}{B_{rq} \times \eta_{rq} \times \eta_s} = \frac{2134082}{35 \times 0.92 \times 1} = 66275(\text{m}^3/\text{a}) \tag{3-20}$$

（c）太阳能集热系统水泵年耗电量测算

$$E = \frac{q_x \times H_x}{367.3 \times 0.6} \times h \times 365 = \frac{74.6 \times 18}{367.3 \times 0.6} \times 7.5 \times 365 = 16680(\text{kWh}) \tag{3-21}$$

③ 年运行费用

$$M_a = P_r \times L_a + E \times P_d = 2.4 \times 66275 + 16680 \times 0.83 = 172904(\text{元}/\text{a}) \tag{3-22}$$

④ 单位热水生产成本

$$M_d = \frac{1000 \times M_a}{m \times q_r \times 365} = \frac{1000 \times 172904}{500 \times 110 \times 365} = 8.61(\text{元}/\text{m}^3) \tag{3-23}$$

（3）以蒸汽为辅助热源的太阳能热水系统

1）工艺流程

① 热水流程

自来水先进入钠离子软水器软化，再进入导流式容积式加热器吸收太阳能热量，然后进入导流式半容积加热器被蒸汽加热到60℃，最后输送至用水点。

② 太阳能集热系统流程

集热循环为闭式系统，循环介质为防冻液。循环介质被循环泵加压后进入太阳能集热器吸热，温度升高后再进入导流式容积式加热器将太阳能热量传递给自来水，温度降低后回到循环泵吸入口（图3-27）。

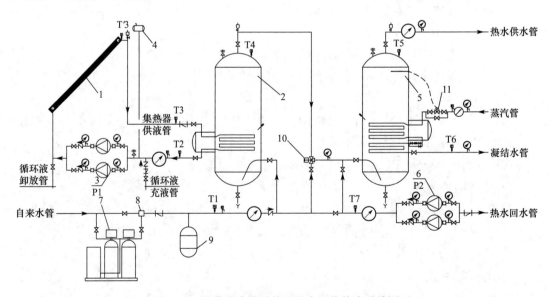

图 3-27　以蒸汽为辅助热源的太阳能热水系统图

1—平板集热器；2—导流式容积式加热器（太阳能贮热水箱）；3—太阳能系统循环泵；4—开式膨胀罐；

5—导流式半容积加热器；6—热水回水加压泵；7—钠离子软水器；8—调节混水器；9—闭式膨胀罐；

10—冷热水双向调节混合阀；11—自力式温控阀

2）数据监测与计量

系统设有多个温度传感器，对系统运行数据进行采集，并通过 PLC 控制水泵的运行。

自来水管、热水供水管、热水回水管、太阳能集热器供液管、蒸汽凝结水管道设有流量计，测量自来水消耗量、热水供水量、热水回水量、太阳能循环介质流量，蒸汽消耗量。PLC 控制器采集流量信号与温度信号计算热水系统耗热量、热水循环耗热量、太阳能集热系统供热量、蒸汽（热水）供热量（表 3-9）。

系统设有电表，对热水系统耗电量进行计量。系统设热水高温报警、低温报警、设备故障报警。

生活热水系统数据采集表　　　　　　　表 3-9

监测部位	温度		压力		流量		远程启停及状态监测
	就地显示	远传	就地显示	远传	就地显示	远传	
自来水管	√	√	√		√	√	
太阳能集热器供液管	√	√					
太阳能集热器回液管	√	√	√		√	√	
太阳能贮热水箱	√	√					
供热水箱（半容积式蒸汽加热器）	√	√					
热水供水			√		√	√	
热水回水	√	√			√	√	
蒸汽（市政供水）	√	√	√				
凝结水（市政回水）	√	√	√		√	√	
太阳能集热系统循环泵							√
生活热水回水加压泵							√
系统控制系统	PLC 控制器						

注：本表仅列出控制用监测数据，在工程中还要根据运行需要增设其他温度压力仪表，其他仪表设置见流程图。

生活热水系统通过可编程逻辑控制器（PLC）实现系统自动运行。

3）控制原理

水泵及电动阀运行采用温差及温度控制。

① 太阳能集热循环泵 P1

当 $T_3' - T_4 \geqslant 8℃$ 时，水泵 P1 启动；当 $T_3' - T_4 \leqslant 3℃$ 时，水泵 P1 停止运行。

② 回水加压泵 P2

当 $T_7 \leqslant 50℃$ 时，水泵 P2 启动；当 $T_7 \geqslant 55℃$ 时，水泵 P2 停止运行。

③ 冷热水调节混合阀

冷热水调节混合阀为自力式（图 3-28），设定热水出水温度 60℃，当 $T_4 > 60℃$ 时，自来水与储热水箱出水混合，使 T_4 维持在 60℃。

④ 自力式温控阀

蒸汽管道安装自力式温控阀，阀门温度探头位于导流式半容积加热器上部，控制器设定温度 60℃，阀门根据导流式半容积加热器内水温调节开度（图 3-29）。

图 3-28　冷热水调节混合阀

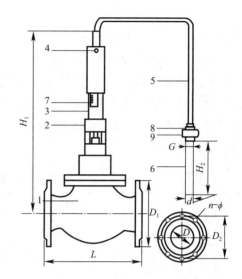

图 3-29　自力式温控阀

1—阀体；2—支架；3—控制器；4—温度设定板孔；

5—导管；6—温度传感器；7—温度指示牌；8—联塞；9—联母

4）设备选型

采用平板集热器，加热热源为 0.4MPa 蒸汽。

①直接太阳能集热器面积计算

当计算得到的集热器总面积大于建筑可敷设面积时，应按围护结构表面最大容许的安装面积确定集热器总面积。

（a）总太阳辐照度计算

$$G = \frac{J_t \times 10^6}{S_y \times 3600} = \frac{17.2 \times 10^6}{7.5 \times 3600} = 637(\text{W/m}^2) \tag{3-24}$$

式中　G——总太阳辐照度，W/m^2；

J_t——年均太阳辐照量，$\text{MJ/(m}^2 \cdot \text{d)}$，根据表 3-10 取值；

S_y——年均日照小时数，h，根据表 3-10 取值。

北京设计用各月气象参数表　　　　表 3-10

月份	年平均气温（℃）	年均太阳辐照量 J_t［$\text{MJ/(m}^2 \cdot \text{d)}$］	月日照小时数（h）
1 月	−4.6	15.081	200.8
2 月	−2.2	17.141	201.5
3 月	4.5	19.155	239.7
4 月	13.1	18.714	259.9
5 月	19.8	20.175	291.8
6 月	24	18.672	268.8
7 月	25.8	16.215	217.9

续表

月份	年平均气温（℃）	年均太阳辐照量 J_t [MJ/(m²·d)]	月日照小时数（h）
8 月	24.4	16.43	227.8
9 月	19.4	18.686	239.9
10 月	12.4	17.51	229.5
11 月	4.1	15.112	191.2
12 月	−2.7	13.709	186.7
平均	11.5	17.2	7.5

（b）年均集热器工质进口温度测算：

$$t_i = \frac{t_1}{3} + 2 \times \frac{t_{end}}{3} + \Delta T = \frac{11}{3} + 2 \times \frac{41}{3} + 15 = 46(℃) \tag{3-25}$$

式中 　t_i——冷水温度，℃，取年均温度；

　　　t_{end}——按照温升30℃计算；

　　　ΔT——闭式集热系统间接换热温差，℃，取10～20℃。

（c）基于集热器总面积的集热效率

$$\eta_j = \eta_0 - \frac{U \times (t_i - t_a)}{G} \times 100\% = 78\% - \frac{5.5 \times (46-11.5)}{637} \times 100\% = 48\%$$

$$\tag{3-26}$$

式中 　η_j——基于集热器总面积的集热效率，%；

　　　η_0——基于集热器总面积的瞬时效率曲线截距，%，查产品检测数据；

　　　U——基于集热器总面积的瞬时效率曲线斜率，W/(m²·℃)，产品测试数据；

　　　t_a——当地年均环境温度，℃，白天温度。

（d）直接系统的太阳能集热器面积按下式计算

$$A_{jz} = \frac{b_1 \times q_r \times m \times \rho_r \times C \times (t_r - t_1) \times f}{J_t \times 1000 \times \eta_j \times (1-\eta_L)}$$

$$= \frac{0.9 \times 110 \times 500 \times 1 \times 4.187 \times (60-4) \times 0.5}{17.2 \times 1000 \times 0.48 \times (1-0.2)} = 879(m^2) \tag{3-27}$$

式中 　A_{jz}——直接加热集热器总面积，m²；

　　　q_r——热水用水定额，L/(人·d) 或 L/(床·d)；

　　　m——用水人数或床数，人或床；

　　　ρ_r——水密度，kg/L，按照1kg/L取值；

　　　C——水比热，kJ/(kg·℃)，取4.187kJ/(kg·℃)；

　　　t_r——热水温度，℃，取60℃；

　　　f——太阳能保证率，根据系统使用期内的太阳辐照量、系统经济性、安装条件、绿色建筑要求等因素综合考虑后确定（表3-11）；

　　　J_t——集热器采光面上年平均日太阳辐照量，MJ/(m²·d)；

　　　η_j——集热器年平均集热效率，%，根据集热器产品基于集热器总面积的瞬时效率方程的实际测试结果，按照公式进行计算；

η_L——贮水箱和管路的热损失率，取 $15\%\sim30\%$；

b_1——同日使用率，平均值按照实际使用工况确定，当无条件时按照表 3-12 选用。

不同资源区的太阳能保证率 f 推荐取值范围　　　　表 3-11

太阳能资源区域	水平面上年太阳辐照量［MJ/(m²·a)］	太阳能保证率 f
Ⅰ 资源极富区	≥6700	$60\%\sim80\%$
Ⅱ 资源丰富区	5400～6700	$50\%\sim60\%$
Ⅲ 资源较富区	4200～5400	$40\%\sim50\%$
Ⅳ 资源一般区	≤4200	$30\%\sim40\%$

不同类型建筑物的 b_1 推荐取值范围　　　　表 3-12

建筑类型	b_1
住宅	0.5～0.9
宾馆、旅馆	0.3～0.7
宿舍	0.7～1.0
医院、疗养院	0.8～1.0
幼儿园、托儿所、养老院	0.8～1.0

② 导流式容积式加热器（太阳能储热水箱）

（a）容积式加热器容积计算

$$V_{rx} = 1.1 \times \frac{A_{jz} \times Q}{C \times \Delta T}$$

$$= 1.1 \times \frac{879 \times 17.2 \times 0.48 \times (1-0.1)}{4.187 \times 30} = 57.2(\text{m}^3) \qquad (3-28)$$

式中　V_{rx}——容积式加热器有效容积，m^3；

Q——日太阳能得热量，$\text{MJ/(m}^2\cdot\text{d)}$，$Q=J_t \times \eta_j \times (1-\eta_L)$；$J_t$ 取年均辐射量 MJ/d，η_j 宜取年平均值，η_L 宜取 10%，仅考虑管道热损失；

ΔT——自来水温升，℃，取 30℃。

（b）容积式加热器换热面积计算

按照辐照量最大月的平均值选加热器，日太阳辐照量变化见图 3-30。加热器额定加热功率（W），按照年最高月均辐照量的 $1.5\sim2.0$ 倍测算。

$$Q = A_{jz} \times \frac{J_t \times \eta_j \times (1-\eta_{tg}) \times 10^6}{3600 \times S_y} \times (1.5\sim2.0)$$

$$= 879 \times \frac{17.2 \times 0.48 \times (1-0.1) \times 10^6}{3600 \times 7.5} \times 2 = 483802(\text{W}) \qquad (3-29)$$

式中　Q——加热器额定加热功率，W；

J_t——年均辐照量，MJ/m^2；

η_j——太阳能年均热吸收效率，$\%$；

η_{tg}——集热系统管路的热损失率，$\%$，取 10%；

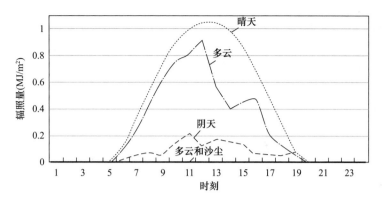

图 3-30　太阳能日辐照变化曲线（6 月某日）

S_y——年平均日照时间，h/d。

加热器面积计算公式：

$$F_{jr} = \frac{(1.1 \sim 1.15) \times Q}{K \times \Delta T \times B} = \frac{1.1 \times 483802}{800 \times 15 \times 0.75} = 59.13 (m^2) \tag{3-30}$$

式中　F_{jr}——贮热水箱加热器面积，m^2；1.1～1.15—附加系数；

　　　　K——加热器传热系数，$W/(m^2 \cdot K)$，参照产品样本选取；

　　　　ΔT——对数平均换热温度差，℃；取 10～20℃；

　　　　B——污垢系数，$B = 0.8 \sim 0.7$。

（c）容积式加热器选型

容积式加热器应根据容积选型，再校核加热面积。拟选用 DFHRV-2400-15 型导流浮动盘管容积式换热器：

$$n = \frac{V_{rx}}{V} = \frac{59.13}{15} = 3.94 (台) \tag{3-31}$$

式中　n——容积式加热器台数，台；

　　　　V——所选用容积式加热器容积，m^3；

取 4 台，加热面积 $F = 4 \times 18.65 = 74.6 m^2 > 59.13 m^2$，选用 4 台 DFHRV-2400-15 型加热器换热面积满足要求，其规格如表 3-13 所示。

导流浮动盘管半容积式换热器规格表　　　　　　　　　　　　　　　　表 3-13

型号		DFHRV-1200-3.0		DFHRV-1600-5.0		DFHRV-1800-6.0		DFHRV-1800-8.0		DFHRV-2200-10		DFHRV-2400-15	
简体直径 ϕ（mm）		1200		1600		1800		1800		2200		2400	
总容积 V（m^3）		3		5		6		8		10		15	
设计压力（MPa）	管程 P_t	0.6											
	壳程 P_s	0.6	1	0.6	1	0.6	1	0.6	1	0.6	1	0.6	1
总高 H（mm）		3210	3250	3270	3300	3020	3050	3770	3800	3350	3390	4151	4166
重量 G（kg）		1040	1324	1622	1998	1717	2278	2051	2748	2765	3611	4024	5599

续表

换热面积 F (m²)	3.5	5.2	6.9	6.9	8.5	10.6	13.3	13.3	15	15	18.65	18.65
壳体材质	不锈钢 SUS304 / 碳钢衬 SUS444											
换热器材质	T2 紫铜浮动盘管											
配置	本体标配：温度计 G1/2（0～100℃），压力表 G1/2（0～1.6MPa），安全阀 G1（0～1.6MPa）											

③ 间接太阳能集热面积计算

$$A_{jj} = A_{jz} \times \left(1 + \frac{F_r U_L \times A_{jz}}{K \times F_{jr}}\right) = 879 \times \left(1 + \frac{5 \times 879}{800 \times 74.6}\right) = 944 (\text{m}^2) \quad (3\text{-}32)$$

式中　A_{jj}——间接加热供水系统的集热器总面积，m²；

　　　$F_r U_L$——集热器总损失系数，W/(m²·℃)，平板集热器取 4～6W/(m²·℃)；

　　　K——加热器传热系数，W/(m²·℃)，根据表 3-14 取值；

　　　F_{jr}——水加热器加热面积，m²。

加热器传热系数 K 与压力损失 h　　　　　　　　表 3-14

工况	传热系数 K [W/(m²·℃)]	压力损失 h (m)
汽一水	容积式加热器：1400 浮动盘管加热器：2000	3～10
水一水	容积式加热器：800 浮动盘管加热器：1200	1.5～3

④ 太阳能系统循环泵

（a）太阳能集热系统循环泵流量计算

$$q_x = 1.1 \times q_{gz} \times A_j = 1.1 \times 0.07 \times 969 = 74.6 (\text{m}^3/\text{h}) \quad (3\text{-}33)$$

式中　q_x——集热系统循环泵流量，m³/h；

　　　A_j——集热器面积，m²；

　　　q_{gz}——单位采光面积对应的工质流量，m³/(m²·h)，按照集热器产品实测数据测定。无条件时，可取 0.054～0.072m³/(m²·h)。

（b）闭式间接加热太阳能集热系统循环泵扬程计算

$$H_x = h_{jx} + h_e + h_j + h_f = 300 \times 3‰ + 2 + 5 + 3 = 19 (\text{mH}_2\text{O}) \quad (3\text{-}34)$$

式中　H_x——循环泵扬程，mH₂O=0；

　　　h_{jx}——集热系统管道的沿程及局部阻力损失，m，管道沿程损失为 100～200Pa/m，太阳能系统局部阻力取沿程阻力的 50% 左右，综合考虑单位长度阻力取 250～300Pa/m，管道阻力损失取总管长的 2.5%～3%；

　　　h_e——加热器阻力损失，mH₂O，取 3mH₂O；

　　　h_j——集热器阻力损失，mH₂O，查检测报告；

　　　h_f——附加压力，mH₂O，取 2～5mH₂O。

⑤ 导流式半容积加热器（辅热加热器）

导流式半容积加热器按照无太阳能辐照情况下 100% 满足热水需求选型。系统中导流式半容积加热器不得少于 2 台，当 1 台检修时其余各台的总供热能力不得小于小时供热量的

60%。

（a）导流式半容积加热器选型步骤

a）计算热水系统小时耗热量；

b）先按照加热器容积为 0m³ 测算加热器面积；

c）按照加热器面积选加热器，台数不宜超过 4 台；

（b）热水系统小时耗热量计算

$$Q_h = K_h \times \frac{m \times q_r \times C \times (t_r - t_1)}{T} = 3 \times \frac{500 \times 110 \times 4.187 \times (60 - 4)}{24} = 1611955(kJ/h)$$

$$(3\text{-}35)$$

式中　Q_h——设计小时耗热量，kJ/h；

　　　K_h——热水小时变化系数；

　　　C——热水比热，4.187kJ/(kg·℃)；

　　　T——日热水使用时间，h，采用 24h 供水。

（c）初选加热器

基本参数：蒸汽压力为 0.4MPa（144℃），凝结水温度取 60℃。

蒸汽作为加热热源，换热过程分为 2 个：第一过程是蒸汽释放汽化潜热冷凝成水的过程，该过程可近似为定温过程；第二过程是冷凝水释放热量温度降低的过程（图 3-31）。计算加热器面积时两个过程要分开。

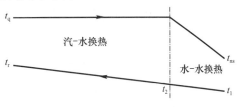

图 3-31　蒸汽换热过程示意图

a）蒸汽释放汽化潜热占蒸汽总热量的比例

$$i = \frac{h}{h_q - h_{ns}} = \frac{2132.15}{2738.54 - 251.15} = 0.86 \tag{3-36}$$

式中　i——蒸汽释放汽化潜热占蒸汽总热量的比例；

　　　h——供汽压力下对应蒸汽汽化潜热，kJ/kg，查水蒸气热力性质表（表 3-15）；

　　　h_q——供汽压力下对应蒸汽焓值，kJ/kg；

　　　h_{ns}——凝结水对应温度下焓值，kJ/kg。

水和饱和水蒸气热力性质表　　　　　　　　　　　　　　　　表 3-15

温度（℃）	绝对压力（MPa）	水蒸气比容（m³/kg）	焓（kJ/kg）水	焓（kJ/kg）水蒸气	汽化潜热（kJ/kg）
50			209.34		
60			251.21		
70			293.08		
80			334.94		
90			376.81		
99.634	0.1	0.0010432	417.52	2675.14	2257.6
120.24	0.2	0.0010605	504.78	2706.53	2201.7

温度（℃）	绝对压力（MPa）	水蒸气比容（m³/kg）	焓（kJ/kg）		汽化潜热（kJ/kg）
			水	水蒸气	
133.556	0.3	0.0010732	561.58	2725.26	2163.7
143.642	0.4	0.0010835	604.87	2738.49	2133.6
151.867	0.5	0.0010925	640.35	2748.59	2108.2
158.863	0.6	0.0011006	670.67	2756.66	2086

b）换热温差

自来水与凝结水换热后温度：

$$t_2 = (1-i) \times (t_r - t_1) + t_1 = (1-0.86) \times (60-4) + 4 = 11.84(℃) \quad (3-37)$$

水—水换热对数温差：

$$\Delta t_j = \frac{\Delta t_{max} - \Delta t_{min}}{\ln \dfrac{\Delta t_{max}}{\Delta t_{min}}} = \frac{(144-11.84)-(60-4)}{\ln \dfrac{144-11.84}{60-4}} = 88.7(℃) \quad (3-38)$$

式中 Δt_{max}——热媒与被加热水在加热器一端的最大温度差，℃；

Δt_{min}——热媒与被加热水在加热器一端的最小温度差，℃。

汽—水换热对数温差：

$$\Delta t_j = \frac{\Delta t_{max} - \Delta t_{min}}{\ln \dfrac{\Delta t_{max}}{\Delta t_{min}}} = \frac{(144-11.84)-(144-60)}{\ln \dfrac{144-11.84}{144-60}} = 106.3(℃) \quad (3-39)$$

c）加热器面积计算

汽—水换热加热器面积：

$$F_{jr} = \frac{Cr \times i \times Q_g}{B \times K \times \Delta t_j \times 3.6} = \frac{1.1 \times 0.86 \times 1611955}{0.85 \times 2000 \times 106.3 \times 3.6} = 2.34(m^2) \quad (3-40)$$

式中 F_{jr}——加热器面积，m²；

Cr——热水系统热损失系数，取 1.10～1.15；

B——污垢系数，汽—水加热器，$B=0.9～0.85$；水—水加热器，$B=0.8～0.7$；

K——加热器传热系数，W/(m²·℃)，按照产品样本选取。

水—水加热器面积：

$$F_{jr} = \frac{(1-i) \times Cr \times Q_g}{B \times K \times \Delta t_j \times 3.6} = \frac{(1-0.86) \times 1.1 \times 1611955}{0.75 \times 1200 \times 88.7 \times 3.6} = 0.86(m^2) \quad (3-41)$$

d）选加热器

按照计算，选加热面积为 0.86+2.34＝3.2m²，初选导流式浮动盘管半容积加热器 2 台，单台换热面积 $F \geqslant 3.2 \times 0.65 = 2.08m^2$。

选用 2 台 DFHRV-1200-3.0 型导流式浮动盘管半容积加热器，容积 3m³/台，加热面积 3.5m²/台。

⑥ 热水回水加压泵

热水回水加压泵（热水循环泵）保证热水管网水温（>50℃），使用水点 5～10s 出热水。

（a）热水回水加压泵流量

$$q_x = 1.1 \times 0.001 \times \frac{Q_s}{C \times \Delta t} = 1.1 \times 0.001 \times \frac{1611955 \times 5\%}{4.187 \times 10} = 2.12(\text{m}^3/\text{h}) \quad (3\text{-}42)$$

式中　q_x——全日供应热水的热水循环泵流量，m^3/h；

　　　Q_s——配水管道的热损失，kJ/h，经计算确定，可按单体建筑 $3\% \sim 5\% Q_h$，小区 $4\% \sim 6\% Q_h$ 选取；

　　　Δt——配水管道的热水温度差，℃，按系统大小确定，取 10℃。

（b）热水回水加压泵扬程

$$H_b = h_p + h_x + h_e + h_f = l_1 \times 3\% + l_2 \times 3\% + 3 + 3 \quad (3\text{-}43)$$

式中　h_p——循环水量通过供水管网的水头损失，m，取管长的 $2.5\% \sim 3\%$；

　　　h_x——循环水量通过回水管网的水头损失，m，取管长的 $2.5\% \sim 3\%$；

　　　h_e——循环水量通过加热器的水头损失，m，容积式、半容积式加热器取 1m；

　　　h_f——附加压力，m，取 $2 \sim 5$m；

　　　l_1——供水管道总长度，m；

　　　l_2——回水管道总长度，m。

⑦ 水质软化

（a）集中生活热水供应系统的水质软化处理应符合下列规定：

a）当洗衣房日用热水量（按 60℃ 计）大于或等于 10m^3 且原水总硬度大于 300mg/L 时，应进行水质软化处理；原水总硬度为 $150 \sim 300\text{mg/L}$ 时，宜进行水质软化处理。

b）其他生活日用热水量（按 60℃ 计）大于或等于 10m^3 且原水总硬度大于 300mg/L 时，宜进行水质软化或缓蚀阻垢处理。

（b）经软化处理后的水质总硬度为：

a）洗衣房用水：$50 \sim 100\text{mg/L}$；

b）其他用水：$75 \sim 120\text{mg/L}$。

（c）软水器容量选取（表 3-16）

钠离子软水器参数表　　　　　　　　　　　　　　　　　　　　　表 3-16

处理水量（t/h）	交换器规格 $D \times H$（mm）×个数	再生箱 $D \times H$（mm）×个数	体积（L）	安装尺寸 长 L×宽 W×高 H（mm）
0.5	$\Phi200 \times 1100 \times 1$	$370 \times 800 \times 1$	60	$900 \times 500 \times 1250$
1	$\Phi250 \times 1350 \times 1$	$370 \times 800 \times 1$	60	$1100 \times 500 \times 1500$
2	$\Phi300 \times 1400 \times 1$	$400 \times 900 \times 1$	100	$1150 \times 550 \times 1500$
3	$\Phi350 \times 1650 \times 1$	$500 \times 1100 \times 1$	200	$1500 \times 700 \times 1800$
4	$\Phi400 \times 1650 \times 1$	$500 \times 1100 \times 1$	200	$1500 \times 700 \times 1800$
5	$\Phi500 \times 1750 \times 1$	$650 \times 1080 \times 1$	350	$1800 \times 850 \times 1900$
6	$\Phi500 \times 1750 \times 1$	$650 \times 1080 \times 1$	350	$1800 \times 850 \times 1900$

续表

处理水量（t/h）	交换器规格 $D \times H$（mm）×个数	再生箱		安装尺寸 长 L×宽 W×高 H（mm）
		$D \times H$（mm）×个数	体积（L）	
8	Φ600×1900×1	800×1180×1	500	2200×1000×2150
10	Φ750×1900×1	940×1280×1	800	2500×1200×2150
15	Φ900×2100×1	1000×1380×1	1000	2800×1500×2400
18	Φ1000×2100×1	1000×1380×1	1000	2800×2100×2350
20～25	Φ1200×2300×1	1360×1650×1	2000	3000×2200×2650
30～45	Φ1500×2400×1	1360×1650×1	2000	4000×3000×3000
50～65	Φ1800×2400×1	1500×1800×1	3000	5000×3000×3000

钠离子交换器出水宜与自来水混合后使用，钠离子交换器设计出水量按照热水秒流量计算：

$$q = 1.2 \times 3.6 \times q_g = 1.2 \times 3.6 \times K_h \times \frac{m \times q_r}{24 \times 3600}$$

$$= 1.2 \times 3.6 \times 3 \times \frac{500 \times 110}{24 \times 3600} = 8.25 (\text{m}^3/\text{h}) \tag{3-44}$$

式中　q——钠离子交换器出水量，m^3/s；

　　　q_g——热水秒流量，L/s。

⑧ 膨胀罐

（a）太阳能集热系统膨胀罐

高位膨胀罐容积：

$$V_p = 0.0006 \times \Delta t \times V_s = 0.0006 \times (100 - 0) \times (969 \times 0.001 + 1.5) = 0.15 (\text{m}^3)$$

$$\tag{3-45}$$

式中　V_p——高位膨胀水箱容积，m^3；

　　　V_s——系统内热水总容积，m^3，平板集热器每平方米水容积1L；

　　　1.5——管道内热水总容积，m^3。

膨胀罐放在系统最顶端时为开式罐，高位膨胀水罐低液面应高出太阳能集热器顶0.5m以上。膨胀管直径比主干管小2号且不小于25mm，膨胀管接至集热系统循环泵吸入口管道上。膨胀罐建议按照选大1号或附加50%余量，避免运行时频繁补充或卸放防冻液。

开式膨胀罐通常用于储存防冻液，则膨胀罐容积应为5～7d防冻液的消耗量。

（b）热水供应侧膨胀罐

在闭式热水供应系统中，应设置压力式膨胀罐、泄压阀，并应符合以下规定：

a）日用热水量小于或等于30m³的热水供应系统可采用安全阀等泄压措施；

b）膨胀罐宜设置在加热设备的热水循环回水管上。

日用热水量大于30m³的热水供应系统应设置压力式膨胀罐，膨胀罐的总容积应按下式计算：

$$V_e = \frac{(\rho_f - \rho_r) \times P_2}{(P_2 - P_1) \times \rho_r} \times V_s \tag{3-46}$$

式中　V_e——膨胀罐的总容积，m^3；

　　　　ρ_f——加热前加热、储热设备内水的密度，kg/m^3，定时供应热水的系统宜按冷水温度确定；全日制集中热水供应系统宜按热水回水温度确定，回水温度为50℃时，对应水密度为 988.14kg/m^3。

　　　　ρ_r——加热后热水密度，kg/m^3，热水温度为60℃时，对应水密度 983.28kg/m^3；

　　　　P_1——膨胀罐处管内水压力，MPa（绝对压力），为管内工作压力加 0.1MPa；

　　　　P_2——膨胀罐处管内最大允许压力，MPa（绝对压力），其数值可取 $1.1P_1$；

　　　　V_s——系统内热水总容积，m^3。

计算示例：

$$V_e = \frac{(\rho_f - \rho_r) \times P_2}{(P_2 - P_1) \times \rho_r} \times V_s$$
$$= \frac{(988.14 - 983.28) \times 1.1 \times (0.4 + 0.1)}{[1.1 \times (0.4 + 0.1) - (0.4 + 0.1)] \times 983.28} \times (6 + 1.5) = 0.42 m^3$$

注：计算示例自来水压力取 0.4MPa，管内水容量按照 300m 的 DN80 管道计算。

闭式热水系统膨胀罐应放在自来水管道上。

5）能源消耗情况

① 生活热水年耗热量

$$Q_a = 1.1 \times m \times q_r \times C \times (t_r - t_{1p}) \times 365 \times 10^{-3}$$
$$= 1.1 \times 500 \times 110 \times 4.187 \times (60 - 14) \times 365 \times 10^{-3} = 4253134 (MJ/a)$$

$$\tag{3-47}$$

式中　Q_a——热水年耗热量，（MJ/a）；

　　　　t_{1p}——自来水年平均温度，℃。

② 太阳能年供热量

$$Q_t = A_{jz} \times J_{tp} \times \eta_j \times (1 - \eta_l) \times 365$$
$$= 879 \times 17.32 \times 0.48 \times (1 - 0.2) \times 365 = 2119051 (MJ/a) \tag{3-48}$$

式中　Q_t——太阳能年供热量，MJ/a；

　　　　A_{jz}——太阳能集热器面积，m^2；

　　　　J_{tp}——年平均辐照量，MJ/($m^2 \cdot d$)；

　　　　η_j——太阳能年均集热效率；

　　　　η_l——太阳能系统热损失，0.2。

③ 蒸汽加热器年供热量、耗天然气量

（a）加热器（燃气热水器）年供热量

$$Q_{rq} = Q_a - Q_t = 4253134 - 211905 = 2134082 (MJ/a) \tag{3-49}$$

式中　Q_{rq}——加热器（燃气热水器）年供热量，MJ/a。

（b）天然气消耗量计算

$$L_a = \frac{Q_{rq}}{B_{rq} \times \eta_{rq} \times \eta_s} = \frac{2134082}{35 \times 0.92 \times 0.8} = 82844 (\text{Nm}^3/\text{a}) \tag{3-50}$$

式中　L_a——天然气消耗量，Nm^3/a；

　　　B_{rq}——天然气热值，$35\text{MJ}/\text{m}^2$；

　　　η_{rq}——燃气锅炉热效率，%，取 92%；

　　　η_s——输送热效率，容积式燃气热水器直接加热，$\eta_s = 1$；集中燃气锅炉房供应蒸汽；

$\eta_s = 0.75 \sim 0.85$；集中燃气锅炉房供应高温热水，$\eta_s = 0.85 \sim 0.95$。

④ 太阳能集热系统水泵年耗电量测算

$$E = \frac{q_x \times H_x}{367.3 \times 0.6} \times h \times 365 = \frac{74.6 \times 18}{367.3 \times 0.6} \times 7.5 \times 365 = 16680 (\text{kWh}/\text{a}) \tag{3-51}$$

式中　E——年耗电量，kWh/a；

　　　q_x——水泵流量，m^3/h；

　　　H_x——水泵扬程，mH_2O；

　　　h——日均运行时间，h。

⑤ 年运行费用

$$M_a = P_r \times L_a + E \times P_d = 2.4 \times 82844 + 16680 \times 0.83 = 212670 (\text{元}/\text{a}) \tag{3-52}$$

式中　M_a——年运行费用，元/a；

　　　L_a——年耗天然气量，Nm^3/a；

　　　P_r——天然气单价，元/Nm^3；

　　　E——年耗电量，kWh/a；

　　　P_d——电价，元/kWh。

⑥ 单位热水生产成本

$$M_d = \frac{1000 \times M_a}{m \times q_r \times 365} = \frac{1000 \times 212670}{500 \times 110 \times 365} = 10.6 (\text{元}/\text{m}^3) \tag{3-53}$$

式中　M_d——单位热水生产成本，元/m^3。

6）节能环保效益评估

① 太阳能热利用系统的费效比

$$CBR_r = \frac{3.6 \times C_{zr}}{Q_t \times N} = \frac{3.6 \times 773520(\text{假定投资})}{2119051 \times 15} = 0.088 (\text{元}/\text{kWh}) \tag{3-54}$$

式中　CBR_r——太阳能热利用系统的费效比，元/kWh；

　　　C_{zr}——太阳能利用系统成本增量，元，含太阳能系统投资及运行维护费用，维护费用每年取总投资的 0.5%；

　　　Q_t——太阳能年供热量，MJ；

　　　N——系统寿命，a，取 15a。

② 静态投资回收期评价

（a）相比以天然气锅炉为热源的静态回收期

$$C_{sr} = P_r \times \frac{Q_t}{B_r q \times \eta_r q \times \eta_s} = 2.4 \times \frac{2119051}{35 \times 0.92 \times 0.8} = 197427 \tag{3-55}$$

式中　C_{sr}——太阳能热利用系统的年节约费用，元；

　　　P_r——天然气价格，元/m³。

$$N_h = \frac{C_{zr}}{C_{sr}} = \frac{773520}{197427} = 3.9a \tag{3-56}$$

式中　N_h——太阳能热利用系统的静态投资回收年限，a。

（b）相比以蒸汽为热源的热水系统静态回收期

$$C_{sr} = P_{zq} \times \frac{Q_t}{2300 \times 0.8} = 200（假定价格）\times \frac{2119051}{2300 \times 0.8} = 230332 \tag{3-57}$$

式中　C_{sr}——太阳能热利用系统的年节约费用，元；

　　　P_{zq}——蒸汽价格，元/t。

$$N_h = \frac{C_{zr}}{C_{sr}} = \frac{773520}{230332} = 3.4a \tag{3-58}$$

③ CO_2、SO_2、粉尘减排量

（a）太阳能热利用系统常规能源代替量

$$Q_{tr} = \frac{Q_t}{q \times \eta_m} = \frac{2119051}{29.307 \times 0.75} = 96407（kgce/a）\tag{3-59}$$

式中　Q_{tr}——太阳能热利用系统常规能源代替量，kgce/a；

　　　q——标准煤热值 29.307，MJ/kgce；

　　　η_m——燃煤锅炉热效率，%，取 75%。

（b）CO_2 减排量

$$Q_{rco_2} = Q_{tr} \times V_{co_2} = 96407 \times 2.47 = 238125（kg/a）\tag{3-60}$$

式中　Q_{rco_2}——太阳能热利用系统二氧化碳减排量，kg/a；

　　　V_{co_2}——标准煤的二氧化碳排放因子，kg/kgce，$V_{co_2} = 2.47$kg/kgce。

（c）SO_2 减排量

$$Q_{rso_2} = Q_{tr} \times V_{so_2} = 96407 \times 0.02 = 1928（kg/a）\tag{3-61}$$

式中　Q_{rso_2}——太阳能热利用系统二氧化硫减排量，kg/a；

　　　V_{so_2}——标准煤的二氧化硫排放因子，kg/kgce，$V_{so_2} = 0.02$kg/kgce。

（d）粉尘减排量

$$Q_{rfc} = Q_{tr} \times V_{fc} = 96407 \times 0.01 = 964（kg/a）\tag{3-62}$$

式中　Q_{rfc}——太阳能热利用系统粉尘减排量，kg/a；

　　　Q_{tr}——太阳能热利用系统常规能源代替量，kgce/a；

　　　V_{fc}——标准煤的粉尘排放因子，kg/kgce，$V_{fc} = 0.01$kg/kgce。

3.3.2　系统控制

多能耦合热水系统原理图如图 3-32 所示。

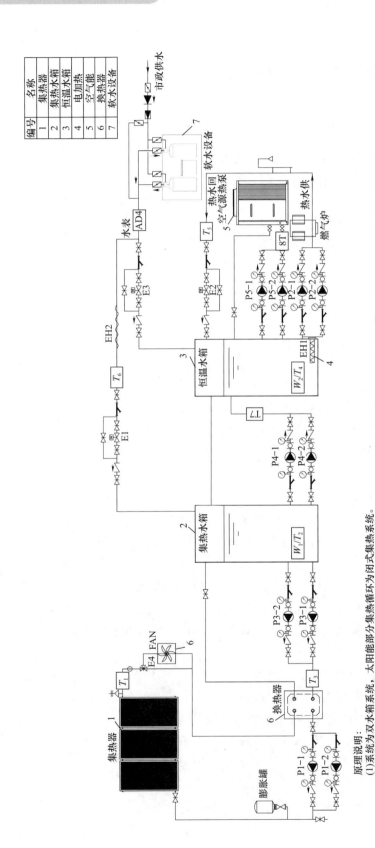

编号	名称
1	集热器
2	集热水箱
3	恒温水箱
4	电加热
5	空气能
6	换热器
7	软水设备

图 3-32 多能耦合热水系统原理

原理说明：

(1)系统为双水箱系统，太阳能部分集热循环为闭式集热系统。

(2)控制逻辑：系统报警(传感器断线或损坏报警，高低液位报警，高温报警)；系统防护(防冻循环，伴热防冻、伴热循环，低水位强制上水、低水位保护)；

手动方式及手动开启/关闭)，安全防护；

自动模式太阳能集热循环，集热水箱智能补水，集热水箱智能进水，集热水箱恒温进水，恒温水箱水降温、水箱恒温互循环，水箱循环，

电辅热自动加热，集热水箱定时加热，燃气炉自动，空气能定时加热、空气能加热伴随上水，用水管路定温循环)。

(3)推荐方式自动加热，电辅热随上水，燃气炉自购采暖，推荐型号，推荐型号；非推荐型号报警。

(4)数据采集：电量、热量、水量、燃气量，辐照表集成，故障文字报警。

(5)热泵智能：各部件功耗，运维提示，热泵智能运行。

(5)热泵控制：不编组最多控制8台热泵；每组最多控制8台热泵；编组情况下，只能控制主机；热泵控制最多可控制64台热泵。

多能耦合热水系统自动控制逻辑如表 3-17 所示。

多功能耦合热水系统自动控制逻辑　　　　　　　　　　　　表 3-17

序号	名称	系统类别	逻辑描述
1	太阳能集热循环	单水箱系统	集热器未高温保护状态下，当集热器顶部温度与集热水箱温度之差 T_1-T_2 ≥温差循环起始温度（默认 7℃）时，循环泵 P1&P3 启动，进行集热循环；当 T_1-T_2 ≤温差循环停止温度（默认 3℃）时，循环泵 P1&P3 关闭，停止集热循环
		双水箱系统	集热器未高温保护状态下，当集热器顶部温度与集热水箱温度之差 T_1-T_2 ≥温差循环起始温度（默认 7℃）时，循环泵 P1&P3 启动，进行集热循环；当 T_1-T_2 ≤温差循环停止温度（默认 3℃）时，循环泵 P1&P3 关闭，停止集热循环
2	集热水箱智能进水	通用系统	当集热水箱水位 W_1 ≤集热水箱低水位（默认 30%）时，阀 E1 开启；当集热水箱水位 W_1 ≥集热水箱高水位（默认 90%）时，电磁阀 E1 关闭
			定时开启后在三个时间点集热水箱水位 W_1 ≤集热水箱高水位（默认 90%）-5%时，电磁阀 E1 开启；当水箱水位 W_1 ≥集热水箱高水位（默认 90%）时，电磁阀 E1 关闭
3	集热水箱智能补水	通用系统	当集热水箱水位 W_1 ≤集热水箱高水位（默认 90%）-5%且温度 T_2 ≥集热水箱温度设定（默认 50℃）+5℃时，E1 开启；当集热水箱水位 W_1 ≥集热水箱高水位（默认 90%）或温度 T_2 ≤集热水箱温度设定（默认 50℃）时，E1 关闭
4	恒温水箱智能进水	双水箱系统	当集热水箱水位 W_1 ≥集热水箱低水位（默认 30%）且恒温水箱水位 W_2 ≤恒温水箱低水位（默认 30%）时，循环泵 P4 开启；当集热水箱水位 W_1 ≤集热水箱低水位（默认 30%）-10 或恒温水箱水位 W_2 ≥恒温水箱高水位（默认 90%）时，循环水泵 P4 关闭
			定时开启后在三个时间点：集热水箱水位 W_1 ≥集热水箱低水位（默认 30%），恒温水箱水位 W_2 ≤恒温水箱高水位（默认 90%）-5%时，循环泵 P4 开启；当集热水箱水位 W_1 ≤集热水箱低水位（默认 30%）-10 或恒温水箱水位 W_2 ≥恒温水箱高水位（默认 90%）时，循环水泵 P4 关闭
5	恒温水箱恒温进水	双水箱系统	集热水箱水位 W_1 ≥集热水箱低水位（默认 30%）且集热水箱温度 T_2 ≥恒温水箱温度设定（默认 50℃）且恒温水箱水位 W_2 ≤恒温水箱高水位（默认 90%）-5%时，P4 开启；集热水箱水位 W_1 ≤集热水箱低水位（默认 30%）-10 或水温 T_2 ≤恒温水箱温度设定（默认 50℃）-5℃或恒温水箱温度 T_4 ≥恒温水箱温度设定（默认 50℃）或恒温水箱水位 W_2 ≥恒温水箱高水位时，P4 关闭
6	恒温水箱补水降温	双水箱系统	当恒温水箱水位 W_2 ≤恒温水箱高水位（默认 90%）-5%且温度 T_4 ≥恒温水箱温度设定（默认 50℃）+5℃时，E3 开启；当恒温水箱水位 W_2 ≥恒温水箱高水位（默认 90%）或恒温水箱温度 T_4 ≤恒温水箱温度设定（默认 50℃）时，E3 关闭
7	水箱恒温互循环	双水箱系统	当集热水箱水位 W_1 ≥集热水箱低水位（默认 30%）且集热水箱水温 T_2 ≥恒温水箱温度设定（默认 50℃）且恒温水箱温度 T_4 ≤恒温水箱温度设定-5℃时，P4 开启；当集热水箱水位 W_1 ≤集热水箱低水位（默认 30%）-10 或集热水箱温度 T_2 ≤ T_4 或恒温水箱水温 T_4 ≥恒温水箱温度设定（默认 50℃）时，P4 关闭

续表

序号	名称	系统类别	逻辑描述
8	辅热自动加热	单水箱系统	当集热水箱水位 $W_1 \geqslant$ 集热水箱低水位（默认 30%）且集热水箱水温 $T_2 \leqslant$ 集热水箱温度设定（默认 70℃）—5℃时，EH1 启动； 当集热水箱水位 $W_1 \leqslant$ 集热水箱低水位（默认 30%）—10 且集热水箱水温 $T_2 \geqslant$ 集热水箱温度设定（默认 70℃）时，EH1 关闭
		双水箱系统	当恒温水箱水位 $W_2 \geqslant$ 恒温水箱低水位（默认 30%）且恒温水箱水温 $T_4 \leqslant$ 恒温水箱温度设定（默认 50℃）—5℃时，EH1 启动； 当恒温水箱水位 $W_2 \leqslant$ 集热水箱低水位（默认 30%）—10 且恒温水箱水温 $T_4 \geqslant$ 恒温水箱温度设定（默认 50℃）时，EH1 关闭
9	辅热定时加热	单水箱系统	三个定时点： 当集热水箱水位 $W_1 \geqslant$ 集热水箱低水位（默认 30%）且集热水箱水温 $T_2 \leqslant$ 集热水箱温度设定（默认 70℃）—5℃时，EH1 启动； 当集热水箱水位 $W_1 \leqslant$ 集热水箱低水位（默认 30%）—10 且集热水箱水温 $T_2 \geqslant$ 集热水箱温度设定（默认 70℃）时，EH1 关闭
		双水箱系统	三个定时点： 当恒温水箱水位 $W_1 \geqslant$ 恒温水箱低水位（默认 30%）且恒温水箱水温 $T_4 \leqslant$ 恒温水箱温度设定（默认 50℃）—5℃时，EH1 启动； 当恒温水箱水位 $W_2 \leqslant$ 集热水箱低水位（默认 30%）—10 且恒温水箱水温 $T_4 \geqslant$ 恒温水箱温度设定（默认 50℃）时，EH1 关闭
10	辅热伴随上水	单水箱系统	EH1 开启时，集热水箱水位 $W_1 \leqslant$ 集热水箱高水位（默认 90%）—5%，上水阀 E1 开启；水箱水位 $W_1 \geqslant$ 90%时上水阀 E1 关闭
		双水箱系统	EH1 开启时，集热水箱水位 $W_1 \geqslant$ 集热水箱低水位（默认 30%）且恒温水箱水位 $W_2 \leqslant$ 恒温水箱高水位（默认 90%）—5%，水箱循环泵 P4 开启； 当集热水箱水位 $W_1 \leqslant$ 集热水箱低水位（默认 30%）—10 或 $W_2 \geqslant$ 恒温水箱高水位（默认 90%）或 $T_4 \geqslant$ 恒温水箱温度设定时，循环泵 P4 关闭
11	燃气炉自动	通用系统	回水开启后，系统提供电源给燃气炉（AC220V 1000W）
12	空气能自动加热	单水箱系统	当集热水箱水位 $W_1 \geqslant$ 集热水箱低水位（默认 30%）且集热水箱水温 $T_2 \leqslant$ 集热水箱温度设定（默认 50℃）—5℃时，EH1 启动； 当集热水箱水位 $W_1 \leqslant$ 集热水箱低水位（默认 30%）—10 且集热水箱水温 $T_2 \geqslant$ 集热水箱温度设定（默认 70℃）时，EH1 关闭
		双水箱系统	当恒温水箱水位 $W_2 \geqslant$ 恒温水箱低水位（默认 30%）且恒温水箱水温 $T_4 \leqslant$ 恒温水箱温度设定（默认 50℃）—5℃时，HP 启动； 当恒温水箱水位 $W_2 \leqslant$ 集热水箱低水位（默认 30%）—10 且恒温水箱水温 $T_4 \geqslant$ 恒温水箱温度设定（默认 50℃）时，HP 关闭
13	空气能定时加热	单水箱系统	三个定时点： 当集热水箱水位 $W_1 \geqslant$ 集热水箱低水位（默认 30%）且集热水箱水温 $T_2 \leqslant$ 集热水箱温度设定（默认 70℃）—5℃时，EH1 启动； 当集热水箱水位 $W_1 \leqslant$ 集热水箱低水位（默认 30%）—10 且集热水箱水温 $T_2 \geqslant$ 集热水箱温度设定（默认 70℃）时，EH1 关闭
		双水箱系统	三个定时点： 当恒温水箱水位 $W_2 \geqslant$ 恒温水箱低水位（默认 30%）且恒温水箱水温 $T_4 \leqslant$ 恒温水箱温度设定（默认 50℃）—5℃时，EH1 启动； 当恒温水箱水位 $W_2 \leqslant$ 集热水箱低水位（默认 30%）—10 且恒温水箱水温 $T_4 \geqslant$ 恒温水箱温度设定（默认 50℃）时，EH1 关闭

续表

序号	名称	系统类别	逻辑描述
14	空气能加热伴随上水	单水箱系统	HP 开启时，集热水箱水位 W_1≤集热水箱高水位（默认 90％）−5％ 水箱循环泵，P4 开启； 水箱水位 W_1≥90％时，水箱循环泵 P4 关闭
		双水箱系统	HP 开启时，集热水箱水位 W_1≥集热水箱低水位（默认 30％）且恒温水箱水位 W_2≥恒温水箱高水位（默认 90％）−5，水箱循环泵 P4 开启； 当集热水箱水位 W_1≤集热水箱低水位（默认 30％）−10 或 W_2≥恒温水箱高水位（默认 90％）或 T_4≥恒温水箱温度设定时，循环泵 P4 关闭
15	用水管路定时定温循环	单水箱系统	在设定 3 个时间段（含月／日设定）： 单水箱：当集热水箱水位 W_1≥集热水箱低水位（默认 30％）且用水管路温度 T_5≤设定温度（默认 36℃）且水箱水温 T_2≤设定温度＋5（默认 41℃）时，回水循环泵 P2（变频泵不控制）和电磁阀 E2 启动； 当集热水箱水位 W_1≤集热水箱低水位（默认 30％）−10 用水管路温度 T_5≥设定温度＋3℃（默认 39℃）或水箱温度 T_2≥用水管路设定温度时，回水循环泵 P2（变频泵不控制）和电磁阀 E2 关闭
		双水箱系统	在设定 3 个时间段（含月／日设定）： 单水箱：当恒温水箱水位 W_2≥集热水箱低水位（默认 30％）且用水管路温度 T_5≤设定温度（默认 36℃）且水箱水温 T_4≤设定温度＋5（默认 41℃）时，回水循环泵 P2（变频泵不控制）和电磁阀 E2 启动； 当集热水箱水位 W_2≤恒温水箱低水位（默认 30％）−10 用水管路温度 T_5≥设定温度＋3℃（默认 39℃）或水箱温度 T_4≥用水管路设定温度时，回水循环泵 P2（变频泵不控制）和电磁阀 E2 关闭
16	消杀	通用系统	一键预约周消杀：选择热源在设备安全运行情况下，单水箱或双水箱系统自动升温至 70℃ 自动退出消杀； 人工消杀

本章参考文献

［1］　张磊，陈超，梁万军. 居民平均日热水用量研究与分析［J］. 给水排水，2006，32（9）：66-69.

［2］　邓光蔚，燕达，安晶晶等. 住宅集中生活热水系统现状调研及能耗模型研究［J］. 建筑给排水，2014，40（7）：149-156.

［3］　张西漾. 建筑生活给水系统节水节能的研究［D］. 重庆：重庆大学，2010.

［4］　陈海峰. 高校学生生活热水需求模式研究［D］. 长沙：湖南大学，2013.

［5］　王永峰，马芳，刘晓丹. 节能住宅的热水供应［J］. 建筑节能，2008，3：4.

［6］　王珊珊，郝斌，陈希琳，彭琛. 居民生活热水需求与用能方式调查研究［J］. 给水排水，2015，51（11）：73-77.

［7］　陈苏. 住宅集中太阳能热水系统优化设计探讨［J］. 建筑节能，2009，220（37）：51-53.

［8］　万水. 住宅建筑太阳能热水系统设计参数取值的探讨［J］. 中国给水排水，2011，27（18）：51-54.

［9］　彭琛，郝斌，王珊珊等. 从"太阳能"到太阳"能"——太阳能热水系统的效能与设计［M］. 北京：中国建筑工业出版社，2018.

第4章 净零能耗建筑双源热泵互补供热耦合系统

4.1 双源热泵互补供热耦合系统设计

4.1.1 新型双源热泵研发

1. 热泵工作原理

热泵（Heat Pump）是一种将低温热源的热能转移到高温热源的装置，用来实现制冷和供暖。热泵是一种能从自然界的空气、水或土壤中获取低品位热能，经过电力做功，提供可被人们所用的高品位热能的装置。热泵实质上是一种热量提升装置，热泵的作用是从周围环境中吸取热量，并把它传递给被加热的对象（温度较高的物体），其工作原理与制冷机相同，都是按照逆卡诺循环工作的（图4-1）。制冷剂通过蒸发端吸收低品位热能，经由压缩机转换为高温高压的气体进入冷凝端，在冷凝端放热变为高温高压的液体，同时将热能释放，相当于通过消耗一部分电能将低品位的热能转移到高品位的地方，具有高效节能的优势。

热泵机组的四大部件：蒸发器、压缩机、冷凝器和节流装置。

热泵机组的运行原理：通过让冷媒不断完成蒸发（吸取热量、低温低压液态变成低温低压气）＋压缩（低温低压气态变成高温高压气态）→冷凝（放出热量、高温高压气态变成高温高压液态）＋节流（高温高压液态变成低温低压液态）→再蒸发的热力循环过程，从而将环境中不可利用的低品位热量转移成可使用的高品位热量。

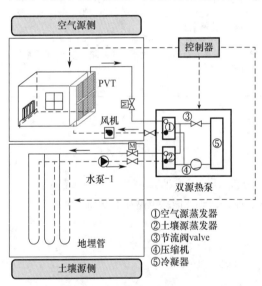

图 4-1　双源热泵原理图

2. 新型双源热泵研发设计

双源热泵是一台主机同时具有两种运行模式，包括空气源运行模式和土壤源运行模式。双源热泵采用的是双蒸发器（空气源侧和土壤源侧蒸发器），共用压缩机、冷凝器、节流阀。在北方冬季由于昼夜温差较大，白天室外温度一般在0℃左右，甚至更高，空气源热泵在此期间可以高效运行，室内供暖完全依靠空气源热泵即可。夜间室外环境温度逐渐降至约－10℃，甚至更低，空气源热泵运行效率相对较低时，自动切换到地源热泵运行模式。双源热泵机组模型图如 4-2 所示。

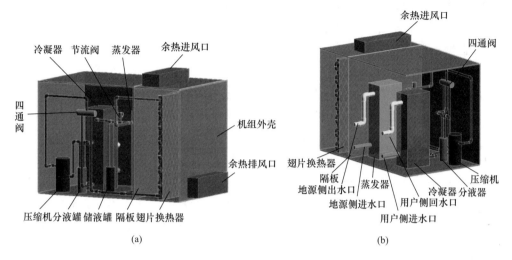

图 4-2　双源热泵机组模型图

　　双源热泵机组将空气源蒸发器和土壤源蒸发器同时放在一台机组内，其内部构造较常规单一空气源热泵和土壤源热泵的管路及控制上有很大的差别，而双源热泵机组的运行原理如图 4-3 所示。

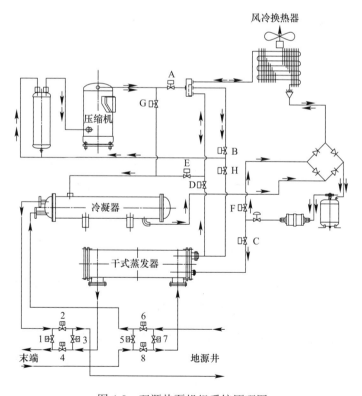

图 4-3　双源热泵机组系统原理图

（1）风冷热泵制冷模式：电磁阀 A、B、C、D 开；电磁阀 E、F、G、H 关。

（2）风冷热泵供暖模式：电磁阀 A、B、E、F 开；电磁阀 C、D、G、H 关。

（3）地源热泵模式：电磁阀 C、G、H 开；电磁阀 A、B、D、E、F 关。

（4）供暖模式：电磁阀 1、3、5、7 开；电磁阀 2、4、6、8 关；

（5）制冷模式：电磁阀 2、4、6、8 开；电磁阀 1、3、5、7 关；

3. 双源热泵性能曲线

双源热泵在运行过程中主要分为空气源侧和土壤源侧，两侧的蒸发器分别独立运行，且不会同时运行，因此双源热泵机组的性能曲线将依据空气源热泵和土壤源热泵分别分析。

（1）制冷节能分析

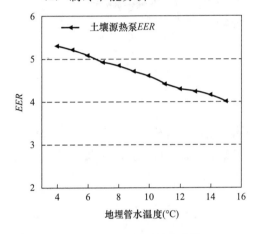

图 4-4　热泵制冷性能曲线

根据双源热泵冷却水源不同，制冷性能曲线如图 4-4 所示。

由图 4-4 可以看出，同一个热泵机组，冷却水温度越低，制冷效果越好，能效比（EER）越高。水源温度从 4℃ 到 15℃，能效比相差了 1.4，即可节能 20% 以上。热泵机组的额定工况在冷却水温度为 7℃ 左右，此时机组 EER 为 4.92。

（2）制热节能分析

根据双源热泵冷却水源不同，制热性能曲线如图 4-5 所示。

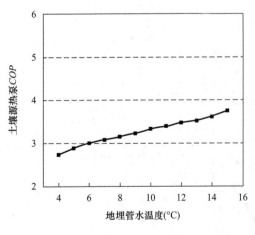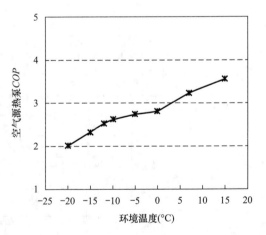

图 4-5　热泵供热性能曲线

由图 4-5 可以看出，同一个热泵机组，地埋管水温度越高，其制热效果越好，其能效比（COP）越高。水源温度从 4℃ 到 15℃，能效比相差了 1.2，即可节能 20% 以上。热泵机组的额定工况在地埋管水温为 12℃ 左右，此时机组 COP 为 3.30。

4.1.2 双源热泵互补供热耦合系统设计

1. 系统设计

针对沈阳市某居住建筑的实际工程进行土壤—空气双源热泵系统研究，该工程用地总面积为 $336m^2$。地上 2 层，一层层高 3.3m，二层层高 3.6m，总建筑高度 7.2m。体形系数为 0.54，建筑尺寸长×宽×高为 18m×8.4m×6.9m。双源热泵互补供热耦合系统如图 4-6 所示。

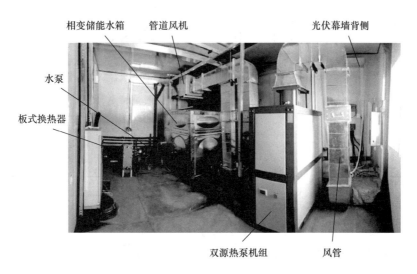

图 4-6 双源热泵机房示意图

2. 系统原理及控制策略

双源热泵机组主要依据季节不同分为三个运行模式，每个不同的运行模式对应不同的运行策略。双源热泵互补供热耦合的运行策略包括三大模式：供热模式、制冷模式、蓄热模式，如图 4-7 所示。

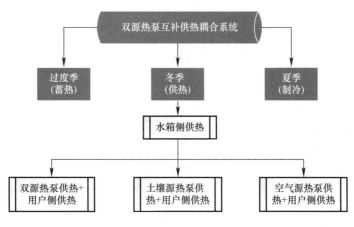

图 4-7 全年运行模式

(1) 供热模式

双源热泵系统建在净零能耗建筑内，系统部件由地埋管、水箱、PVT、风机、水泵和双源热泵机组组成，如图 4-8 所示。

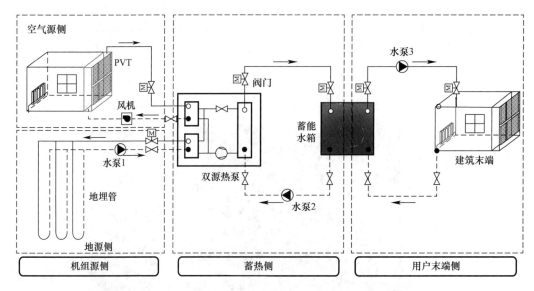

图 4-8　双源热泵系统原理图

这里主要研究了双源热泵系统的供热模式。双源热泵系统的运行策略包括机组源侧、蓄热侧和用户末端侧。

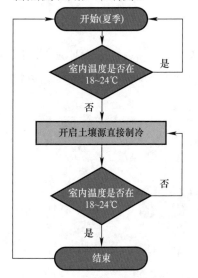

图 4-9　夏季制冷控制策略

机组源侧：当 PVT 通道温度高于 5℃ 时，先打开 DSHP 的气源侧，如果 PVT 通道温度低于 5℃，则打开地源侧进行加热；

蓄热侧：当水箱内水温达到 50℃ 时，关闭双源热泵机组。当水箱内水温低于 40℃ 时，开启双源热泵机组。因此，水箱内的水温始终可以稳定在 40~50℃；

用户末端侧：用户末端加热方式采用水箱直接加热，以保持室内温度在 18~24℃。

(2) 制冷模式

双源热泵互补供热耦合系统冬季供热控制策略以土壤源热泵机组直接给用户末端制冷。图 4-9 为制冷控制策略。

(3) 蓄热模式

在过渡季，优先使用风—水换热器，其次使用加热塔蓄热，控制策略如图 4-10 所示。

4.1.3　双源热泵互补供热耦合系统设备选型

本节研究的双源热泵耦合供暖系统是基于上述沈阳市某近零能耗建筑的基础上，结合

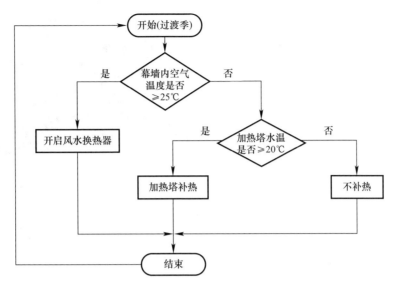

图 4-10　过渡季控制策略

当地的气象数据资料并通过 DeST 能耗模拟软件,搭建的针对严寒地区的双源热泵互补供热耦合系统。利用建筑最大热负荷对多能源耦合系统进行设备选型设计,集热设备主要包括空气源热泵、地源热泵以及光伏幕墙余热各部分,集热器作为系统的热源与蓄热水箱、循环水泵、循环风机等构成一个闭合的集热回路,在供暖季为沈阳某净零能耗建筑供热。双源热泵互补供热耦合系统的末端采用地暖毛细管网,用户末端供热温度为 35～45℃。通过配置合理的设备,确保供暖系统的稳定性。

1. 地埋管设计

地埋管分为水平埋管和垂直埋管,在该设计中采用的是垂直埋管,8 口单 U 井,井深 70m。管径 DN32,打井洞口直径 DN195,井间距 5m。

2. 光伏幕墙设计

在热泵机房的西南立面侧搭建龙骨框架(图 4-11),内部为密封空腔,在上面放置垂直的光伏板,幕墙与外墙形成封闭腔体。在阳光照射时光伏板加热空腔内空气。通过设置风管连接空腔与空气源侧蒸发器处,以循环风机为动力,形成空气源回路。由于受空间限制,光伏板铺满西南立面即可。单块光伏板尺寸:长×宽=1480mm×680mm;单块面积:1.48×0.68≈1.0m²,共 18 块,总面积为 18m²。单块发电量 150W,总发电量为 2700W。

3. 水泵设计

水泵的质量流量 V_m 计算公式为:

$$V_m = 1.15 \frac{3.6\phi}{c_p \Delta t} \tag{4-1}$$

式中　1.15——富裕系数;

V_m——热水质量流量,m³/h;

ϕ——机组热负荷,kW;

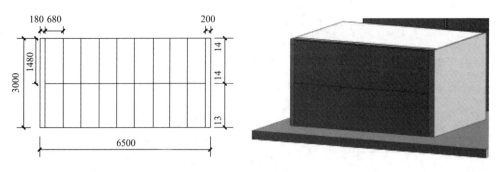

图 4-11　光伏幕墙布置图

c_p——水的比定压热容，取 4.186kJ/(kg·K)；

Δt——供回水温差，℃。

热泵机组侧与用户侧的供回水温差为 4℃，热泵开启时的热负荷为 9.8kW，水泵的质量流量为 2.43m³/h。各侧水泵型号如表 4-1 所示。

循环水泵型号参数　　　　　　　　　　　　　表 4-1

水泵位置	型号	流量（m³/h）	扬程（m）	额定流量（kg/h）	额定功率（kW）	水泵效率（%）
地源侧	ISW-25-125A	2.5	17	2150	0.55	35
用户侧	ISW-25-125A	2.5	17	2150	0.55	35
蓄热侧	ISW-25-125A	2.5	17	2150	0.55	35

4. 蓄热水箱设计

设计蓄热水箱时，还需要考虑水箱的材质与水箱保温材料的性能。水箱的材质要符合强度、刚度、承压等相关要求；蓄热水箱保温材料应符合现行国家标准《工业设备及管道绝热工程施工质量验收标准》GB 50185 的要求。保温材料的导热系数小于 0.06W/(m·℃)。因此，该系统蓄热水箱的保温材料选取厚度为 100mm 的岩棉，其导热系数为 0.045W/(m·℃)。为了保证系统能够连续稳定供热，应加入蓄能水箱将热量储存起来以备处理异常天气。同时，系统采用不分层水箱。水箱容积按略大于 0.5 倍的热水质量流量确定，故选用容积为 2.25m³ 的水箱，如图 4-12 所示。

5. 风系统设计

风量的确定：

$$Q = 3600 \times v \times A \tag{4-2}$$

式中　Q——风量，m³/h；

　　　v——风速，m/s；

　　　A——风管截面积；m²。

代入数据：$Q = 3600 \times v \times A = 3600 \times 7 \times 0.32 \times 0.12 = 967.7$m³/h。

管道风机选型如表 4-2 所示。

图 4-12　相变蓄能水箱示意图

管道风机选型表 表 4-2

型号	风量（m³/h）	全压（Pa）	功率（kW）（三项或单项）	转速（r/min）	尺寸（h×l）
DXG-1-3.2	1080.2	100.3	0.18	1400	360mm×560mm

4.2　双源热泵互补供热耦合系统性能优化分析

4.2.1　双源热泵互补供热耦合系统性能分析

本节主要基于仿真模型对系统的性能进行分析。首先简要介绍仿真模型，系统模型构架主要包括光伏幕墙循环系统、空气源热泵循环系统、土壤源热泵循环系统、用户末端供暖循环系统以及嵌套水箱，使用 TRNSYS 仿真模拟软件建立了双源热泵互补供热耦合系统，系统模型如图 4-13 所示。

沈阳的供暖期为每年的 11 月 1 日到次年的 3 月 31 日。根据沈阳市典型年气象数据得到，1 月 13 日为最冷天，室外日平均温度为－15.36℃，日最高温度为－6.5℃，日最低温度为－23.4℃。本次模拟采用该天作为典型日，对各供热系统的运行情况进行模拟分析，如图 4-14 所示。

图 4-14（a）为典型日双源热泵 COP 变化趋势，可以看出外界温度一直保持在－10℃以下，幕墙内温度在将近 8：00 开始上升，在 14：00 降至外界环境温度以下，且温度波动巨大，在这段时间内，由于空气源热泵受外界环境温度影响较大，空气源热泵只在 11：00 左右运行一次，COP 值为 4.25；地埋管出水温度保持在 8℃左右，建筑在夜间所需负荷较大，土壤源热泵在 21：00～次日 6：00 一直运行，白天间歇运行，COP 值基本维持在 3.10 左右。

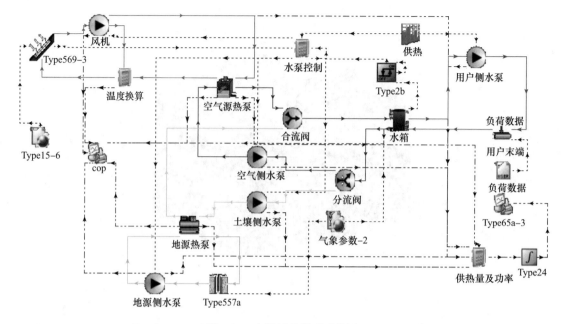

图 4-13　实际运行模型系统图

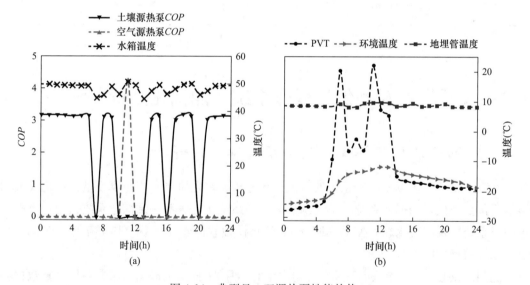

图 4-14　典型日—双源热泵性能趋势

（a）COP；（b）水箱温度

图 4-14（b）为典型日水箱平均温度变化趋势，可以看出，水箱温度波动始终保持在 45～50℃之间，由于受外界环境温度的影响，空气源热泵全天只运行一次，主要是因为外界环境温度较低，在深冬之际受限条件较多；土壤源热泵在夜间持续运行，白天间歇运行，以维持水箱温度的恒定。

为了解光伏幕墙耦合空气源热泵系统的能效特性，需要利用 TRNSYS 对系统的供暖季节进行动态模拟分析，并深入研究。图 4-15 为耦合系统中 PVT 集热系统空腔温度在 11 月、12 月、1 月、2 月、3 月的变化情况示意图。

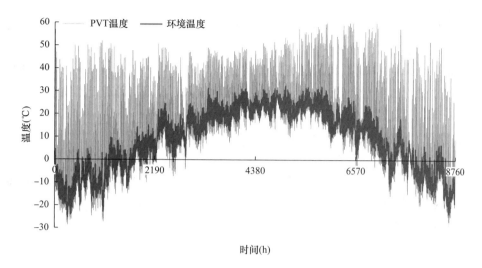

图 4-15　PVT 空腔供暖季模拟温度变化图

由图 4-15 可知，PVT 空腔在供暖季温度波动较大，在－28.67～58.35℃之间变化，平均温度最低的月份为 1 月，平均温度最高月份是 11 月和 3 月，幕墙内温度并不是一直大于外界温度，主要在夜晚幕墙内空气温度低于外界环境温度，而 PVT 空腔的温度在5℃以上才能满足空气源热泵机组的运行条件，在整个供暖季 PVT 空腔模拟温度大于 5℃的时间有 1120h 可供空气源热泵使用。一天中，在 12：00～14：00 之间的空腔温度是最高的，所以在该时段是利用光伏幕墙耦合空气源热泵系统的最好时间。

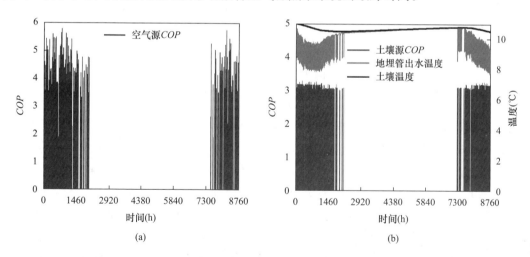

图 4-16　热泵机组性能分析

（a）空气源侧蒸发器 COP；（b）土壤源蒸发器 COP

图 4-16（a）为耦合系统中空气源侧在整个供暖季 COP 值的变化，最小值为 3.56，最大值为 5.88，平均值为 4.31；在早晚无太阳辐射的时候，PVT 集热系统进出口空气温度较低，空气源侧温度低是造成空气源热泵 COP 值低的主要原因；当太阳辐射强烈时，PVT 集热系统空气较高，空气源侧供热量大，机组可以满负荷运行，COP 值较高。因此在供暖季，每天 12：00～14：00，使用光伏幕墙耦合空气源侧系统，空气源热泵 COP 值

最高。在整个供暖季幕墙内空气温度达到5℃的以上有1120h，皆可供空气源侧运行，但由于用户末端及水箱对热量需求不一样，空气源侧在整个供暖季节运行了165h。

从图4-16（b）中可以看出，土壤的初始温度为11℃，全年低温出现了小幅度降低，而地埋管出水温度从1月降低，主要因为供热需求较大，从而导致换热能力加大，3月热负荷需求变低，地埋管出水温度再逐渐升高，11～12月天气越来越冷且热负荷需求逐渐增大，地埋管出水温度也逐渐降低。土壤源热泵机组 COP 最大值为3.44，最小值为3.00，平均值为3.11，基本维持在3.11左右。土壤源热泵在整个供暖季节运行了856h。

光伏幕墙余热＋双源热泵供热系统平均 COP 为3.3，系统平均 COP 为2.78，全供暖季空气源测 COP 最高为5.88，最低为3.56，土壤源侧 COP 最高为3.44，最低为3.00，水泵功率占全年总能耗的15.60％。

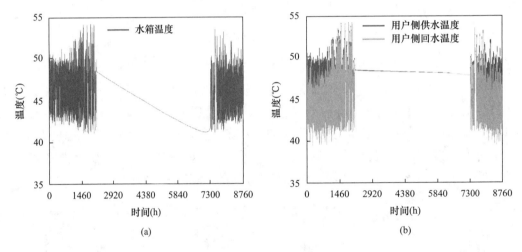

图 4-17　温度变化趋势图
（a）水箱温度；（b）用户侧供回水温度

由图4-17可以看出，双源热泵供给水箱温度较为恒定，基本保持在45～55℃之间。供暖期间，土壤源侧用户侧供水温度保持在45～50℃，用户侧回水温度保持在40～50℃，冬季供回水温差在1～5℃。

由图4-18（a）可知，总能耗为4302.37kWh，其中空气源热泵能耗为625.90kWh，占总能耗的14.55％；土壤源热泵总能耗为3003.38kWh，占总能耗的69.81％；水泵总能耗为673.09kWh，占总能耗的15.64％。由图4-18（b）可知，总制热量为12034.25W，其中空气源热泵供热量为2694.58W，占总制热量的22.4％；土壤源热泵供热量为9339.67W，占总制热量的77.6％。

4.2.2　双源热泵互补供热耦合系统关键影响因素分析

双源热泵系统在严寒地区的适应性较高，本节选择影响双源热泵系统性能的代表性独立因素，再进行单目标影响因素分析。根据系统可知，对系统能耗影响最大的主要包括：光伏幕墙尺寸、水箱尺寸、地理管数量及深度、空气源热泵及土壤源热泵最佳供热量、水泵流量。

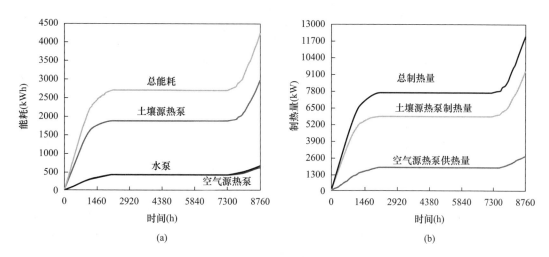

图 4-18　供暖季能耗及供热量分析

（a）能耗分析；（b）供热量分析

（1）水箱尺寸

水箱尺寸的变化影响双源热泵系统整体性能，保持其他因素不变，分析水箱尺寸变化对整个供热系统影响。图 4-19 给出了供暖季空气源热泵、土壤源热泵及全年系统运行分析。

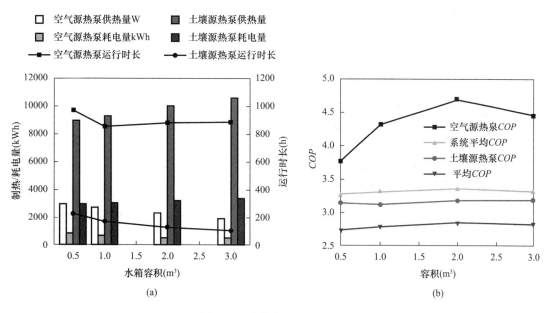

图 4-19　水箱容积的运行分析

（a）对系统的影响；（b）对 COP 的影响

图 4-19（a）是水箱容积对系统的影响分析，随着水箱容积的增大，空气源热泵运行时间减少，随之供热量及耗电量依次减少，而土壤源热泵运行时间减少，其供热量及耗电

量逐渐增加，因此水箱容积的变化对空气源及土壤源的运行有较大影响。图4-19（b）是水箱容积对COP的影响分析，随着水箱容积的增大，空气源热泵COP呈现先增加后降低的趋势，土壤源热泵COP呈现先降低后增加的趋势，但基本维持在3.15左右，平均COP及系统平均COP逐渐增加，但其总能耗呈现先降低后增加的趋势；在水箱容积为2m³时，空气源热泵COP达到最大，为4.68；平均COP达到最大，为3.36，总能耗为4309.55kWh，供热量为12247.12W。

（2）空气源热泵制热量

在进行设备选型时，可供选择型号有很多，而不同的供热能力对于机组的影响都是有很大的影响。以下分析空气源热泵制热量的变化对供暖季空气源热泵、土壤源热泵及全年系统运行的影响。

由图4-20（a）可知，随着空气源热泵制热量的增大，空气源热泵运行时间减少，供热量及耗电量依次增加，而土壤源热泵运行时间减少，其供热量及耗电量依次减小。由此可以看出，空气源热泵制热量的变化对空气源热泵及土壤源热泵的运行有较大影响。由图4-20（b）可知，随着空气源热泵制热量的增加，空气源热泵COP逐渐降低，土壤源热泵COP缓慢增加，但增加幅度很小；整个供热系统的平均COP在逐渐下降，但系统平均COP出现先增加再下降趋势，其增降幅度也较小。

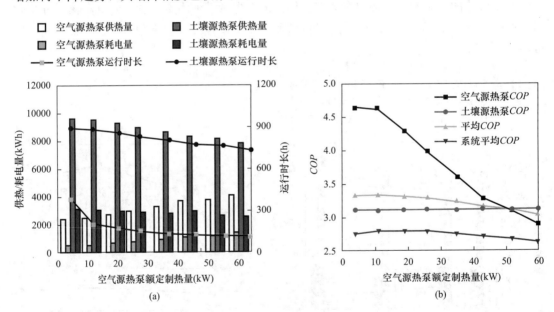

图4-20 空气源热泵制热量对系统的影响分析

（a）对系统的影响；（b）对COP的影响

（3）土壤源热泵制热量

由图4-21可知，随着土壤源热泵制热量的增加，空气源热泵运行时长逐渐减少，而供热量及耗电量先降低最后趋于稳定。土壤源热泵运行时长也逐渐减少，而供热量及耗电量占比增加，空气源热泵COP逐渐降低，最后趋于稳定，土壤源热泵COP逐渐降低，整个双源热泵系统的平均COP及系统平均COP保持下降趋势，而总的能耗在逐渐增加。

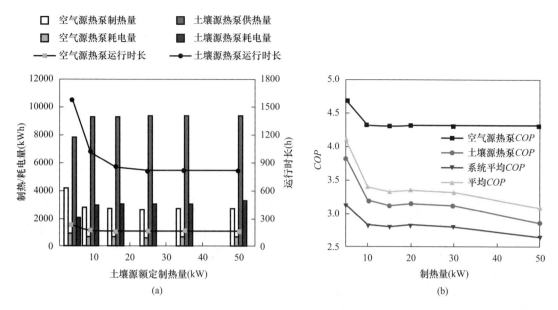

图 4-21 土壤源热泵制热量对系统的影响分析

（a）对系统的影响；（b）对 *COP* 的影响

（4）土壤源热泵附属水泵

由图 4-22（a）可知，随着土壤源侧附属水泵流速的增加，空气源热泵运行时长缓慢增加，供热量及耗电量逐渐增加。土壤源热泵运行时长显著下降，而耗电量则是先下降再增长，供热量基本保持平衡，土壤源热泵耗电量呈现先缓慢降低再升高的趋势。由图 4-22（b）可知，随着土壤源侧附属水泵流速的增加，空气源热泵 *COP* 逐渐降低。土壤源热泵 *COP* 出现先升高再下降的趋势，整个供热系统的平均 *COP* 及系统平均 *COP* 先增加再下降。

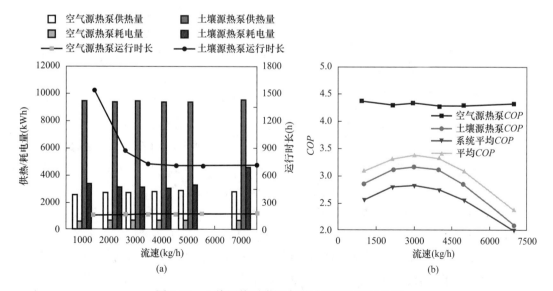

图 4-22 土壤源热泵附属水泵对系统的影响分析

（a）对系统的影响；（b）对 *COP* 的影响

（5）地埋管井深

由图 4-23 可知，随着井深度的增加，地埋侧出水温度越来越高，甚至突破 11℃。

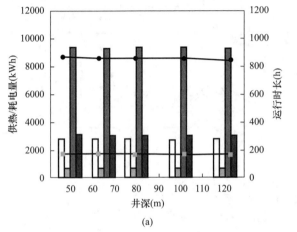

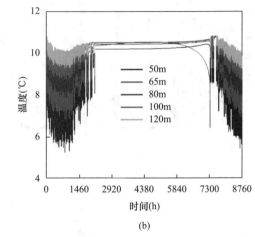

图 4-23　地埋管井深对地埋侧出水温度的影响分析
(a) 对系统的影响；(b) 对温度的影响

由图 4-24 可知，随着井深的增加，土壤源热泵的 COP 逐渐增加，供热系统的平均 COP 及系统平均 COP 逐渐增加，但幅度较小。因此可以发现：由于建筑所需负荷较小，地埋管仅对地埋管出水温度影响较大，对土壤源热泵运行时长、COP 等影响较小。

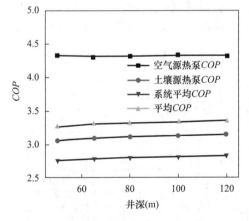

图 4-24　地埋管井深对 COP 的影响分析

（6）地埋管井数的影响分析

由图 4-25 可知，土壤源热泵的井数量对空气源热泵基本无影响，且对土壤源热泵的影响也较小。随着井的数量越来越多，地埋侧出水温度也越来越大，甚至突破 11℃。

由图 4-26 可知，随着地埋管井数的增加，土壤源热泵 COP 无明显变化，空气源热泵 COP、平均 COP 及系统平均 COP 逐渐增加。

（7）地埋管侧水泵流速的影响分析

由图 4-27 可知，随着地埋管侧水泵流速的增加，空气源热泵的运行时长在一定范围内保持不变，但随后运行时长、供热量和耗电量出现不规则波动。土壤源热泵运行时长随着流速的增加先降低随后剧烈增长，而土壤源热泵的制热量在一定程度上保持稳定，但随后也急剧降低。由图 4-27 (b) 可知，随着地埋管侧水泵流速的增加，地埋管出水温度在一定程度也保持不变，但总体趋势是随着流速越大，地埋管出水温度越高。

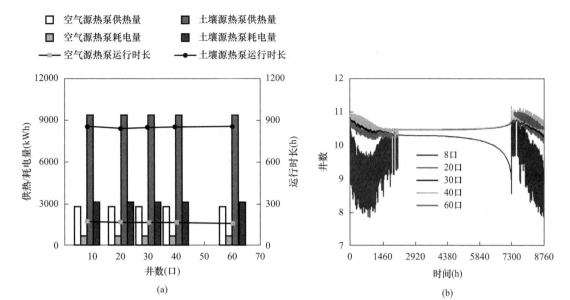

图 4-25   地埋管井数对系统的影响分析

（a）对系统的影响；（b）对运行时长的影响

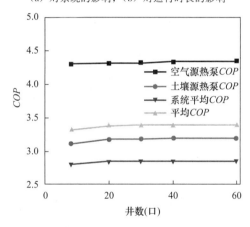

图 4-26   地埋管井数对 COP 的影响分析

由图 4-28 可知，随着地埋管侧水泵流速的增加，平均 COP、系统平均 COP 先增长再下降，而空气源热泵 COP 则相反，先保持稳定随后逐渐增加。

4.2.3   双源热泵互补供热耦合系统性能优化

1. 基于系统能耗的单目标优化

目前，关于多能源耦合供暖系统的优化研究大多数采用单因素分析，简单地优化系统的各热源设备对系统整体能效的影响，往往忽略了各热源设备耦合作用对系统性能的影响。为了给多能源耦合供暖系统的关键设备设计最优配置，本节针对双源热泵互补供热耦合系统建立优化模型，确定恰当的目标函数、选取关键的优化变量、制定合理的约束条件，并选取可行的优化算法进行优化匹配分析，在充分考虑各变量的耦合制约条件下，研究多能源耦合供暖系统中关键设备参数的同步优化，使多能源耦合供暖系统 COP 达到最高。

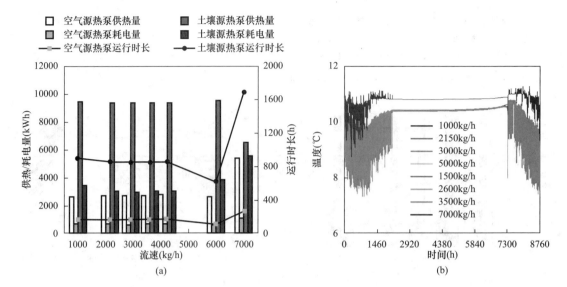

图 4-27　地埋管侧附属水泵流速对系统的影响分析

(a) 对系统的影响；(b) 对 COP 的影响

（1）优化变量的设置

优化变量一般是求最优问题中某些待定的重要因素。在设计多能源耦合供暖系统时，

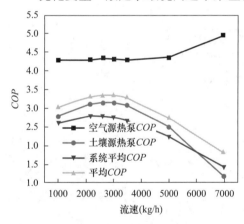

图 4-28　地埋管侧附属水泵
流速对 COP 的影响分析

需要考虑众多变量，而且这些变量之间交叉耦合，相互影响，关系复杂。因此，在多能源耦合供暖系统优化设计时，为了减少优化设计过程的计算量，需选取对多能源耦合供暖系统性能影响较大的参数进行优化设计，其中光伏幕墙尺寸、水箱尺寸、地埋管数量及深度、空气源热泵及土壤源热泵最佳供热量、水泵流量之间的相互作用对多能源耦合供暖系统效率的影响较大。因此，选取光伏幕墙尺寸、空腔尺寸、水箱尺寸、地埋管数量及深度、空气源热泵及土壤源热泵最佳供热量、水泵流量作为多能源耦合供暖系统的关键优化变量，并进行同步优化。在确定各优化变量取值范围时，需真实反映其对系统的影响程度。并采用 Hooke-Jeeves 算法优化该双源热泵系统。表 4-3 为优化变量取值范围。

优化变量取值范围　　　　　　　　　　　表 4-3

名称	水箱尺寸（m³）	空气源热泵制热量（kW）	土壤源热泵制热量（kW）	土壤源热泵侧水泵流速（kg/h）	地埋管井深（m）	地埋管井数（口）	地埋管侧水泵流速（kg/h）
初始值	1	13.8	14.1	2150	80	8	2150
最大值	3	6	6	1000	40	2	1000

续表

名称	水箱尺寸（m³）	空气源热泵制热量（kW）	土壤源热泵制热量（kW）	土壤源热泵侧水泵流速（kg/h）	地埋管井深（m）	地埋管井数（口）	地埋管侧水泵流速（kg/h）
最小值	0.5	60	60	7000	120	10	7000
步长	0.1	1	3600	100	1	1	100

（2）目标函数的设置

优化目标函数是用以求解最优目标的数学表达式，在给定最优化问题时，首先选取需要优化的目标，其次根据需要优化的目标选择变量与确定约束条件。通常情况下，优化问题的目标函数、优化变量及约束条件确定之后，相应的优化问题就会得出确定的结果。

本节选取系统的系统能效为目标函数，求解最佳性能的供热系统。目标函数如图 4-29 所示。

图 4-29　GenOpt 目标函数设置

（3）优化模型的确定

双源热泵互补供热耦合系统仿真模型采用 TRNSYS 软件进行，如图 4-13 所示。

（4）优化结果

按上文所述，选取优化变量和确定目标函数，利用 GenOpt 软件调用 Hooke-Jeeves 算法从费用年值的角度对多能源耦合供暖系统进行同步优化。在进行系统优化时，首先选择需要优化的变量，然后分别设置各个变量的类型（连续型）、初始值（系统各参数的初步设计值）、限定范围（最大值与最小值）及迭代步长；最后选择系统优化的目标函数（费用年值）及优化算法（Hooke-Jeeves 算法），设置完所有参数之后，开始进行优化计算，计算过程是自动变换优化参数值，直到优化结果满足收敛精度的要求。在图 4-30 中能清楚呈现各参数的迭代过程及 Hooke-Jeeves 算法收敛结果。

从图 4-31 可以看出，寻优算法不断变换各优化变量进行迭代计算，沿有利于目标函数值减小的方向进行，经 190 次迭代计算，目标函数相比初始阶段减小很多，说明利用 Hooke-Jeeves 算法进行系统参数寻优计算较为合理；经 210 次迭代计算，目标函数值波动较小，基本处于平稳状态；当迭代达到 242 次时，寻优算法收敛，优化结果满足精度要求，此时目标函数最小，系统各参数变量得到最优解。优化结果表明：当水箱尺寸为 1.9m³、空气源热泵制热量为 25.8kW、土壤源热泵制热量为 21960kW、土壤源热泵侧水泵流速为 2143.75kg/h、地管井深为 95m、地埋管井数为 19 个、地埋管侧水泵流速为 2450kg/h 时，系统机组 COP 最高，达到 3.12，平均 COP 达到 3.91。

（5）优化前后系统性能分析

按双源热泵供暖季运行模拟结果，系统中各参数变量优化前后的对比如表 4-4 所示。

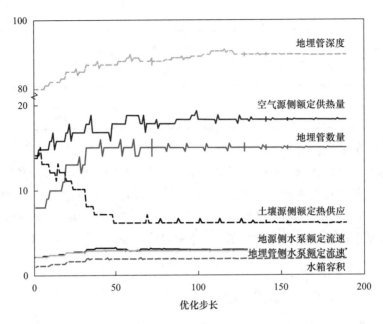

图 4-30   多能源耦合系统优化变化过程

优化前后的设备参数变化   表 4-4

优化参数	水箱尺寸 (m³)	空气源热泵制热量 (kW)	土壤源热泵制热量 (kW)	土壤源热泵侧水泵流速 (kg/h)	地埋管井深 (m)	地埋管井数 (口)	地埋管侧水泵流速 (kg/h)
初始值	1	13.8	14.1	2150	80	8	2150
优化值	2.1	25.8	6	2143.75	95	19	2450
变化量	110.00%	86.96%	−56.74%	−0.29%	18.75%	137.50%	13.95%

从表 4-4 可得出，在对严寒地区双源热泵互补供热耦合系统优化过程中，双源热泵的设备型号应保证空气源热泵制热量为实际所需最大热量的 2 倍，土壤源热泵制热量为实际所需最大热量的 0.5 倍，这样就能够在一定程度上解决严寒地区冷堆积问题。因此，在实际工程中，可根据上述匹配原则对双源热泵供热系统设计优化提供一定指导。

通过模拟对比分析多能源耦合供暖系统优化前与优化后的运行能耗如图 4-31 所示。

由图 4-31（a）可知，优化后空气源热泵运行时长降低 34h，供热量增加近 1 倍，土壤源热泵运行时长增加 445h，供热量降低 14.59%，耗电量降低 27.54%。由图 4-31（b）可知，优化后地埋管供水温度增加 2.05℃，能够显著提高土壤源热泵机组的运行性能。

由图 4-32 可知，空气源热泵和土壤源热泵的 COP 都有显著的提高，而机组 COP 提高到 3.91，提高了 17.77%，系统机组 COP 提高了 11.07%。

通过对所选的七个变量同步优化，优化后的平均 COP 提高 17.77%，空气源热泵供热量提高，土壤源热泵供热量降低，说明系统在优化后具有很强的供热能力，优化后的耦合模式能够更好地适应严寒地区冷热负荷不均的情况，进一步说明优化具有现实意义。

2. 基于系统能耗和成本约束的多目标优化

（1）优化方法

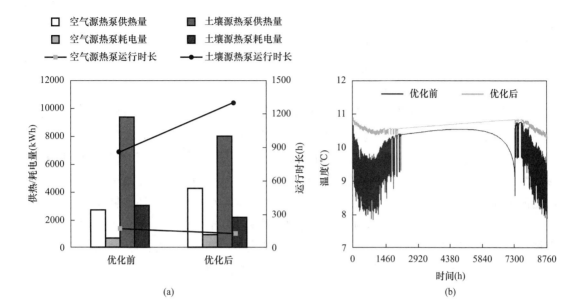

图 4-31　优化前后对系统的运行分析

（a）系统的运行分析；（b）温度的运行分析

遗传算法通过获取不同的近似最优解集来有效解决多目标优化问题。非支配排序遗传算法（NSGA-Ⅱ）广泛应用于求解多目标优化问题。非支配排序遗传算法由 Deb 等人首次提出，是遗传算法思想借鉴达尔文进化论的综合。它可以被归为一种元启发式优化技术，简单直观，在寻找不同的解集和收敛于真正的帕累托最优集附近方面优于其他多目标进化算法。利用 TRNSYS 建立仿真模型，并采用多目标优化工具进行优化。

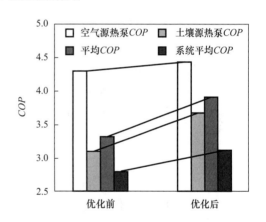

图 4-32　优化前后对 COP 的运行分析

（2）目标函数

1）系统能耗

系统能耗指标为系统年运行能耗减去光伏发电量，运行能耗主要包括双源热泵、土壤源热泵、土壤侧水泵和用户侧水泵产生的能耗。总能耗 E_c 和系统运行能耗 E_{oc} 分别用式（4-3）和式（4-4）表示。

$$E_c = E_{oc} - E_{pvt} \tag{4-3}$$

$$E_{oc} = \sum_{h=1}^{8760}(E_{hp} + E_{dyp} + E_{trp} + E_{yhp}) \tag{4-4}$$

式中　　　　　E_c——总能耗，kWh；

E_{oc}——系统运行能耗，kWh；

E_{pvt}——光伏发电，kWh；

E_{hp}、E_{dyp}、E_{trp}、E_{yhp}——分别为热泵、土壤侧水泵、地源侧水泵和用户侧水泵的总用电量，kWh；

h——小时间隔。

2）生命周期成本

PVT 辅助的双源热泵系统生命周期成本包括投资成本、运行成本和维护成本。投资成本由系统各组成部分的初始费用组成，包括双源热泵、水泵、管道、水箱、钻孔等费用。钻井成本是主要因素，随钻孔长度和土壤性质而变化。热泵和水箱的初始成本因其容量大小而异。光伏幕墙属于余热利用，在该情况下不计算初始成本。电力是运行阶段唯一的能源来源，运行成本主要与系统能耗和电价有关。如果系统所有组件的有效使用寿命超过 20a，且不需要更换部分组件，则假设维护成本假定为操作成本的 2%。式（4-5）为本书提出的光伏幕墙辅助的双源热泵系统的生命周期成本计算公式。

$$TLCC = IC + (OC + MC) \times P_a \tag{4-5}$$

$$IC = C_{hp} + C_{bh}L_{bh} + C_{sx} + C_{yhp} + C_{trp} + C_{dyp} \tag{4-6}$$

$$OC = \sum_{h=1}^{8760} C_e(E_{hp} + E_{dyp} + E_{trp} + E_{yhp}) \tag{4-7}$$

$$MC = OC \times 2\% \tag{4-8}$$

$$P_a = \frac{(1+d)^n - 1}{d(1+d)^n} \tag{4-9}$$

式中　　　IC——系统的投资成本，元；

OC——系统的运行成本，元；

MC——系统维护成本（考虑 2% 的运营成本），元；

P_a——现值因素；

C_{hp}——热泵的成本，元/kWh；

C_{bh}——每米井眼成本，元；

L_{bh}——井长，m；

C_{sx}——水箱的费用，元/m³；

C_{yhp}、C_{trp}、C_{dyp}——分别为用户侧泵、土壤侧泵、地源侧泵的成本，元；

h——每小时的间隔；

C_e——电价，元/kWh；

d——现值因子（%）的实际贴现率，其中本书采用的是实际贴现率的 10%。

表 4-5 列出了不同项目的成本。

成本参数设置　　　　　　　　　　　　　　　　　　　　　　表 4-5

类型	水箱	钻井成本	双源热泵额定制热量单价成本
价格	1050 元/m³	100 元/m	1000 元/kW

（3）优化目标

对于任何能源系统来说，能源消耗都是一个决定性的因素。第二个关键因素是对利益相关者的财务可行性的影响。因此，选择能源消耗最小和生命周期成本最小作为多目标优化的目标函数。公式定义如下：

$$\min\{F_1(x) = EC, F_2(x) = TLCC\}, x = [x_1, \cdots\cdots x_n] \tag{4-10}$$

式中　x——设计变量。

（4）决策变量

根据系统性能和目标函数，选择 6 个设计变量进行优化，分别是水箱体积、光伏幕墙的长度和宽度、双源热泵额定制冷能力、钻孔深度、钻孔数量，如表 4-6 所示。

决策变量说明　　　　　　　　　　　　　　表 4-6

设计变量	水箱体积（m³）	光伏幕墙长（m）	光伏幕墙宽（m）	双源热泵额定制冷量（kW）	钻孔深度（m）	钻孔数量（个）
变化范围	0.5～5	1～8.4	1～6.9	36000～108000	50～120	5
步长	0.1	0.1	0.1	1000	0.1	1

（5）优化结果

研究中基于两个单目标和一个多目标优化函数分别描述了优化设计变量的解。单目标优化的演化过程和结果如图 4-33 所示。最优解可以确定为图中最低处的点。

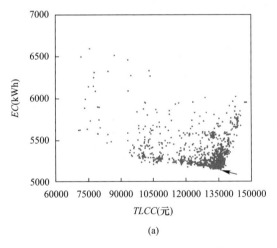
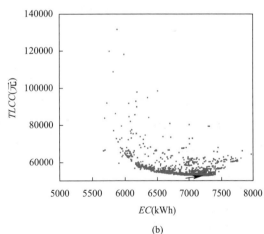

(a)　　　　　　　　　　　　　　　(b)

图 4-33　单目标演化过程和结果

（a）能耗最低；（b）生命周期成本最小

表 4-7 给出了最优方案的决策变量值。在能耗最低的情况下，水箱体积、光伏幕墙长度、光伏幕墙宽度、双源热泵额定制冷量、钻孔深度和钻孔数的最优值分别为 6.35m³、8.01m、6.87m、36176kW、40806kW、112m，7 个。在生命周期成本最小的情况下，最优解为 0.5m³、8.36m、6.87m、52m、36000kW、40608kW，2 个。很明显两种情况下的额定冷却和加热能力几乎是相同的。

单目标优化下的最优解   表 4-7

目标函数	水箱体积 (m³)	光伏幕墙的长度（m）	光伏幕墙的宽度（m）	额定制冷量（kW）	额定制热量（kW）	钻孔深度（m）	钻孔数量（个）
能耗最低	6.35	8.01	6.87	36176	40806	112	7
生命周期成本最小	0.5	8.36	6.87	36000	40608	52	2

图 4-34 分别显示了系统能耗最低、生命周期成本最低和初始系统下的性能指标对比情况。可以看出，当系统能耗最低时，$SCOP$、$SEER$ 和 APF 最高，全生命周期成本也最高，为 119973.2 元。而对于生命周期成本最低时，则呈现相反的趋势。系统能耗和生命周期成本是相互矛盾的两个目标函数。

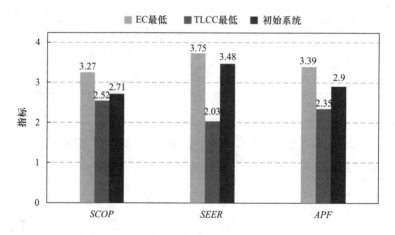

图 4-34　单目标优化与初始情况的性能对比分析

图 4-35 给出了多目标优化演化过程和最优解，得到了所有位置的最优帕累托解及生命周期成本与系统能耗的关系。结果表明，生命周期成本随系统能耗的减少而增加，而系统能耗随生命周期成本的减少而增加。值得注意的是，在多目标优化结果中，所有作为单目标优化函数的最优点（无论是最小化系统能耗还是生命周期成本）都作为最优解包含在

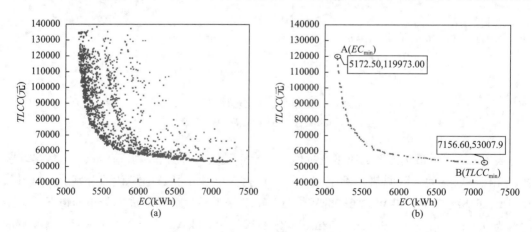

图 4-35　多目标优化的过程和帕累托解集

（a）优化过程；（b）帕累托解集

内，分别为图 4-35 (b) 中的位置 A 和位置 B。对于 A 点，其能耗最低，但总生命周期成本最高。相反，B 点生命周期成本最低，但能耗最高。

4.3　补热塔—地源热泵跨季节蓄热系统

在我国严寒、寒冷地区，地源热泵的使用主要是以冬季供热为目的，冬季供暖时间与热负荷强度远远大于夏季的空调期，这样也就造成了地源热泵在系统运行周期内，冬季向土壤的取热量大于夏季向土壤中的排热量。长期运行的情况下，取热和放热的不平衡会导致地埋管周围土壤温度逐年降低，从而形成土壤的"冷堆积"，进而导致地源热泵机组运行效率下降。采用补热塔装置为地源热泵补热，可寻求补热塔复合地源热泵蓄热的高效率运行手段。

4.3.1　地埋管蓄热参数设计与优化

1. 沈阳地区土壤特性

沈阳地区土壤类型为普通岩石类，导热系数为 2.42W/(m·K)、密度为 2804kg/m³、热容量为 2348kJ/(m³·K)。土壤平均温度为 10.5℃，地表平均温度为 12℃，地表温度振幅为 30℃，沈阳地区气候分区为严寒 B 区。

2. 地埋管参数设计

(1) 地源热泵取热量

所设计的蓄热系统为沈阳某一近零能耗建筑，该建筑冬季最大热负荷为 10kW，从土壤中的最大吸热量 Q_x，按照热泵机组的 COP 计算为 7.78kW。

(2) 地埋管换热量

地埋管的单位管长换热量 q_L 与埋管长度 l 的关系确定为：$q_L = 48.233 - 0.057l$。

(3) 地埋管个数与埋深

地埋管管长 L 确定为：$L = \dfrac{Q_x}{q_L}$，埋管长度与地埋管个数 N 的计算如：$l = \dfrac{L}{N}$

根据《地源热泵系统工程技术规范》GB 50366—2005 (2009 版)，埋管长度宜超过 20m，当深度不超过 120m 时，每延 1m 钻孔造价相当。

3. 土壤蓄热体参数优化

地源热泵的设计中要解决土壤蓄热体温度失衡的问题，不光要从外部采取蓄热措施，还可以在向土壤中蓄热的基础上，对如何延缓土壤蓄热体的温度变化趋势进行分析。本书选取土壤蓄热体的入口水温、埋管长度、打孔间距作为影响因素，对蓄热时土壤蓄热体的温度变化进行研究。

利用 TRNSYS 软件建立了地源热泵冬季供热、夏季跨季节蓄热的模型。针对土壤蓄热体的入口水温、地埋管埋深、打孔间距三个因素，选取了三个水平进行了 9 组正交设计，正交因子的设计如表 4-8 所示。

土壤蓄热体温度变化的正交因子及水平选取　　　　　表 4-8

因素	土壤进水温度（℃）	地埋管埋深（m）	埋管间距（m）
标签	A	B	C
水平 1	15	60	3
水平 2	20	90	4.5
水平 3	25	120	6

9 次试验的计算结果如表 4-9 所示，对其进行极差分析。其中，k_i，K_i 是因子相同水平的和与均值，R 是各因素极差。

表 4-9 中，$RESULTS$ 是系统运行一年土壤温度与初始土壤温度差值的绝对值再取相反数。目标是求运行一年后与初始土壤温度最接近，即 $RESULTS$ 值最大的一组试验。

土壤蓄热体温度变化的极差分析　　　　　表 4-9

试验	因素 A（土壤进水温度）	因素 B（地埋管埋深）	因素 C（埋管间距）	$RESULTS$
1	3	1	2	−0.01
2	2	3	2	−0.562
3	1	3	3	−0.549
4	1	2	2	−0.762
5	3	3	1	−0.902
6	1	1	1	−1.677
7	3	2	3	−0.14
8	2	1	3	−0.23
9	2	2	1	−0.981
k_1	−2.988	−1.917	−3.56	
k_2	−1.773	−1.883	−1.334	
k_3	−1.052	−2.013	−0.919	
K_1	−0.996	−0.639	−1.18667	
K_2	−0.591	−0.62767	−0.44467	
K_3	−0.350666667	−0.671	−0.30633	
R	0.645333333	0.043333	0.880333	

打孔间距对土壤温度的变化影响最大，其次是土壤进水温度，最后是埋管长度。对其各因素的 k_i 分析如图 4-36 所示。

可以看出土壤进水温度和埋管间距与土壤温度的变化正相关，在埋管间距与土壤进水温度不变的前提下，对埋管长度与运行一年后的土壤温度进行曲线拟合，结果如图 4-37 所示。

由图 4-37 可见，地埋管埋深最佳取值为 60m。而土壤进水温度与埋管间距的值越大，土壤温度的变化越小。由此可确定，埋管间距确定为 6m，而对于补热塔复合地源热泵系统

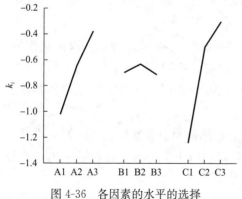

图 4-36　各因素的水平的选择

要尽量提高进水温度，也就是补热塔出水温度。下文将从补热塔装置的结构和系统改造两个方面提高补热塔的出水温度。

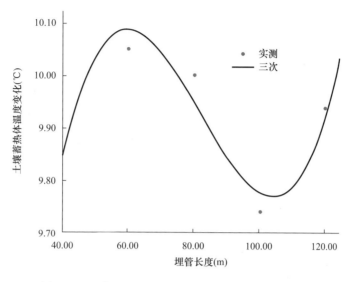

图 4-37　埋管长度与土壤蓄热体温度变化的拟合曲线

4.3.2　补热塔装置的设计与改造

1. 补热塔装置介绍

补热塔由外壳及外壳中部的填料，设于填料上方的布水器，布水器上方由电机驱动的风扇、外壳下方设有集水盘，集水盘的输出端经水过滤器再进入到回水管，供水管、水泵、水箱等组成（图 4-38）。在秋季时，水由水泵从蓄水箱供到等焓加湿段的顶部喷头处，与风机送入的室外空气进行充分混合，喷出的水在热湿交换段的热湿交换填料上成膜状流动，最终在空气出口段通过四周的格栅排出塔体。

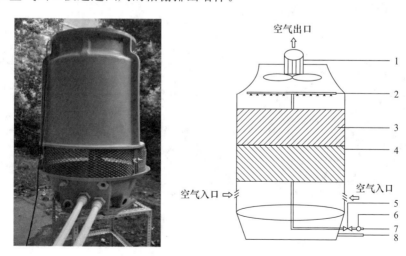

图 4-38　补热塔装置图

1—变频风机；2—补水器；3—填料；4—塔体；5—阀门；6—水泵；7—循环水入口；8—循环水出口

2. 补热塔补热原理

补热塔是将低于湿球温度的循环水经补水器均匀喷淋在凹凸形填料层上，循环水在填料面形成液膜，空气则经多层波板填料形成的空间表面空隙逆向流动，形成液—气之间的接触面。循环水在补热塔中的吸热主要是依靠表面液膜，不仅发生显热交换，也有潜热交换存在。显热交换是空气与循环水之间存在温差时，由导热、对流和辐射作用而引起的换热结果。潜热交换是空气中的水蒸气凝结（或蒸发）而放出（或吸收）汽化潜热的结果。总热交换是显热交换加潜热（或负值潜热）交换的代数和。

补热塔通过工作介质（水）吸收环境空气的热量以及大气中水蒸气的冷凝潜热，同时存在透光侧太阳能的辐射换热，从而更大程度提高地埋管侧的补热量，实现土壤温度恢复。在供冷季节，由热泵主机通过地埋管换热装置将土壤中蓄存的冷量取出后供用户终端使用。在供暖季节，由热泵主机通过地埋管换热装置将土壤中蓄存的热量取出后供用户终端使用。在过渡季节，补热塔通过工作介质吸收环境空气的热量以及大气中水蒸气的冷凝潜热，通过板式换热器与地埋管换热装置换热，并将热量传递给土壤，实现补热。

3. 补热塔结构改造

补热塔换热不仅依靠循环水与空气间的对流传热，还包括太阳传热。太阳照射到补热塔透光结构表面，透光结构吸收的太阳能一部分通过对流方式向环境散热，一部分以导热的形式向黑色填料换热，与填料之间还以辐射换热的形式传热。透光结构一方面使补热塔内空气温度升高，另一方面使黑色填料升温，最终使补热塔循环水换热量增加。单面透光材料为透明 PVC 软板，其尺寸为 750mm×750mm 的双面透光结构的透光面积为 $1.13m^2$。传热系数为 $5.8W/(m^2 \cdot K)$。不同面积透光结构补热塔如图 4-39 所示。

图 4-39　不同面积透光结构补热塔

由图 4-40 可知，透光结构的循环水出口水温高于无透光结构。单面透光时，由于 9：00～10：30 和 14：30～18：00 时间段阳光无法照射到填料表面，所以透光结构和无透光结构的换热量几乎没有差别，在 10：30～14：30 期间由于阳光照射到填料表面，增加了辐射换热，故出口水温度明显增加，在 12：00 最多（增加 0.47℃）。双面透光结构中午的换热量与单面透光结构几乎相同，但是可以增加上午和下午的阳光辐射进而提高循环水出口温度，进而增加补热塔的换热量。在补热塔日运行周期内，双侧透光结构补热塔循环水出口温度平均提高 0.5℃，换热量增加 147.4kW。

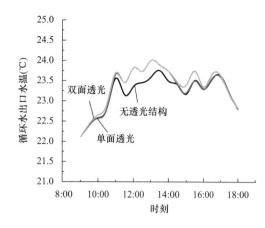

图 4-40 不同透光面积对循环水出水温度的影响

4. 提升补热塔出水温度的影响因素研究

补热塔进水温度、湿球温度、风量是影响补热塔出水温度的重要因素，对这三个因素各选取三个水平进行了正交设计，共进行 9 组试验。正交因子和水平的选取如表 4-10 所示。其中，补热塔的风量为风机作用下的风量，沈阳地区夏季平均湿球温度为 20.8℃。

正交因子及水平选取   表 4-10

因素	风量（m³/h）	湿球温度（℃）	进水温度（℃）
标签	D	E	F
水平 1	6000	19.8	10
水平 2	12000	20.8	20
水平 3	24000	21.8	30

9 次试验的计算结果如表 4-11 所示，对其进行极差分析。其中，k_i，K_i 是因子相同水平的和与均值，R 是各因素极差。

补热塔出水温度的极差分析   表 4-11

试验	因素 D（风量）	因素 E（湿球温度）	因素 F（进水温度）	补热塔出水温度（℃）
1	3	3	1	19.95
2	1	2	3	23.17
3	3	1	3	20.94
4	1	3	2	21.29
5	2	3	3	23.14
6	3	2	2	20.73
7	2	2	1	18.1
8	2	1	2	19.88
9	1	1	1	16.21
k_1	60.67	57.03	54.26	
k_2	61.12	62	61.9	
k_3	61.62	64.38	67.25	
K_1	20.22333	19.01	18.08667	
K_2	20.37333	20.66667	20.63333	

续表

试验	因素 D（风量）	因素 E（湿球温度）	因素 F（进水温度）	补热塔出水温度（℃）
K_3	20.54	21.46	22.41667	
R	0.316667	2.45	4.33	

可以看出，进水温度对补热塔出水温度影响最大，其次是湿球温度，最后是风量对其影响最小，各因素的 k_i 如图 4-41 所示，可以看出，进水温度、湿球温度和风量与补热塔的出水温度都是正相关，即进水温度、湿球温度、风量越高，补热塔出水温度越高。

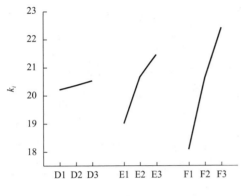

图 4-41 各因素的水平的选择

其中，风量对补热塔出水温度的影响最小，但是风量的增加与风机的功率和电耗相关。控制其他因素不变，对不同风量下的补热塔出水温度进行曲线拟合，如图 4-42 所示。

从图 4-42 可以看出，风量在 $20000 \sim 35000 \mathrm{m^3/h}$ 之间补热塔出水温度升高缓慢，综合考虑风机功率和电耗，选取 $20000 \mathrm{m^3/h}$ 为最佳风量，进行后续研究。

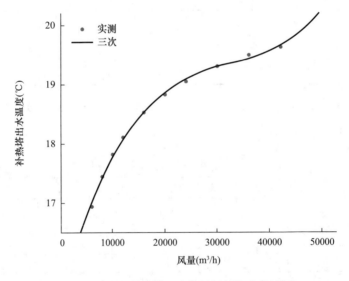

图 4-42 补热塔出水温度与风量的拟合曲线图

而对补热塔的湿球温度的提升在 4.3.3 节第 1 点通过对蓄热季时间的选择确定，补热塔进水温度的提升通过 4.3.3 节第 2 点对补热塔—地源热泵跨季节蓄热系统模式的改造实现。

4.3.3 补热塔—地源热泵跨季节蓄热系统设计分析

1. 补热塔蓄热季时间选择

空气的湿球温度取决于天气条件，而补热塔能够达到的最高的出水温度通常介于空气的湿球温度和干球温度之间。补热塔的开启蓄热的条件为空气的湿球温度高于地埋管的出水温度时，才能有效蓄热。

从图 4-43 可以看出，7、8 月（全年小时数为 4344～5831h）湿球温度较高，利用补热塔开启蓄热条件较好。对空气的湿球温度高于地埋管出水温度的全年小时数如图 4-44 所示，1 代表空气的湿球温度高于地埋管出水温度，0 则反之。其中，为避免风机和水泵频繁开启，选取空气的湿球温度高于地埋管出水温度的连续小时数为 3536～5833h、6056～6434h，即为全年的 5 月 28 日 8：00～9 月 1 日 2：00、9 月 9 日 8：00～9 月 25 日 2：00。其中，沈阳地区夏季制冷季为 7 月、8 月，全年运行时间 4344～5831h 为湿球温度最高的时间，优先选取 7 月、8 月湿球温度相对较高的时间进行蓄热。在除了夏季以外的过渡季内，3536～4343h，6056～6434h 也相当于蓄热的高效期，可以全天开启蓄热模式，使土壤温度达到平衡。

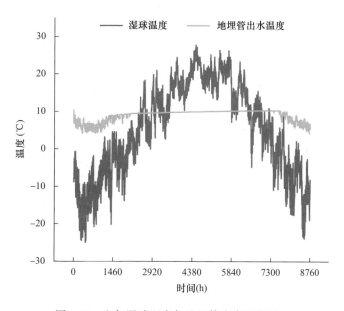

图 4-43　空气湿球温度与地埋管出水温度对比

2. 新型补热塔—地源热泵跨季节蓄热系统模式的设计

根据对补热塔出水温度和蓄热后土壤温升的影响因素研究可知，为尽可能提高土壤蓄热体的温升，需要尽量提高蓄热温度，以补热塔复合地源热泵系统为基础，要尽可能提高补热塔的出水温度。而影响补热塔出水温度的影响因素中，补热塔的进水温度影响最大，为了提高蓄热后土壤的温升，需要尽量提高补热塔的进水温度。而在夏季热泵机组制冷后，机组的回水温度会有所提升，这也是夏季地源热泵制冷可以有所提高地源温度的原因，将热泵机组制冷后的回水引入补热塔的进水口，以提高补热塔的进水温度，就形成了补热塔复合地源热泵蓄热系统的一个可行的方向。新型系统原理如图 4-45 所示，热泵机组在夏季通过为建筑制冷降温，从地源中取出低温水到热泵机组，而低温水经过热泵机组制冷循环后被加热升温，再将升温后的水引入补热塔进水口，经过补热塔进一步加热而继续升温。经过这样的系统模式运行后的水温要比补热塔直接加热土壤中提取出的水温要高。其 TRNSYS 系统模拟图如图 4-46 所示。

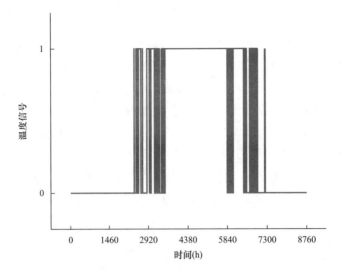

图 4-44　空气湿球温度高于地埋管出水温度的小时数

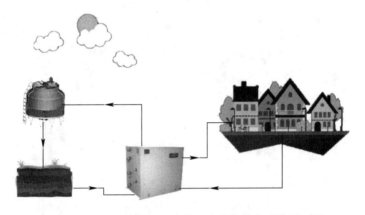

图 4-45　新型补热塔—地源热泵跨季节蓄热系统原理图

3. 补热塔—地源热泵跨季节蓄热系统模式的对比

对补热塔复合地源热泵蓄热系统开启不同的运行模式进行运行模式的对比，几种模式的运行原理如图 4-47 所示。模式一为地源热泵制热作为一种对比模式，验证只运行地源热泵制热时土壤的温降。模式二为地源热泵冬季制热、夏季制冷，是依靠夏季热泵机组制冷释放的热量为土壤蓄热。模式三为地源热泵冬季制热，补热塔在夏季高温高湿的条件下运行，向土壤蓄热。模式四为冬季热泵机组制热，夏季热泵机组制冷的同时，和补热塔并联运行向土壤蓄热。模式五为冬季热泵机组制热，夏季热泵机组制冷的同时在热泵机组和地埋管之间串联补热塔，向土壤蓄热，为上文提出的新型系统模式。

对以上五种模式在 TRNSYS 中全年运行后土壤温度的变化如表 4-12 所示。工况一为制冷季（4344～5831h）开启蓄热，工况二为蓄热时间为制冷季和过渡季（2160～7295h）蓄热后能使土壤温度恢复到初始土壤温度 10.5℃。模式一、二和模式三、四、五的工况一7、8 月地埋管进出水温度如图 4-48 所示。

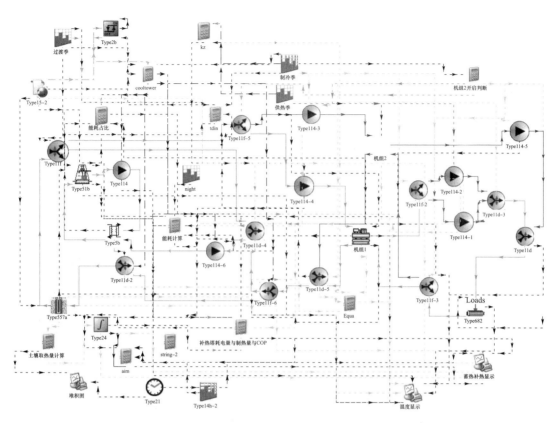

图 4-46 新型补热塔—地源热泵跨季节蓄热系统模式 TRNSYS 模拟图

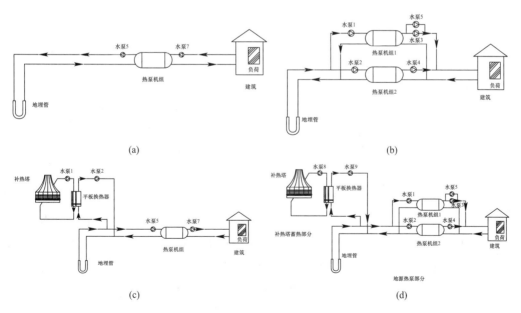

图 4-47 补热塔复合地源热泵蓄热系统的模式原理图（一）
（a）模式一；（b）模式二；（c）模式三；（d）模式四

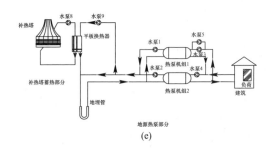

(e)

图 4-47　补热塔复合地源热泵蓄热系统的模式原理图（二）

(e) 模式五

补热塔复合地源热泵系统五种模式运行后土壤温度的变化　　　　　　表 4-12

模式	运行方式	工况	蓄热时间（h）	制冷/制热	运行全年后的土壤温度（℃）	与初始土壤温度的差值（℃）
模式一	地源制热		无	制热	9.554	0.946
模式二	地源制冷制热		4344～5831	制冷＋制热	10.03	0.47
模式三	地源制热不制冷，补热塔蓄热	工况一	4344～5831	制热	10.24	0.26
		工况二	3740～5831＋6056～6434		10.5	0
模式四	地源制热制冷，补热塔并联蓄热	工况一	4344～5831	制冷＋制热	10.08	0.42
		工况二	全天：3536～5833＋6056～6434　间隙：3000～3535＋6435～6930		10.5	0
模式五	地源制热制冷，补热塔串联蓄热	工况一	4344～5831	制冷＋制热	10.27	0.23
		工况二	3840～5831＋6056～6434		10.5	0

对比模式一，从表 4-12 中的工况一可以看出，模式二通过夏季热泵机组制冷后，土壤温度得到了一定的提升，但与土壤初始温度相差较多。模式三在夏季运用补热塔对土壤蓄热后，土壤温度进一步提升；而模式四在夏季热泵制冷的同时并联补热塔向土壤中蓄热，由于热泵机组制冷后的回水温度波动较大而导致并联后土壤进、出水温度波动大，没有为土壤带来很好的蓄热条件；模式五利用热泵机组制冷的回水进入补热塔的入口，而提高了补热塔的出水温度，向土壤中蓄热的水温较高且恒定，结合了夏季制冷和蓄热的功能。但工况一在制冷季蓄热后土壤温度未能恢复到初始温度，还需在过渡季继续蓄热。

工况二中模式三、四、五都增加了过渡季的蓄热时间，可以看出，由于制冷季蓄热后土壤温度的不同，在过渡季几种模式需要蓄热的时间也有多有少。从表 4-12 中可以看出，模式四的蓄热时间最长，模式五最短。

地埋管进、出水的温度是可以反映出蓄热后温度提升的，由图 4-49 可以看出，模式三和模式五的地埋管进水温度高于其他模式，也证实了表 4-12 中土壤温升的变化。

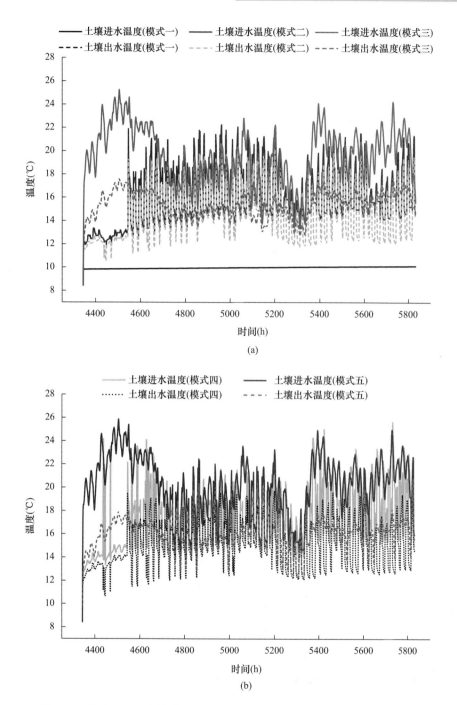

图 4-48　模式一、二和模式三、四、五的工况一 7、8 月地埋管进出水温度

（a）模式一、二和模式三的工况一的地埋管进出水温度；（b）模式四、模式五的工况一的地埋管进出水温度

4. 补热塔—地源热泵跨季节蓄热系统模式的经济分析

相对全年的运行电耗，模式五虽然相较于模式三和模式四减少了一定蓄热时间内的补热塔和水泵的运行电耗，但热泵机组在夏季的电耗更大。但从满足夏季制冷的需求来看，模式五可以满足夏季制冷需求，并利用夏季制冷后机组的回水增加了蓄热量。对模式三、

模式四和模式五的工况二进行运行费用对比分析（表 4-13），并去除夏季热泵机组的制冷电耗。其中，沈阳市电费为 0.842 元/kWh。

耗电量与电费　　　　　　　　　表 4-13

模式	运行方式	工况	蓄热时间（h）	系统运行耗电量（kWh）	运行电费（元）
模式三	冷却塔蓄热不制冷	工况二	3740~5831+6056~6434	7213	6073.35
模式四	补热塔并联制冷	工况二	全天： 3536~5833+6056~6434 间隙： 3000~3535+6435~6930	8972	7554.42
模式五	冷却塔复合地源制冷蓄热	工况二	3840~5831+6056~6434	6981	5878

从表 4-13 中可以看出，模式五的耗电量和电费的模式三和模式四低。但模式四、模式五的运行模式可以在夏季制冷，制冷时机组也增加了能耗。模式五的耗电量相对于模式三、模式四分别减少 232kWh、1991kWh；电费相对于模式三、模式四分别减少 195.35 元、1676.42 元。

三种模式都可以实现土壤热平衡，若去除夏季制冷时机组的耗电量，模式五的耗电量和电费更低，并且可以兼顾制冷的功能。模式四可以制冷，但为达到土壤热平衡，消耗的电量最多，不推荐。而模式三不能实现夏季制冷，在夏季若不需要开启制冷，模式三的全年耗电量和电费更低。

4.4 相变蓄能水箱在净零能耗建筑中的应用

4.4.1 相变材料理论基础

1. 相变材料的选取

根据材料在相变过程中的物态变化，相变蓄热材料可分为固—液类、固—固类、固—气类及液—气类。其中固—气类相变材料及液—气类相变材料在相变过程中产生大量气体，材料体积变化过大，在实际中很少使用。固—固类相变材料和固—液类相变材料在实际中使用较多。从应用角度考虑，一般选用商用石蜡作为相变材料。石蜡是精炼石油的副产品，通常由原油的蜡馏中分离而得。商用石蜡价格便宜，蓄热密度中等，由于成分的差异具有较宽的熔融温度，化学稳定性好，几乎没有过冷现象和相分离。表 4-14 给出了一系列常用石蜡类相变材料的性能参数。

常用石蜡类相变材料的性能参数　　　　　　　　　表 4-14

相变材料	熔点（℃）	相变潜热（kJ/kg）
石蜡 C14	4.5	165
石蜡 C15~C16	8	153

续表

相变材料	熔点（℃）	相变潜热（kJ/kg）
石蜡 C16～C18	20～22	152
石蜡 C13～C24	22～24	189
石蜡 C18	27.5	243.5
石蜡 C16～C28	42～44	189
石蜡 C20～C33	48～50	189
石蜡 C22～45	58～60	189
石蜡 C21～C50	66～68	189

2. 相变材料封装方式

目前，常用的相变材料封装方法包括：分散封装、微胶囊封装、与高分子聚合物熔融共混定型以及多孔材料吸附定型、带换热器的整体封装等。

为了充分利用有效空间，本节所设计的双通道空气式相变蓄能装置采用了整体封装的方式，简化装置的加工结构，这样有利于降低整体加工成本。利用焊接技术制作了相变材料的封装容器，同时在封装容器的顶部预留出相变材料灌装口，通过预留的灌装口将液态相变材料添加到容器中。

4.4.2 相变蓄能水箱蓄、放热性能分析

相变蓄能系统进行数值模拟的目的是基于数值模拟的方法来了解相变材料在蓄热、放热过程中的影响因素，掌握相变材料相变时的变化规律。通过数值模拟的途径来预测添加相变材料后相变蓄能系统的蓄、放热能力，代替大量的实验调试工作，对相变蓄能系统进行改进模拟，这样不仅能够节省大量的人力物力，为系统选择设备提供理论依据，还能为优化和改进相变蓄能系统的蓄热设计提供更好的指导思路。

1. 相变蓄能水箱模型建立

相变传热过程是具有移动边界的非线性过程，在熔化或凝固过程中存在随时间移动的固、液界面，在界面上热量以潜热方式被吸收或释放。相变传热问题包括相变和热传导两种物理过程，它具有以下四个特点：

（1）液相和固相之间存在一个分界面，从而把两种不同相态的区域分开。对于单组分物质，熔化或凝固过程发生在单一温度下，其固、液界面较为明显；对于多组分物质，熔化或凝固发生在一个温度范围内，致使其固相和液相之间的分界面不明显，而是具有一定厚度的两相混合区。

（2）相变传热具有非线性的移动界面边界条件，所以在数学上是强非线性问题。无论哪种相变导热模型，当导热温度场越过相变区间时，物质都会吸收或放出大量的相变潜热，所以这类问题是非线性的，叠加原理不能适用。

（3）相变材料的一些性质，如密度、导热系数及比热容等，通常在相变前后会发生变化。

（4）其他不确定因素，如液相区的自然对流、容器壁与相变材料间的热阻、相变前后体积变化等不确定因素带来的影响。

由于相变传热问题的以上特点，使得求解相变传热问题变得困难。目前对于有限区域的相变问题一般不能精确求解，少数可以近似分析求解，对于多维相变问题，即使用近似分析求解也很困难，一般只能用数值分析的方法处理。

物理模型的建立通过 FLUENT 软件自带的 ICEM 前处理软件处理，蓄能装置为 $800mm \times 500mm \times 450mm$ 的立方体，其体积为 $1.8 \times 10^8 mm^3$，综合考虑加工不锈钢板的制作工艺，内含 70 根直径为 30mm 的圆柱体相变蓄能单元用来蓄、放热。在两侧设置进、出水口，其进口坐标为（0，70，70）、出口坐标为（800，0.7，0.33），进、出口管直径均为 32mm。物理模型示意图如图 4-49 所示。

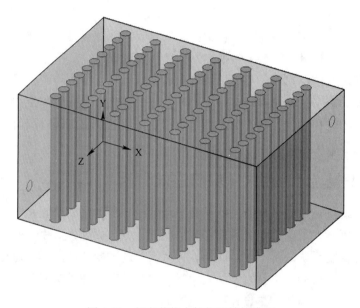

图 4-49　相变蓄能水箱物理结构模型

为了便于分析和减少不必要的计算，在物理模型中进行了合理的简化，基于简化条件建立了相变蓄能水箱的三维物理模型。简化条件如下：

（1）相变材料的潜热、导热系数和密度为常数，不随温度变化；

（2）相变材料内部传热以导热为主，忽略对流的影响；

（3）相变材料的相变转换温度是恒定的；

（4）相变蓄热单元壁厚为 0，忽略相变单元的壁厚对相变材料热传导的影响；

（5）相变材料与封装材料的直接接触热阻忽略不计；

（6）蓄能水箱外壁设置为绝热条件，忽略热损失。

2. 数学模型

基于以上假设条件，得到如下方程：

（1）融化凝固方程

对于等温相变，局部液体分数 γ 可以表示为：

$$\gamma = 0, T_w < T_m, 固体$$
$$0 < \gamma < 1, T_w = T_m, 固液混合$$

$$\gamma = 1, T_{\mathrm{w}} > T_{\mathrm{m}}, 液体 \tag{4-11}$$

式中 γ——液体分数；

T_{w}——传热流体温度，K；

T_{m}——相变材料温度，K。

对于控制方程：

（2）连续方程

$$\frac{\partial \rho}{\partial t} + \nabla \cdot (\rho \vec{u}) = 0 \tag{4-12}$$

式中 ρ——密度，$\mathrm{kg/m^3}$；

$\vec{u}$——速度，m/s；

t——时间，s。

（3）动量方程

$$\frac{\partial(\rho u)}{\partial t} + \nabla \cdot (\rho \vec{u} u) = \nabla \cdot (\mu \nabla u) - \frac{\partial P}{\partial x} + S_{\mathrm{x}} \tag{4-13}$$

$$\frac{\partial(\rho u)}{\partial t} + \nabla \cdot (\rho \vec{u} u) = \nabla \cdot (\mu \nabla u) - \frac{\partial P}{\partial y} + S_{\mathrm{y}} + S_{\mathrm{b}} \tag{4-14}$$

式中 μ——动态黏度，$\mathrm{kg/(m \cdot s)}$。

（4）能量方程

$$\frac{\partial}{\partial t}(\rho H) + \nabla \cdot (\rho \vec{u} H) = \nabla \cdot (k \nabla T) \tag{4-15}$$

物质的焓计算为显焓 h 和潜热 ΔH 之和。

$$H = h + \Delta H \tag{4-16}$$

$$h = H_{\mathrm{ref}} + \int_{T_{\mathrm{ref}}}^{T} C_{\mathrm{p}} \mathrm{d}T \tag{4-17}$$

式中 H 和 H_{ref}——分别为总焓和参考焓，kJ/kg；

k——导热系数，$\mathrm{W/(m \cdot K)}$；

T_{ref}——参考温度，K；

C_{p}——比热，$\mathrm{J/(kg \cdot K)}$；

h——显热，kJ/kg。

潜热 ΔH 可表示为：

$$\Delta H = L, T \geqslant T_{\mathrm{liquidus}}$$
$$\Delta H = \gamma L, T_{\mathrm{solidus}} < T < T_{\mathrm{liquidus}}$$
$$\Delta H = 0, T \leqslant T_{\mathrm{solidus}} \tag{4-18}$$

式中 L——显热，kJ/kg；

T_{liquidus}，T_{solidus}——分别为液相温度和固相温度，K。

采用布辛涅斯克近似来解释熔融相变材料的自然对流过程，浮力项 S_{b} 定义为：

$$S_{\mathrm{b}} = \rho g \gamma (h - h_{\mathrm{ref}}) / C_{\mathrm{p}} \tag{4-19}$$

式中 g——重力加速度，$\mathrm{m/s^2}$。

3. 相变蓄能水箱数值模拟

(1) 网格划分

使用 ICEM 建立相变蓄能水箱物理模型并对其进行网格划分，圆柱形相变单元、相变蓄能水箱及内部流体均采用非结构的 Tetra/Mixed 网格类型生成四面体网格，为了加快收敛和使模拟结果准确，在相变单元耦合面生成三棱柱边界层网格、在相变的计算域内部生成六面体为主的体网格并对进出口网格进行网格加密，确定了全局网格尺寸为 40，进出口加密网格尺寸为 5，棱柱层网格初始高度为 0.2、高度比率为 1.1、层数为 2，最后生成的总网格数量共 98 万个，图 4-50 为相变蓄能水箱网格划分。

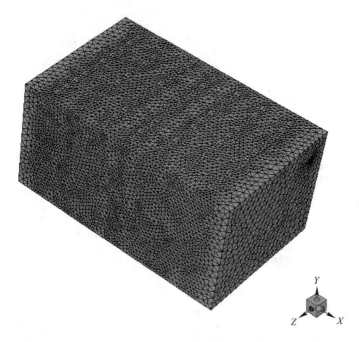

图 4-50　相变储能水箱网格划分

(2) 边界条件和初始条件

根据先前的假设，并根据图 4-50 所示的模型，对于整个相变蓄能单元，水被用作传热流体，相变材料由传热流体进行加热。假设整个区域的初始温度为 25℃，并将传热流体的温度在 patch 界面设为 50℃。入口和出口分别被设置为速度入口和压力出口。蓄热阶段，进水温度为 50℃，入口速度为 1m/s；放热阶段，进水温度为 25℃，水流速不变。TSUs 的外边界被设置为绝热边界条件，从而不会导致热量逃逸到环境中。

4. Fluent 设置求解模型及数值算法

利用 ANSYS Fluent 软件对所开发的模型进行了数值模拟，建立非稳态模型，打开 Viscous 中的 $k\text{-}\varepsilon$ 湍流模型，开启 Solidification/Melting 模型，模糊相区常数采用默认值，这时 Energy 模型自动开启。

在 ANSYS 工作台中，首先通过软件自带的三维模型 Space Claim 设计建模，之后利用 Meshing 进行网格的划分，然后在 ANSYS Fluent 环境下建立模拟仿真。首先创建了 3

个监测点，监测点布置如图 4-51 所示，用于检测相变材料以及水的温度。启动 CFD 模拟软件的 3D 求解器，读入网格并检查网格质量和网格信息，最小的网格体积应大于零。建立非稳态计算模型，在 Visious 项选择标准 k-ε 湍流模型，在 Thermal 选项中选择强化壁面换热处理选项（Enhanced Wall Treatment），其他参数默认设置。开启 Solidification/Melting 模型，模糊相区常数采用默认值，当开启 Solidification/Melting 模型后能量方程自动打开，无需再次开启。压力速度耦合项采用 Simple 算法，压力项采用 Standard 格式，能量方程采用一阶迎风差分格式。压力项、液相率及能量项等的松弛因子为采用默认值。

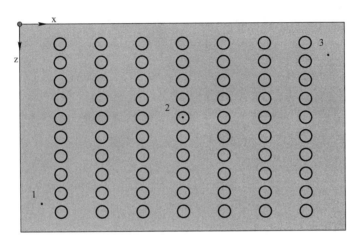

图 4-51　监测点布置

定义水的参数时可以从 Fluent 材料库中 water-liquid 直接复制，定义相变材料的参数时需要在 Properties 栏对其具体参数进行设置，石蜡及封装材料参数如表 4-15 所示，将各参数对应的数值填入材料对话框中并保存，完成材料定义。

石蜡及封装材料的热工性能　　　　　　　　　　　　　　表 4-15

名称	密度 （kg/m³）	比热 [J/kg·K]	热导率 [W/(m·K)]	黏度系数 [kg/(m·s)]	潜热 （J/kg）	凝固温度（℃）	融化温度（℃）
石蜡	900	3200	0.3	0.00215	175900	39	43
封装材料 PET	1400	1140	0.5	—	—	—	—

4.4.3　不同内部结构的相变蓄能水箱蓄、放热模拟

1. 模型描述

通过对比不同形式的相变蓄能单元对相变蓄能单元蓄、放热性能的影响，找到最优的相变蓄能单元排列形式。该节所做模拟的各项条件及方程等均与上节所述均相同，不再一一赘述。

相变蓄能单元的外形尺寸为 600mm×300mm×375mm，总体积为 $6.75×10^7$ mm³；在两侧设置进、出水口，其进口坐标为（0，70，70）、出口坐标为（600，230，305），进、出水管外径均为 32mm。

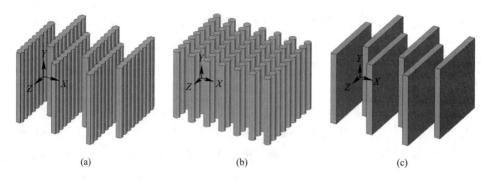

图 4-52 水箱内部相变蓄能单元模型
(a) 模型 1；(b) 模型 2；(c) 模型 3

为了研究不同的相变材料排列结构对相变蓄能单元蓄、放热性能的影响，建立了三种不同的模型，如图 4-52 所示。模型 1 理论上是外径为 30mm、高 300mm 的圆柱体，共设置 54 根，其中 9 根扎成一排，共 6 排，以折流板的方式排列，选择 PET 材料进行封装，但是由于软件限制，同时为了减少计算量，简化后的模型如图 4-52 (a) 所示；模型 2 是外径为 30mm、高 300mm 的圆柱体，共设置 63 根，均匀的排列在相变蓄能单元内部，选择聚对苯二甲酸乙二醇酯材料进行封装；模型 3 的相变蓄能单元是外形尺寸为 26mm×280mm×300mm 立方体，共设置 6 块，以折流板形式排列，选择不锈钢材料进行封装，三个模型的相变材料相同，体积约为 0.013m³。

2. 蓄放热性能分析

(1) 热阻分析

不能忽视自然对流对液态相变材料熔化速率的影响。应充分利用液态相变材料的自然对流来提高其的蓄、放热性能。Chen 等研究了不同结构参数对相变蓄能单元蓄热性能的影响，同时对传热热阻进行了分析。结果表明，该相变蓄能单元的传热热阻主要集中在相变材料一侧。在水平和垂直有限空间中，浮力能够克服黏性阻力产生自然对流的条件分别是 $Gr \geqslant 2860$ 和 $Gr \geqslant 2430$。Gr 可以通过以下方式计算：

$$Gr = g\beta\Delta t D_{\mathrm{R}}^3 / \nu^2 \tag{4-20}$$

式中 Gr——格拉晓夫数；

β——热膨胀系数，1/K；

ν——动力黏度，m²/s；

D_{R}——当量直径，m。

传热热阻计算公式：

$$R_{\mathrm{total}} = R_{\mathrm{water}} + R_{\mathrm{tf}} + R_{\mathrm{pcm}} \tag{4-21}$$

其中：

$$R_{\mathrm{water}} = \frac{1}{h_{\mathrm{water}}A} \tag{4-22}$$

$$h_{\mathrm{water}} = \frac{\lambda_{\mathrm{water}}Nu}{D_{\mathrm{R}}} \tag{4-23}$$

其中：

$$Nu = jRePr^{1/3} \tag{4-24}$$

$$Re = \frac{\rho v D_{\mathrm{R}}}{\mu} \tag{4-25}$$

$$R_{\mathrm{ft}} = \frac{\delta_{\mathrm{ft}}}{\lambda_{\mathrm{ft}}A} \tag{4-26}$$

$$R_{\mathrm{pcm}} = R_{\mathrm{total}} - R_{\mathrm{water}} - R_{\mathrm{tf}} \tag{4-27}$$

式中　R_{total}——总热阻，$\mathrm{m^2 \cdot K/W}$；

$\quad R_{\mathrm{water}}$——传热流体和相变材料封装单元外壁面之间的对流传热热阻，$\mathrm{m^2 \cdot K/W}$；

$\quad R_{\mathrm{ft}}$——封装管壁的导热热阻，$\mathrm{m^2 \cdot K/W}$；

$\quad R_{\mathrm{pcm}}$——液体相变材料与封装材料内壁之间的自然对流传热热阻，$\mathrm{m^2 \cdot K/W}$；

$\quad h_{\mathrm{water}}$——传热流体侧表面传热系数，$\mathrm{W/(m^2 \cdot K)}$；

λ_{water} 和 λ_{ft}——分别为传热流体侧和分装材料壁面导热系数，$\mathrm{W/(m \cdot K)}$；

$\quad \delta_{\mathrm{ft}}$——封装材料壁厚度，$\mathrm{m}$；

$\quad A$——接触面积，$\mathrm{m^2}$；

$\quad v$——传热流体的流速，$\mathrm{m/s}$；

$\quad j$——因子；

$\quad Nu$——努谢尔数；

$\quad Re$——雷诺数；

$\quad Pr$——普朗特常数。

由图 4-53 可知，模型 1、模型 2 的自然对流面积比模型 3 大，模型 1 中的自然对流强度大于模型 2 和模型 3，平均自然对流速度也高。模型 1 采用圆柱体管束扎排成板式的相变蓄能单元并使传热流体以 S 形流动的方式固定，增大了热水与相变蓄能单元的接触面积，加强了扰动，大大提升了对流换热系数，进一步促进了热水与相变蓄能单元的能量交换过程。

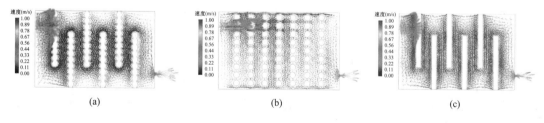

图 4-53　1200s 时各模型速度云图
（a）模型 1；（b）模型 2；（c）模型 3

（2）蓄热过程分析

图 4-54 是三种不同模型相变蓄热单元平均温度随时间变化的曲线，从图中可以看出，不同排列形式的相变蓄能单元平均温度的整体变化趋势是一致的，随着蓄热过程的进行，相变材料的平均温度在逐渐升高，但平均温度曲线的斜率在逐渐减小，这是因为在蓄热初

始阶段热水与相变材料之间的温差比较大，温差是换热的主要推动力；但随着蓄热过程的进行，热水与相变材料之间的温差逐渐减小，平均温度增速也逐渐减小。当蓄热时间分别进行到592s、897s、1100s时，相变材料开始发生相变，完全熔化所需要的时间分别为608s、777s、1086s，即模型1中相变材料完全熔化所需的时间比模型2、模型3分别提高了27.8%、78.6%。继续通入热水，相变材料的平均温度还在逐渐提升，当蓄热时间分别进行到2000s、3115s、3900s时，相变材料的平均温度为50℃，此阶段为相变材料的显热蓄热阶段。

图4-55是三种不同模型相变蓄能单元蓄热量随时间变化的曲线图。从图中可以看出，不同排列形式的相变蓄能单元蓄热量的平均温度整体变化趋势是一致的，三种模型的最大蓄热量均为4860kJ，当蓄热进行到2000s时，模型1蓄热完成，达到最大蓄热量，此时模型2、模型3的蓄热量分别为4049.35kJ和3316.46kJ，即模型1较模型2、模型3的蓄热量分别提高了16.7%、31.8%

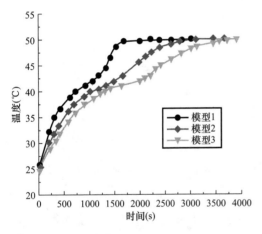

图4-54　不同模型模拟平均温度曲线　　　　图4-55　不同模型模拟蓄热量曲线

（3）放热阶段分析

图4-56是三种不同模型放热过程中热水出口温度随时间变化的曲线图。从图中可以看出，模型1的出水温度相对较高，这是由于放热时冷水从下方送入，冷水密度大，放热温差大，温差驱动势弥补了因体积力产生扰动所带来的差距，因此体积力产生的扰动可以忽略。在放热开始的前400s，热水出口温度变化比较大，此阶段以相变材料显热放热为主，放热进行到400s时出水温差最大，模型1、模型2、模型3的出水温度分别为38.24℃、35.43℃、33.91℃，此时出水温差最大，即模型1的出水温度较模型2、模型3分别提高了7.3%、11.3%；400～4400s阶段热水出口温度变化相对较小，且对水温预热能力明显。当放热进行到4400s、4120s、4056s时，模型1、模型2、模型3的出水温度均为25℃，放热过程结束，即模型1的放热时间比模型2、模型3分别提高了6.4%、8.6%。

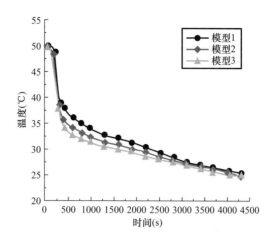

图 4-56　三种不同模型模拟出水温度

4.5　净零能耗建筑供热末端匹配性研究

4.5.1　末端设计参数的重要性

近年来地面辐射供暖系统以其供水温度低、热舒适性好、具有良好的蓄热性能等优势越来越受到用户的青睐。地面辐射供暖的计算，主要就是确定盘管间距。在传统的施工设计中，地面辐射供暖工程应由专业人员依据国家现行规范与技术措施进行设计。《地面辐射供暖施工手册》中列出了根据经验和实践总结的经验表格，可依据供水温度、室内设计温度、单位地面面积所需有效散热量查得盘管设计间距。

净零能耗建筑首先利用被动式设计降低建筑本体的能耗，如高性能的围护结构设计、良好的气密性能、断绝热桥等措施；其次利用高效的能源系统进一步减少建筑的能源需求。这一系列技术手段使得净零能耗建筑的热负荷相比普通建筑降低很多，单位地面面积所需有效散热量低，已经超出经验表格的范围，因此现行的设计规范不再适用于净零能耗建筑。设计施工时，按普通建筑的经验选取盘管间距和供水温度，必然造成冬季室内温度过高、热舒适性差、能源系统能效偏低、能耗偏高等问题。因此，在设计阶段保证设计参数的适宜性，使得室内温度合理、热舒适性良好、系统能效高尤为必要。

人体的热舒适性由人体和环境两方面因素综合影响。人体因素主要有衣着、活动量及个人体质等；环境因素主要有温度、湿度、空气流速等。评价环境热舒适性的方法有热舒适图、热舒适性方程、PMV—PPD 指标法等。自 20 世纪 70 年代以来，国际上普遍采用 Fanger 基于人体热平衡方程式和 ASHRAE 七点标度得到的平均热感觉指数—预测不满意率（PMV—PPD）模型作为评价人体热舒适的指标。PMV 是基于 1396 个受试者的热感觉投票结果分析提出的，用于评价环境的热舒适性偏离热中性环境的程度；PPD 是预测一组人中对给定的热环境感到不舒适的人数占全部人数的比例。本节热舒适性评价采用 PMV—PPD 指标法。《民用建筑供暖通风与空气调节设计规范》GB 50736—2012 根据我国实际情况制定了适合我国的 PMV—PPD 值，如表 4-16 所示。

不同热舒适度等级对应的 PMV、PPD 值　　　　　　　　　表 4-16

热舒适等级	PMV	PPD
Ⅰ级	−0.5≤PMV≤0.5	≤10%
Ⅱ级	−1≤PMV<−0.5，0.5<PMV≤1	≤27%

研究供水温度 35℃、盘管间距 200mm 的室内温度和热舒适情况，示范房间的供暖季

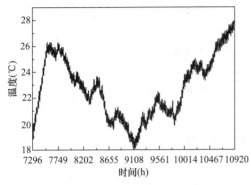

图 4-57　典型房间供暖季逐时温度

逐时温度如图 4-57 所示。整个供暖季最低室内温度出现在 9128h，为 18.06℃，全年最高室内温度出现在 10915h，达到 28.14℃，全年平均温度为 22.8℃。供暖初期和末期由于室外温度相对较高，室内温度偏高，整个供暖季逐时室内温度均高于设计温度。供暖季共 3624h，其中 412h 温度为 18～20℃，1120h 温度为 20～22℃，892h 温度为 22～24℃，1200h 温度达到 24℃以上。

整个供暖季 PMV 为 −0.43～1.41，其中 2025h 为 −0.5～0.5，1174h 为 0.5～1，约有 88.27% 的时间 PMV 为 −1～1。整个供暖季 PPD 为 5%～45.8%，约有 55% 的时间 PPD≤10%，90% 的时间 PPD≤27%，即达到Ⅱ级。热舒适性达不到Ⅱ级的时间全部集中在供暖初期和末期，此时人体热感觉较热。供暖初期和末期由于室外温度相对较高，且净零能耗建筑密闭性优良，按普通建筑设计地面辐射供暖末端参数，必然会造成室内温度过高，热舒适性较差。

4.5.2　设计参数对热舒适的影响

保持供水温度 35℃，增大盘管间距至 400mm，供暖季最低室内温度出现在 9128h，为 17.3℃，最高室内温度出现在 10915h，为 27.68℃，全年平均温度为 22.1℃，供暖季室内温度稍有降低，可以满足用户需求。整个供暖季 PMV 为 −0.57～1.31，其中 2296h 为 −0.5～0.5，1116h 为 0.5～1 或 −1～−0.5，约有 94.15% 的时间 PMV 为 −1～1。整个供暖季 PPD 为 5%～40.86%，约有 62.11% 的时间 PPD≤10%，约有 95.17% 的时间 PPD≤27%。热舒适性达到Ⅱ级的时间有所增加，热舒适性有所提高，但并不明显。

盘管间距不变（保持 200mm），降低供水温度至 30℃，供暖季最低室内温度为 15.2℃，最高室内温度为 25.2℃，平均室内温度为 20.0℃，高于室内设计温度，整个供暖季仅有供暖中期 24h 的室内温度低于 16℃，可以满足用户对室内温度的需求。

研究 30℃供水温度下供暖季逐时 PMV、PPD，与 35℃供水温度对比如图 4-58 所示。整个供暖季 PMV 为 −0.94～0.86，100% 的时间 PMV 处于 −1～1，其中 2481h 为 −0.5～0.5。整个供暖季 PPD 为 5%～23.85%，均≤27%，约有 66.23% 的时间 PPD≤10%。整个供暖季热舒适性均达到Ⅱ级以上，相比 35℃供水温度，热舒适性提高且效果明显。

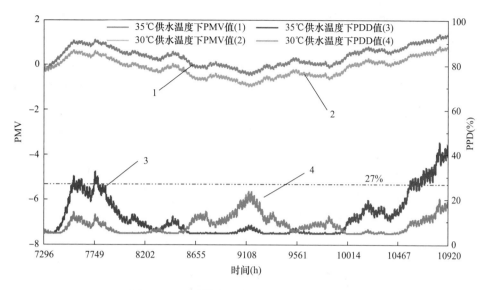

图 4-58 不同供水温度的 PMV、PPD 值对比

4.5.3 供水温度对能源系统的影响

增加对各房间的室温控制，当所有房间温度均达到设定值时，水泵停止，只要有一个房间温度不达标，则负荷侧水泵启动。优化控制后，各房间温度稳定，可有效降低能耗。当供水温度为 35℃，盘管间距为 200mm，不控制室温和控制室温后的系统能耗对比如图 4-59 所示。供暖季为 11 月初至次年 3 月末共 5 个月，其中 1 月份水泵能耗和热泵能耗最大，系统总能耗最高。供暖季热泵能耗一直大于水泵能耗，当不控制室温时，整个供暖季水泵总能耗为 1035.63kWh，热泵总能耗为 1951.50kWh，能源系统总能耗为 2987.13kWh。增加室温控制后，供暖季水泵总能耗为 845.10kWh，降低 18.4%，热泵总能耗为 1454.98kWh，

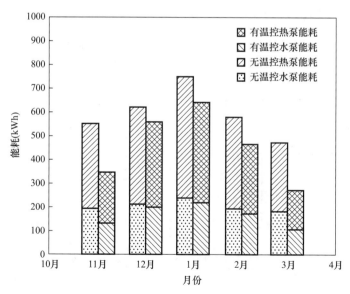

图 4-59 控制室温前后的供暖季系统能耗对比

降低 25.4%，能源系统总能耗为 2300.08kWh，降低 687.05kWh。与优化控制策略前相比，能源系统总能耗降低了 23%。

固定盘管间距为 200mm，对比供水温度为 45℃、40℃、35℃、30℃时土壤源热泵机组的 *COP* 和供暖季能源系统的能耗，图 4-60 为不同供水温度下土壤源热泵机组 *COP* 供暖季逐时变化情况。供水温度为 45℃时，供暖季平均 *COP* 为 3.50；供水温度为 40℃时，供暖季平均 *COP* 为 3.65，供水温度为 35℃时，供暖季平均 *COP* 为 3.78；供水温度为 30℃时，供暖季平均 *COP* 为 3.94。当供水温度降低至 30℃时，与 45℃供水温度相比，土壤源热泵能效提升 12.57%。

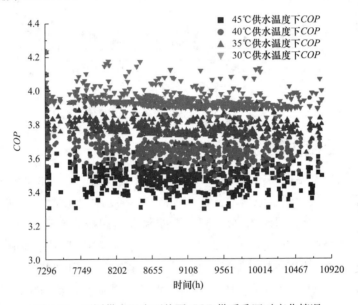

图 4-60 不同供水温度下热泵 *COP* 供暖季逐时变化情况

不同供水温度下的供暖季能耗情况如图 4-61 所示。当供水温度为 45℃、40℃、35℃、

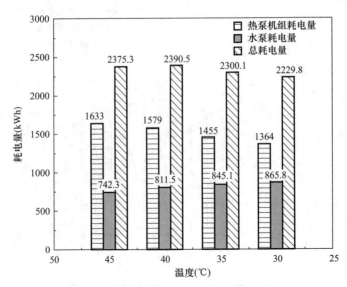

图 4-61 不同供水温度下供暖季能耗情况

30℃时，总能耗分别为 2375.3kWh、2390.5kWh、2300.1kWh、2229.8kWh。降低供水温度，为维持室内温度和水箱设定温度，水泵运行时间增加，因此水泵总能耗逐渐增加，但由于土壤源热泵机组能耗逐渐降低，供水温度为 45℃和 40℃时系统总能耗相差不多，降低供水温度至 35℃、30℃，系统总能耗继续降低。当供水温度降低至 30℃时，与 45℃供水温度相比，能源系统总能耗降低 145.5kWh，降低了 6.13%。

4.5.4　盘管间距与供水温度最佳匹配模式

为确定盘管间距和供水温度之间的最佳匹配模式，分别设置盘管间距为 150mm、200mm、250mm、300mm、350mm、400mm；供水温度为 25℃、30℃、35℃、40℃、45℃。当供水温度为 45℃时，在不同盘管间距下，人体热感觉均温暖；当供水温度为 40℃时，在不同盘管间距下，人体热感觉均较温暖；当供水温度为 25℃时，不同盘管间距下，人体热感觉均较凉。盘管间距增大，PMV 逐渐降低，但盘管间距对热舒适的影响没有供水温度影响显著，当 PMV 为 0 时，人体热感觉适中，热舒适度达到最优，此时最佳供水温度出现在 30~35℃。

供水温度为 45℃时，增大盘管间距，PPD 降低，热舒适性提高，但增大盘管间距至 400mm，PPD 为 35.93%，热舒适度依然达不到Ⅱ级；供水温度为 40℃时，热舒适度相比 45℃时提高，但达不到Ⅰ级。供水温度为 25℃时，随着盘管间距增大，热舒适度降低，盘管间距为 100mm 时热舒适度依然达不到Ⅱ级。各盘管间距下 PPD 最小值均出现在 30~35℃。因此，设置盘管间距为 150mm、200mm、250mm、300mm、350mm、400mm，供水温度为 29℃、30℃、31℃、32℃、33℃、34℃、35℃，寻找以热舒适度最高为优化目标的盘管间距和供水温度最佳匹配模式。

不同工况下 PPD 如图 4-62 所示，不同盘管间距下，供水温度从 29℃升高至 35℃时，

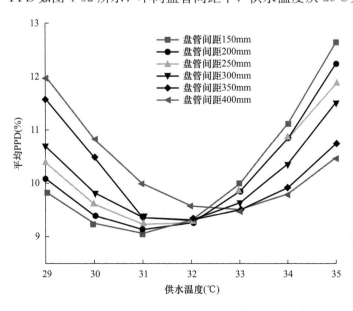

图 4-62　不同工况下供暖季 PPD 值

PPD均呈现先降低后升高的趋势。但不同供水温度下，盘管间距对PPD的影响不同，当供水温度为29～31℃时，盘管间距增大，PPD增大，热舒适度降低；当供水温度为33～35℃时，盘管间距增大，PPD降低，热舒适度提高；当供水温度为32℃时，盘管间距对PPD影响不大。

最佳匹配模式为：150mm、200mm、250mm盘管间距对应的供水温度为31℃，300mm、350mm盘管间距对应的供水温度为32℃，400mm盘管间距对应的供水温度为33℃，此时热舒适度均能达到Ⅰ级。因此，净零能耗建筑使用地面辐射供暖末端时，供水温度可降低为30～35℃，盘管间距可适当增大为300～400mm。

4.6 双源热泵互补供热耦合系统实践案例

双源热泵互补供热耦合系统应用于沈阳市某一净零能耗建筑，该供热系统与自动控制系统高度结合，实现网络云端的实时控制，控制平台如图4-63所示。本节通过对超低/近零能耗住宅建筑研发中心控制检测平台对系统运行效果进行长时间的监测，通过记录光伏幕墙空腔温度、热泵机组热源侧与负荷侧供回水温度、机组流量变化、房间温度和COP等参数，计算出建筑的供冷、供热量及建筑能耗等重要指标，并从中发现系统运行的实际问题。

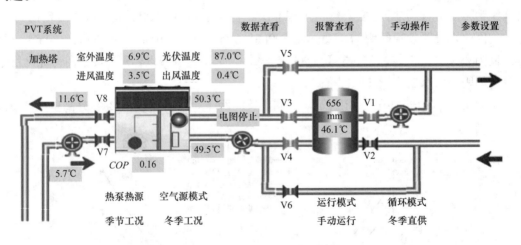

图 4-63 双源热泵机房控制平台

实测数据周期：2021年10月28日～11月11日，共15d。

4.6.1 双源热泵互补供热耦合系统实测分析

1. 光伏幕墙实验分析

超低/近零能耗住宅建筑研发中心控制检测平台——PVT系统：共有4个监测点，以及一个平均值，4个监测点用于分析不同位置的光伏产热量，以及气流组织对幕墙内空气温度的影响；平均值用于判定幕墙的总体温度是否满足空气源热泵的运行条件。光伏幕墙的尺寸为：6500mm×3000mm，共16块，每块尺寸1480mm×680mm；分别在光伏幕墙

放置了 4 个测温点，编号从左到右、从上到下的顺序为 1、2、3、4，

根据实测分析发现（图 4-64），4 个测点的温度具有一定的差异性，很可能是因为气流对其产生很大的影响。

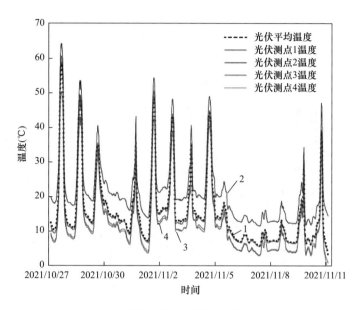

图 4-64　光伏幕墙上不同测点的温度分析

测点 2 温度最高，较平均温度高 6～10℃，

测点 1 温度和平均温度基本一致；

测点 3、测点 4 温度较低，较平均温度低 2～4℃。

根据实测分析，发现光伏幕墙的平均温度波动很大（图 4-65），在实测期间均比室

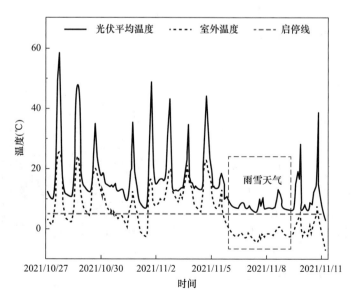

图 4-65　光伏幕墙的平均温度

外温度高，即使在初冬连续降雪情况下，幕墙内温度依然保持在5℃以上，其光伏幕墙可以为空气源热泵提供更多热量。太阳辐照度在全天中变化很大（图4-66），每天保证在300W/m² 以上的时间有6h以上。

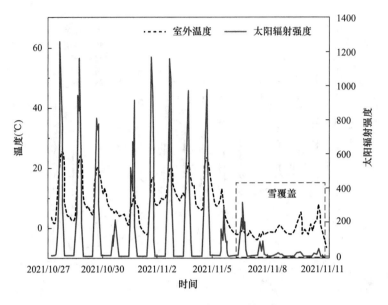

图 4-66　沈阳市逐日太阳辐射照度

2. 双源热泵性能分析

本节将介绍双源热泵供热系统在实测周期的运行特性，如图4-67、图4-68所示。热泵机组在夜间一直运行，在白天间歇运行，在11月11日，最高 COP 可达5.82，这是由于在12：00时外界环境温度较高，适合双源热泵的空气源蒸发器侧运行。从图4-68可以看出，热泵机组在这半个月内多次采用空气源侧蒸发器运行，其 COP 均能达到3.2以上。由图4-69、图4-70可知，热泵机组在严寒地区运行稳定。

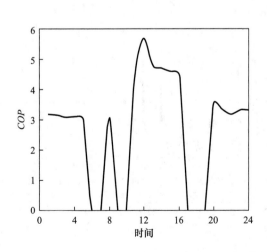

图 4-67　2021 年 11 月 11 日机组 COP

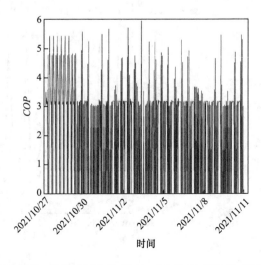

图 4-68　2021 年 10 月 28 日～11 月 11 日机组 COP

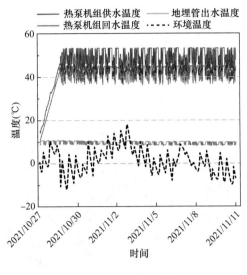

图 4-69 机组供回水温度 图 4-70 用户侧供回水温度

由图 4-71 和图 4-72 可知，双源热泵机组在半个月内，累计供热量为 2082kW，累计总耗电量为 690kWh，其中水泵耗电量为 89kWh。由此得出，双源热泵机组的 COP 为 3.47，双源热泵系统的 COP 为 3.02。

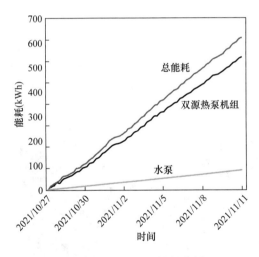

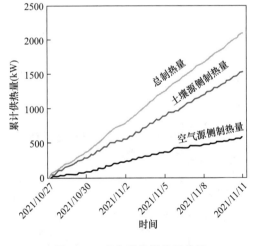

图 4-71 半个月的能耗分析 图 4-72 半个月的供热量分析

由此可知，热泵机组在供暖初期供热性能较好，尤其在中午的时候开启空气源热泵，COP 可达 5.8；单日平均 COP 为 3.58；在实测期间，热泵机组运行稳定，供热性能较好。

4.6.2 相变蓄能装置试验台建立及试验结果分析

1. 相变蓄能水箱试验台的搭建

该试验台主要由蓄热装置（TSUs）、加热设备、热水管、保温材料（橡塑保温棉）等组成。蓄热装置为 800mm×500mm×450mm 的立方体，其体积为 $1.8 \times 10^8 mm^3$，综合考虑不锈钢板的制作工艺，内含 70 根直径为 30mm 的圆柱体相变蓄能单元用来蓄、放热，如图 4-73 所示。试验过程中主要测试在蓄、放热过程中相变材料（PCM）温度的分布和变化趋势，采用节能电加热器作为热源提供稳定的热水。蓄热时，进口水温稳定在 50℃；放热时，进口水温稳定在 25℃。TSUs 通过 $DN32$ 的 PPR 管材与电加热器相连。为了保证实验测试的准确性和可靠性，减少热量损失，采用导热系数为 $0.034W/(m \cdot K)$、厚度为 15mm 的橡塑保温材料对相变蓄能单元及管道进行保温，其最高应用温度为 100℃。

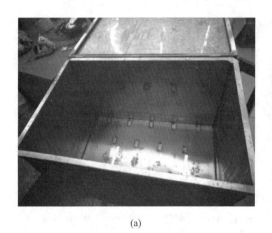
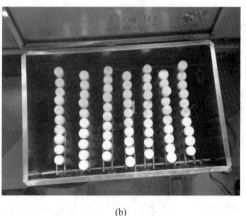

(a)   (b)

图 4-73　相变蓄能水箱模型
(a) 模型外部图；(b) 模型内部图

　　试验过程中使用了以下仪器：一个便携式超声波流量计，用于监测系统中的水流速，测得水流速为 1m/s [图 4-74（a）]；一个带有热电偶的数据采集系统，用于监测 TSUs 内不同位置和相变蓄能单元内的温度，数据每隔 1min 记录一次 [图 4-74（b）]；一个新型电加热器。所有试验结果都是在实验室条件下（环境温度为 25℃）测试获得的。

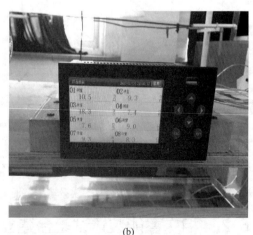

(a)   (b)

图 4-74　实验仪器
(a) 流量仪；(b) 无纸记录仪

　　2. 相变单元封装与排列

　　本试验的相变蓄能水箱换热形式为流体和相变单元进行对流换热，通过相变单元内的石蜡发生相变过程的熔化放热给水体加热。因此，加强水体与相变单元管束之间的扰动效果，增加强迫对流换热系数，成为提高相变蓄能水箱蓄、放热速率与能力的关键。

选用的相变单元为特殊 PET 材质的相变管束，此种材质的相变单元比普通 PPR 管的导热系数高，热稳定性好，使用寿命长。与金属相变单元封装材料比，非金属相变单元封装材料不易被相变材料腐蚀，密封性好且容易封装，使用热熔器即可将相变单元封装完成，操作方便，同时非金属相变单元封装材料更容易控制成本。

本次试验中采用的是圆柱形相变单元，物理尺寸为：直径 30mm、长 400mm，相变单元两端均使用热熔器将管帽热熔封装。经查阅相关文献可知，石蜡受热后体积会膨胀，且在相变温度区间内石蜡的体膨胀率呈线性增长，从常温升高到蓄热温度，石蜡的体膨胀率会增大到 13%。因此，在灌装石蜡时预留出 200mm 的空间以防蓄热时石蜡受热膨胀从相变单元中泄漏，进入热泵热水机组内影响系统正常运行。相变单元数量为 70 根，占相变蓄能水箱体积百分比为 17%，符合计算要求。石蜡熔化过程如图 4-75 所示，相变单元管束和石蜡灌装过程如图 4-76 所示。

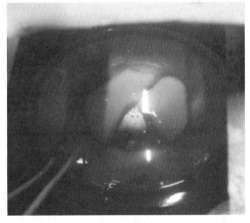

图 4-75 石蜡熔化过程

图 4-76 相变单元管束和石蜡灌装过程

3. 试验结果分析

通过一个案例模型的试验与模拟结果进行了对比分析，验证模拟的准确性，提出了三种不同的 TSUs 模型，保持相变材料质量和传热流体的流速恒定，研究不同相变蓄能单元形式对 TSUs 蓄、放热性能的影响。

验证测试在典型的运行周期中进行，以测量所提出模型的准确性。试验逐分钟验证了水和相变材料在整个储罐各层的温度分布模型。对于所有测试，由模型测量和试验测量水的温度的温度分布彼此相似。这种相似性在下节得到强调和利用。

热电偶用于测量一个相变蓄能单元内的温度。图 4-77 比较了相变蓄能单元内的试验测试温度与模型预测温度。试验开始前利用 DSC 测试设备对其热物性参数进行了测试，相变过程均发生在经过 DSC 测试后得到的温度范围内（39～43℃）。此外，数学模型描述的温度曲线趋势遵循试验数据，在相变过程中没有太大偏差，表明熔化潜热在绝对偏差内保持合理的恒定。

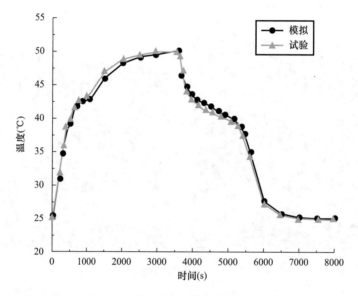

图 4-77　试验测试与模拟结果对比图

相变材料的密度仅在动量方程的浮力项中考虑，在其他方程中设置为常数（固态下的平均值为 916kg/m²，液态下的平均值为 776kg/m²）。该值大于实际液体相变材料的密度，导致数值模拟中相变材料的温升比试验测试慢。

本章参考文献

[1]　周训，刘东. 欧洲地下蓄能的发展现状［C］//2009 年地温资源开发与地源热泵技术应用论坛论文集，2009.

[2]　M Renato，Lazzarin. Dual source heat pump systems：Operation and performance.［J］. Energy and Buildings，2012，52：77-85.

［3］　F. B. Zou. The heat transfer performance study of paraffin phase change materials ［D］, Shanghai：Shanghai Maritime University，2006.

［4］　王亮，王曦，卢军. 横流式冷却塔传热模型与影响因素研究 ［J］. 热科学与技术，2015，14（4）：5.

［5］　李龙. 机械通风冷却塔变工况节能分析 ［J］. 节能，2019，38（9）：61-64.

［6］　Kang Y. A simple model for heat transfer analysis of shell and tube with phase change material and its performance simulation ［J］. Acta Energiae Solaris Sinica，1999，20（1）：20-25.

［7］　Hui F G，Yu C G，Jin Y，et al. Feasibility Analysis on Phase Change Cooling Storage in Large Day-and-Night Temperature Difference Area ［J］. Shenyang Jianzhu Daxue Xuebao，2005，21（4）：350-353.

［8］　Jaworski M. Thermal performance of building element containing phase change material（PCM）integrated with ventilation system - An experimental study ［J］. Applied Thermal Engineering，2014，70（1）：665-674.

第5章 净零能耗建筑污水源热泵与太阳能耦合蓄能联供技术

5.1 污水源热泵与太阳能耦合蓄能联供系统

5.1.1 耦合蓄能联供系统的系统构成及基本原理

太阳能—污水源热泵系统主要由三个子系统组成，分别是太阳能热水循环子系统、室内供热子系统及太阳能—污水源双源热泵子系统，其原理如图 5-1 所示。

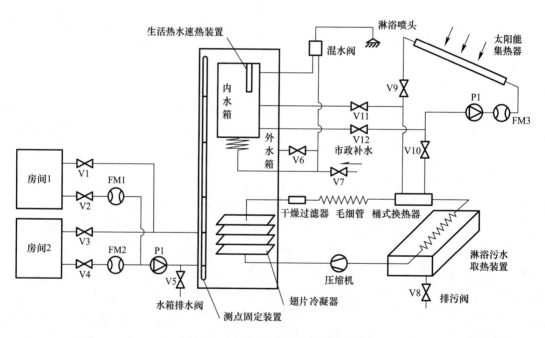

图 5-1 太阳能—污水源热泵原理图

太阳能热水循环子系统主要包含如下部分：太阳能集热器、温控器、循环水泵 P1、循环管路。冬季工况下，太阳能热水循环的路径为：集热器→太阳能热泵蒸发器→循环水泵→集热器；夏季工况下，太阳能热水循环路径则为：集热器→嵌套水箱内水箱→循环水泵→集热器。冬季工况下，可以通过放置在太阳能集热器水箱内的温控器 TC 的测温点来测量水箱内温度 T_s，当温度高于设定阈值时，循环水泵 P1 启动；反之，低于一定温度 P1 关闭。其中启停温度根据不同工况条件，可以通过温控器调节，进而起到通过温控器控制循环水泵 P1 启停的作用，并对太阳能集热器内热水循环进行控制，最终控制制冷剂与制热剂之间的热交换。在夏季，太阳能集热器直接将其制得的热水通过循环泵供给内水箱，并对市政补水进行循环加热，从而在更长时间区间内满足用户生活热水的需求。

室内供热子系统主要由嵌套水箱、室内供暖循环泵、混水阀、淋浴喷头等设备组成，嵌套水箱是该系统制取和供给热水的主要装置。嵌套水箱包括内、外两层水箱，外层水箱用于供给供暖循环水，内层水箱用于供给生活用水。其中，外层水箱的内部水体与下层热泵系统设备冷凝器进行换热，并通过直接接触将热量传递给内层小水箱。内层小水箱为承压水箱，在小水箱底部进水口设有预热盘管，用于对小水箱生活用水补水预热。整体而言，嵌套水箱结构实现了供暖水箱和生活用水水箱的有机整合，并且可以直接完成生活热水及市政补水的预热，从而有效简化系统形式、减少系统占地面积，并且提高热效率。

系统运行流程为：室内地暖循环水通过供暖循环泵 P1 带动，通过管件连接到外水箱，嵌套水箱外水箱上侧为供暖供水口，下侧为供暖回水口。通过控制循环水泵的启停，可控制是否对室内进行供暖。生活热水从小水箱顶侧出口，通过管件与外水箱连接并从外水箱侧壁穿出，经过 PPR 管路输送到混水器，与市政冷水混合后由喷淋头送出供生活用。小水箱底部预热盘管连接市政管网进行补水。水箱顶部封装有速热装置，用于在生活热水出口温度低于供水温度时对水箱内部水体进行加热。在夏季，小水箱与太阳能集热器相连，通过太阳能集热器加热内水箱补水，从而实现生活热水的供给。

作为将各个系统的热量联通的重要换热装置，太阳能—污水源双蒸发器热泵循环系统是整个系统中最复杂的一部分。热泵系统主要由压缩机、桶式换热器、污水取热装置内盘管、毛细管、干燥过滤器、冷凝器等组成。热泵系统各部件通过 Φ10mm 的紫铜管连接。高温高压制冷剂从压缩机排出后，通过制冷管路从水箱侧壁穿入，进入水箱内部的冷凝器；冷凝器位于嵌套水箱外水箱内部下侧，与外水箱内水体换热。制冷剂在冷凝器中换热后从水箱侧壁流出，经干燥过滤器吸湿过滤后进入毛细管节流，节流后制冷剂首先进入桶式换热器。桶式换热器作为太阳能热泵循环系统的蒸发器负责在太阳能热泵工况下与太阳能循环水换热。制冷剂自桶式换热器流出后送入污水取热装置内的换热盘管，在污水源热泵工况下与淋浴污水换热，作为污水源热泵系统的蒸发器。从蒸发器流出后，制冷剂冷环路各部件相连。

与市面上常见家用热泵系统相比，双源热泵系统将污水源热泵、太阳能热泵系统进行了有效结合，在降低能耗的同时能够简化系统形式，并有效提升能源利用率。该系统使用太阳能作为主要能源，节能环保效益突出；使用污水能作为次要能源，有效回收污水废热，从而减少了热量浪费和城市热污染。

5.1.2　耦合蓄能联供系统运行模式

由于一天中各时刻的用热需求不同，供热系统需要在每天不同时段采用不同的供热模式。针对该种需求设计了系统在一个供热周期内的运行模式，如表 5-1 所示。

系统运行模式对照表 表 5-1

序号	时间	设备启停时间节点	供热模式
1	9：00～19：20	太阳能循环泵开启—太阳能循环泵关闭	太阳能热泵供暖模式
2	19：20～19：35	生活用水开启—污水源热泵开启	生活热水供应模式
3	19：35～20：20	污水源热泵开启—生活用水关闭	生活热水供应模式＋污水源热泵制热模式
4	20：20～21：10	生活用水关闭—污水温度 降低，集热装置停止换热	污水源热泵制热模式
5	21：10～次日		系统关闭

太阳能热泵供暖模式是系统初始运行模式，也是热泵系统工作时间最长的工作模式。太阳能集热器通过收集热量加热集热器内水体，通过水泵实现楼顶集热器与室内太阳能热泵蒸发器之间的循环。蒸发器通过热泵循环，将从循环水中吸收的热量传递至水箱内的冷凝器，进而加热水箱内的水体。在该工作模式下，热泵系统制热量基本可以满足房间日间的供暖负荷。同时，由于嵌套水箱的结构特性，系统在供热的同时也对小水箱内储存的生活用水进行预热。

生活热水供应模式是复合热泵系统的主要功能之一，生活热水的热量来源包含如下三部分：

（1）太阳能热泵系统；

（2）污水源热泵系统；

（3）小水箱内封装的速热装置。

需要指出的是，污水源热泵系统主要用于更有效地利用淋浴废热，并且在室外太阳辐射强度较低时满足供暖需求。当污水集热装置内废水浸没集热装置换热盘管时，污水源热泵系统即开启。在淋浴结束后，若淋浴污水集热装置内废水仍有一定的余热，可以继续通过热泵系统提供热量。

5.1.3　耦合蓄能联供系统设备选型

1. 太阳能集热器选型

参考《建筑给水排水设计标准》GB 50015—2019 对太阳能集热器进行设计选型，主要参数为太阳能集热器采光面积。

2. 太阳能循环水泵选型

太阳能循环水泵选型主要需要考虑热泵系统与太阳能集热器的高差。

3. 温控器 TC 选型

温控器控制整个太阳能循环系统的启停状态，通过设置设备启停温度来控制温控器是否供电。

4. 嵌套水箱设计

作为整个系统的主要制热并输送热量的装置，嵌套水箱在系统中发挥着尤为重要的作用。根据参考文献［3］，设计的嵌套水箱的尺寸参数如图 5-2 和图 5-3 所示。

设计及加工嵌套水箱结构时，需考虑以下因素：

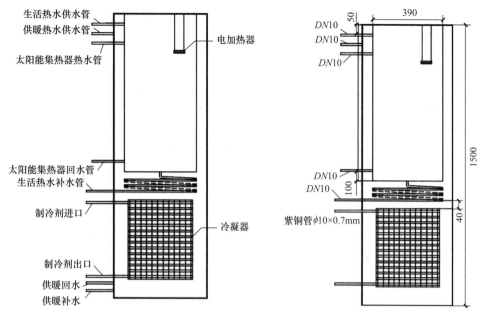

图 5-2　嵌套水箱结构设计图　　　　图 5-3　嵌套水箱结构参数图

（1）由于水箱为嵌套结构，设计较为复杂，内、外箱体开口较多，焊接加工难度较高。其中，内水箱为承压容器，箱壁共有 4 个水口，由下至上分别是：市政补水预热盘管冷水进口、太阳能循环热水进口、太阳能循环热水出口、生活热水出口。内水箱上层需要胶封电补热装置。由于内水箱负责提供生活用水，参考《建筑给水排水设计标准》GB 50015—2019，通过实验房间面积按居民人均居住面积进行折合，并参考城镇居民人均用水定额量，设计生活热水量应满足 120L/d。

（2）外水箱水侧箱壁有 5 个水口，由下至上分别是：室内供暖回水口、内水箱市政补水口、内水箱太阳能循环进水口、内水箱太阳能循环出水口、室内供暖供水口。其中，外水箱的水体与内水箱市政补水口、内水箱太阳能循环进水口、内水箱太阳能循环出水口不连通，通过在内外水箱间焊接不锈钢管使内水箱热水从外水箱送出。由于水箱下侧设有热泵系统冷凝器，故在外水箱后下侧，制冷管路采用 Φ10mm 紫铜管，从水箱外壁穿出，与外水箱不锈钢箱体通过银焊条焊接。

外水箱容积需满足以下要求：

（1）容纳内水箱及其预热盘管；

（2）容纳热泵系统翅片冷凝器；

（3）满足室内热水循环水量需求。

5. 供暖循环泵选型

供暖循环水泵的主要作用是控制外水箱热水在室内地暖盘管中的循环，从而对实验室内环境供热。按照《民用建筑供暖通风与空气调节设计规范》GB 50736—2012，需要根据盘管长度确定管路沿程阻力损失。

6. 混水器选型

混水器选择双头双控混水器，可分别控制热水流量及冷水流量。混水器分为 3 个接口，分别为冷水进水口、热水进水口及出水口；出水口与生活热水供应装置直接连接。

7. 冷凝器选型

根据系统热负荷以及参考传热系数确定冷凝器散热面积。

8. 压缩机选型

由热泵循环热力计算数据确定压缩机功率。

9. 太阳能循环蒸发器选型

由于系统的两个蒸发器为串联形式，为防止节流后制冷剂温度过低，导致蒸发器内水体膨胀对蒸发器造成损坏，建议选用满液式蒸发器。

10. 污水集热装置设计

根据参考文献 [3]，取污水集热器内制冷剂与淋浴污水的换热系数为 $350W/(m^2 \cdot K)$。设计淋浴出水温度为 45℃，排出集热器的废水温度为 15℃，根据设计蒸发器换热量可以得到污水集热盘管换热面积。设计污水集热盘管形式如图 5-4 和图 5-5 所示。

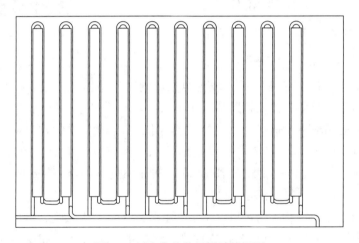

图 5-4　污水集热装置设计俯视图

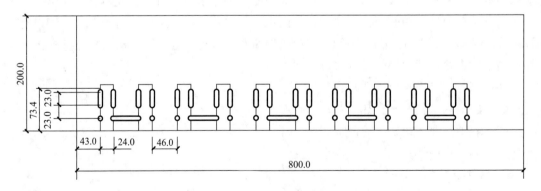

图 5-5　污水集热装置设计主视图

根据参考文献 [3]，设计淋浴污水集热装置的箱体尺寸为 80cm×50cm×20cm。换热盘管采用 Φ10mm 的紫铜管，盘管在装置内部分为 5 个循环回路（图 5-4），每个环路长度为 440cm。集热装置下端设置有排水口，排水口连有阀门，可控制淋浴废水的收集或排放。

11. 节流机构选型

节流机构是通过收缩管道截面，将低温高压制冷剂压力近似等焓降低，进而通过蒸发器与介质换热的构件。在热泵系统中，常见的节流机构有膨胀阀、毛细管等。本次实验选用毛细管作为节流机构，毛细管具有选用灵活、价格相对较低的特点。根据参考文献 [1]，选用 Φ1mm 的毛细管作为节流装置，长度为 2.7m。

5.2　污水源热泵与太阳能耦合蓄能联供系统性能分析

本节主要基于仿真模型对系统的性能进行分析。系统模型构架主要包括太阳能热水循环系统、热泵循环系统、供暖循环系统以及嵌套水箱，如图 5-6 所示，系统模块包括气象数据、太阳能集热器、水泵、水箱、换热器、温控模块等。

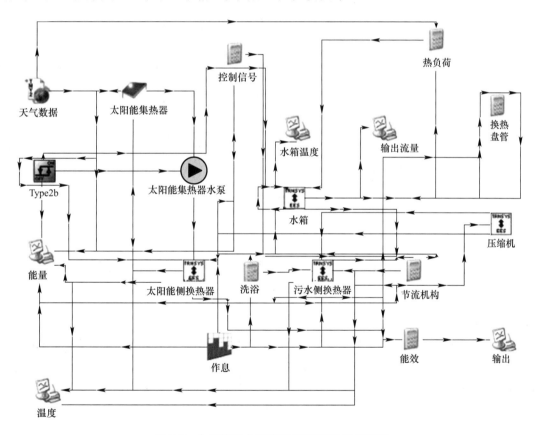

图 5-6　太阳能污水源热泵 TRNSYS 系统模型

5.2.1　耦合蓄能联供系统关键运行参数及其影响规律

本节中主要分析太阳能循环泵流量、太阳能集热器与地面形成的角度以及洗浴时长对系统运行效果的影响。

1. 太阳能循环泵流量

太阳能热水循环侧的换热媒介是热水，热水流量变化将会影响太阳能集热器的集热量、出口水温、套管式换热器的换热效率等。本节通过改变太阳能循环泵的流量变化探究其对系统运行效果的影响，循环流量设定为 $150\sim300\text{m}^3/\text{h}$，结果如图 5-7 所示。

太阳能循环泵流量从 $150\text{m}^3/\text{h}$ 逐渐提升至 $300\text{m}^3/\text{h}$，冷凝器换热量由 274.5kWh 提升至 305.5kWh，太阳能侧蒸发器换热量由 161.7kWh 提升至 174.8kWh。系统能效先增加后减小，流量为 $150\text{m}^3/\text{h}$ 时，系统能效为 2.87；流量为 $200\text{m}^3/\text{h}$ 时，系统能效升高至 3.09；流量为 $300\text{m}^3/\text{h}$ 时，系统能效降低至 2.69。太阳能利用率由 58.9% 提升至 61.4% 后降低至 57.2%，由此可见，太阳能循环泵流量选择不能持续增大，应当控制流量在合适的范围来保证系统的运行效果。

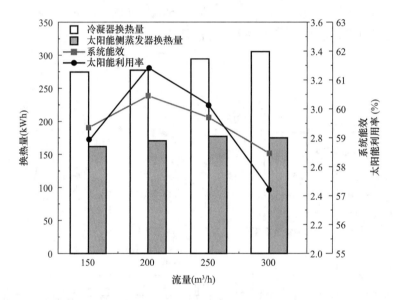

图 5-7 系统冷凝器、蒸发器换热量、系统能效及太阳能利用率随流量变化图

2. 洗浴时长/洗浴人数

（1）洗浴时长

根据《建筑给水排水设计标准》GB 50015—2019 中给出的人均洗浴时长为 30min，设定供暖季某天连续洗浴 60min，从而得出在洗浴时长为 $0\sim60\text{min}$ 时供洗浴热水的出口温度和需要的电补热量，计算结果如图 5-8 所示。不同洗浴时长需要的总电补热量如图 5-9 所示。

洗浴开始时，内水箱的出口温度为 44.2℃，随着洗浴的进行，当洗浴时长为 12min 时，内水箱出口温度不再能够保持在 40℃ 以上，需要开启电补热以保证出水温度，内水箱出口温度的降低速度逐渐减缓，当洗浴时长为 60min 时，内水箱的出口温度为 30.7℃，连续洗浴 60min 导致内水箱出口水温降低了 13.5℃。

（2）洗浴人数与用热时间

考虑在严寒地区供暖季每天洗浴人数的随机性，分别分析每天有 $1\sim3$ 人洗浴时的供

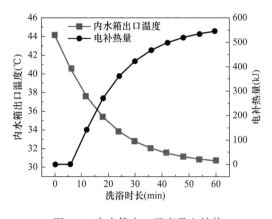

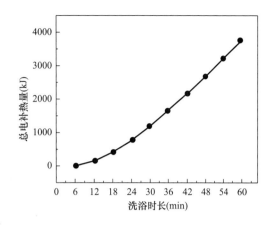

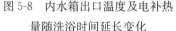

图 5-8 内水箱出口温度及电补热
量随洗浴时间延长变化

图 5-9 不同洗浴时长需要总电补热量

水温度，结合不同洗浴习惯，设定 3 人洗浴时间分别为 7：00～7：30、18：00～18：30、22：00～22：30，取其中 48h 洗浴温度如图 5-10～图 5-12 所示。从图中可以看出，每天 1～2 人洗浴时内水箱出口温度可以及时上升到 40℃以上，每天 1 人洗浴时需要的电补热量为 0.333kWh，每天 2 人洗浴时需要的电补热量为 0.981kWh，每天 3 人洗浴时需要的电补热量为 1.399kWh。随洗浴人数的增加，由于内水箱中水温升高的速度不够迅速从而导致需要的电补热量越来越大，可以考虑为内水箱增加翅片等形式提高二者之间的传热速率，以提高生活热水的稳定性和降低电补热量。

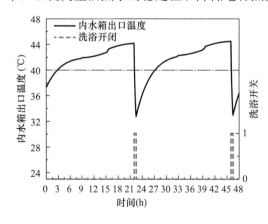

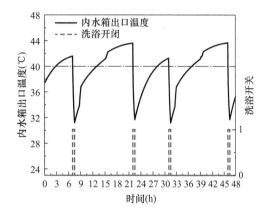

图 5-10 每天 1 人洗浴内水箱出口温度

图 5-11 每天 2 人洗浴内水箱出口温度

此外可以看出，当洗浴时间延长时，内水箱的出口温度明显降低，而随着时间延长其降低速率逐渐放缓，当洗浴时长为 12min 时，内水箱出口温度不再能够保持在 40℃以上，需要开启电补热以保证出水温度；连续洗浴 60min，导致内水箱出口水温降低了 13.5℃，需要的电补热量为 1.045kWh。随着洗浴人数的增加，由于内水箱中水温升高的速度不够迅速，从而导致需要的电补热量越来越大。

5.2.2 耦合蓄能联供系统在我国不同气候区的适用性分析

在《民用建筑设计统一标准》GB 50352—2019 中以 1 月、7 月平均温度、平均湿度为

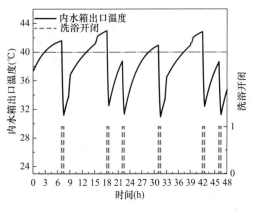

图 5-12 每天 3 人洗浴内水箱出口温度

主要指标，年降水量、年日平均气温为辅助指标，将我国划分为 7 个主气候区和 20 个子气候区。本节将分别分析该系统在其他气候区典型城市的运行效果，分析其在不同地区的适用性。按照上述标准中对于不同建筑气候分区的划分，分别选择长春、北京、上海、西宁以及乌鲁木齐作为不同气候区的典型城市。然而，不同地区的太阳辐照量、净零能耗建筑热负荷大小有着较大的差异，因此需要重新对系统进行选型计算。

根据《近零能耗建筑技术标准》GB/T 51350—2019（下称《标准》）中对于不同气候区净零能耗建筑能耗的要求，参照本书 5.1.3 节的设备选型过程，各典型城市的热泵系统设备选型结果如表 5-2 所示。

各典型城市热泵系统设备选型结果 表 5-2

城市 设备	长春	北京	上海	西宁	乌鲁木齐
冷凝器面积（m²）	33	28	20	28	33
套管式换热器面积（m²）	0.6	0.5	0.5	0.6	0.6
废水取热装置面积（m²）	2.25	2.25	2.25	2.25	2.25
压缩机功率（W）	339	232	108	212	232
太阳能集热器面积（m²）	7	7	4	5	8

1. Ⅰ区典型城市——长春

（1）运行参数设置

长春地处严寒地区，整个供暖季的负荷及太阳能分布存在不均匀性，且太阳能丰富度与供暖需求相反。因此，考虑通过针对不同月份太阳能及热负荷的分布情况，对供暖热水及太阳能侧循环热水进行分级流量调节，以避免在最冷月系统能效过低的情况。按照热负荷高低，将整个供暖季分为五个时间段，结合各时间段的负荷及太阳能热水情况，确定各时间段的供暖及太阳能循环侧热水流量，如表 5-3 所示。

供暖季各时段太阳能循环热水及供暖循环热水流量设置 表 5-3

时间段	太阳能循环热水循环流量（kg/h）	供暖循环热水流量（kg/h）
10 月 20 日～11 月 19 日	200	85
11 月 20 日～12 月 22 日	250	135
12 月 23 日～次年 1 月 31 日	400	160
2 月 1 日～2 月 28 日	250	135
3 月 1 日～4 月 6 日	180	85

（2）运行结果

根据设计负荷可知建筑的设计供暖年耗热量为 1916.57kWh，生活热水供暖季耗热量为 613.25kWh；系统以 10 月 20 日 0：00 为 0 时刻，供暖季连续运行计算结果如图 5-13～图 5-15 所示。

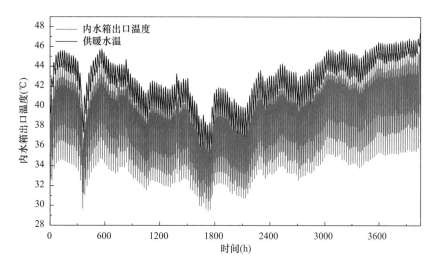

图 5-13 供暖水温及内水箱出口温度随时间变化情况

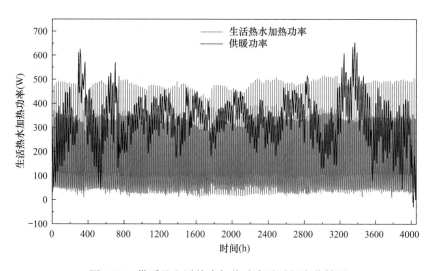

图 5-14 供暖及生活热水加热功率随时间变化情况

由图 5-13 可知，供暖水温可以维持在良好的温度范围内，可以保证 85% 的时间供暖水温维持在 40℃以上，供暖水温最低值出现在 12 月 31 日 9：00（为 35.55℃）。经计算，该系统供暖季平均供暖水温为 42.5℃，内水箱供生活热水平均温度为 36.2℃。供暖及生活热水加热功率如图 5-14 所示。系统全年实际供暖热量为 1916.4kWh，实际供生活热水热量为 411.2kWh（需电补热量 127kWh），冷凝器供暖季实际供热量为 2283.3kWh；太阳能侧蒸发器换热量为 1603.5kWh，污水侧蒸发器换热量为 92.7kWh，计算得系统能效为 3.68；供暖季总耗电量为 759kWh。

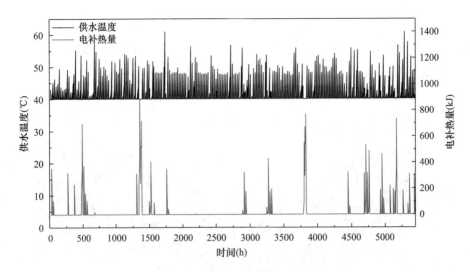

图 5-15　供生活热水温度及电补热情况

非供暖季运行参数的设定考虑到夏季更多的生活热水需求，设定每天洗浴 3 人次，洗浴时间分别为 7：00～7：30、18：00～18：30、22：00～22：30。考虑到非供暖季太阳能比较充足，设定水箱的出水温度维持在 40℃以上，当出水温度过高时，利用市政水与水箱供水进行混合后再供给，阴天水温不足时水箱出口水经过速热装置进行电补热后供给。长春地区非供暖季时间为 4 月 7 日～10 月 19 日，以 4 月 7 日 0：00 为 0 时刻，供生活热水温度和需要的电补热情况如图 5-15 所示。可以看出，非供暖季有 94.3％的时间不需要电补热（149.5d）即可保证生活热水出水温度，整个非供暖季供生活热水共需电补热量为13.8kWh，由此可见该系统在非供暖季同样具有很高的供热保证率。

（3）经济性分析

采用净现值法对比不同方案之间的经济性优劣。系统的主要部件包括太阳能集热器、循环水泵、废热回收装置以及蓄热水箱，系统设备初投资如表 5-4 所示；燃气热水系统结合本住宅热负荷情况进行选型，系统初投资共计 6080 元。

长春地区实行阶梯电价收费措施，燃气收费标准为 2.8 元/m^3，计算得到热泵、电供暖及天然气系统初投资及逐月运行费用，如表 5-5 所示。

系统设备初投资　　　　　　　　　　　　　　　表 5-4

系统部件	费用（元）
太阳能集热器	2500
循环水泵	300
套管式换热器	300
废热回收装置	1000
热泵部件	1100
嵌套水箱	4000
总计	9200

系统运行费用 表 5-5

月份	热泵耗电量 (kWh)	热泵运行费用 (元)	电供暖耗电量 (kWh)	电供暖费用 (元)	耗气量 (m³)	费用（元)
10	32.2	16.9	192.4	101.0	19.7	55.1
11	114.2	60.0	402.6	339.9	41.2	115.3
12	162.0	85.1	546.7	458.8	55.9	156.6
1	202.6	108.0	573.5	480.9	58.7	164.3
2	132.2	69.4	453.7	382.1	46.4	130.0
3	102.7	53.9	376.5	318.4	38.5	107.9
4	13.3	7.0	140.5	73.7	14.4	40.2
非供暖时段	13.8	7.2	555.2	291.5	72.8	203.8
总计	773	407.5	3241.0	2446.3	331.6	928.6

计算得太阳能—污水源热泵系统的费用现值为 11934.4 元，电热水系统的费用现值为 22494.9 元，燃气热水系统费用现值为 14830.9 元。由此可见，从经济性角度来看，太阳能—污水源热泵系统经济性远远优于电热水系统和燃气热水系统。

2. Ⅱ区典型城市——北京

（1）运行参数设置

北京地处寒冷地区，其供暖季为每年 11 月 15 日～次年 3 月 15 日（共 121d）。以 11 月 15 日 0：00 为 0 时刻的供暖季负荷情况将供暖季分为三个时间段，结合每个时间段的负荷及太阳能情况，确定了各时间段的供暖及太阳能循环侧热水流量，如表 5-6 所示。

北京供暖季各时段太阳能循环热水及供暖循环热水流量设置 表 5-6

时间段	太阳能循环热水循环流量（kg/h）	供暖循环热水流量（kg/h）
11 月 15 日～12 月 7 日	180	80
12 月 8 日～次年 2 月 17 日	250	100
2 月 18 日～3 月 15 日	180	80

（2）运行结果

北京地区室外计算温度为－7.6℃，《标准》中要求严寒地区净零能耗建筑年供暖负荷≤15kWh/(m²·a)，计算得典型日设计热负荷为 800W，供暖年耗热量为 1649.3kWh [14.99kWh/(m²·a)]，供暖季生活热水耗热量为 439.1kWh。系统以 11 月 15 日 0：00 为 0 时刻。

图 5-16 表示了系统实际加热量及热负荷情况，结果表明该系统整个供暖季的实际供热量为 1928.3kWh，其中供暖 1648.8kWh，供生活热水 279.5kWh（电补热量为 159.6kWh），能够满足热用户的用热需求；太阳能侧蒸发器换热量为 1328.6kWh，污水侧蒸发器换热量为 65.5kWh，计算得系统能效为 3.61；供暖季总耗电量为 591.7kWh。此外，整个供暖季中有 66.3% 的时间（80.2d）的供暖水温可以维持在 40℃以上，99.2% 的时间（120.0d）供暖水温可以保证在 35℃以上，供暖情况良好，整个供暖季供暖平均水温为 40.9℃，供生活热水内水箱出口温度为 38.2℃。

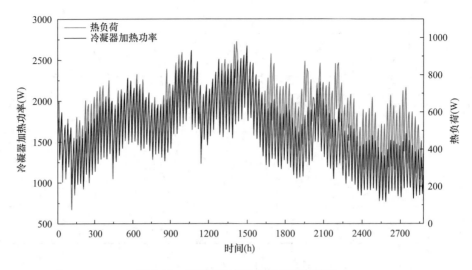

图 5-16 系统实际加热量及热负荷情况

非供暖季以 3 月 16 日 0：00 为 0 时刻，生活热水温度及电补热情况如图 5-17 所示，北京地区非供暖季有 92.5% 的时间不需要电补热（158.4d）即可保证生活热水出水温度，整个非供暖季供生活热水共需电补热量为 26.8kWh，可见该系统在非供暖季也具有很高的供热保证率。

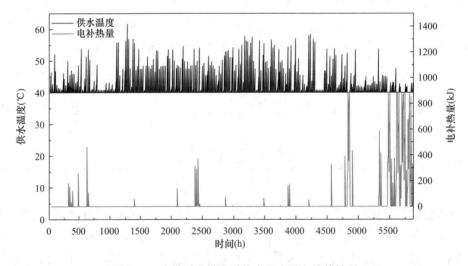

图 5-17 非供暖季供生活热水温度及电补热情况

（3）系统经济性

作为对比的天然气壁挂炉与电热水系统的初投资分别为 8600 元和 2668 元，该系统的初投资为如表 5-7 所示。北京地区电价按用电量施行阶梯电价，燃气收费标准为 2.28 元/m³，热泵、电供暖及天然气系统初投资及运行费用情况如表 5-7 和表 5-8 所示。

系统设备初投资   表 5-7

系统部件	费用（元）
太阳能集热器	2200

续表

系统部件	费用（元）
循环水泵	300
套管式换热器	300
废热回收装置	1000
热泵部件	1100
嵌套水箱	4000
总计	8900

系统运行费用　　　　表5-8

月份	热泵耗电量（kWh）	费用（元）	电供暖耗电量（kWh）	费用（元）	耗气量（m³）	费用（元）
11	68.9	33.6	284.2	141.0	29.1	66.3
12	162.6	79.4	573.9	457.6	58.7	133.9
1	178.0	86.9	605.4	482.4	61.9	141.2
2	123.9	60.5	472.4	377.6	48.3	110.2
3	58.3	28.5	261.4	128.7	26.8	61.0
非供暖时段	26.8	13.1	776.5	379.2	79.5	181.2
总计	618.4	302.0	2973.8	1966.5	304.3	693.8

经计算，太阳能—污水源热泵系统、电热水系统以及燃气热水系统的费用现值依次为10926.3元、19275.4元、13255.5元。由此可见，太阳能—污水源热泵应用在北京地区有很好的经济性。

3. Ⅲ区典型城市——上海

（1）运行参数设置

Ⅲ区为我国的夏热冬冷地区，该地区目前并没有集中供暖的措施但冬季室内温度较低，该系统主要为户式居住建筑供暖及生活热水。根据文献[4]上海的供暖期定为每年12月1日～次年3月20日，以12月1日0：00为0时刻。按照负荷情况将供暖季分为三个时间段。上海市冬季供暖室外计算温度为16.1℃，计算得典型日供暖设计热负荷为57W，年供暖耗热量为875.9kWh [7.96kWh/(m² · a)]，供暖季生活热水耗热量为399.2kWh。结合各时间段的负荷及太阳能情况，确定了各时间段的供暖及太阳能循环侧热水流量，如表5-9所示。

供暖季各时段太阳能循环热水及供暖循环热水流量设置　　　　表5-9

时间段	太阳能循环热水循环流量（kg/h）	供暖循环热水流量（kg/h）
12月1日～12月20日	160	45
12月21日～次年2月14日	300	70
2月15日～3月20日	160	45

（2）运行结果

由图5-18可知，该系统整个供暖季的实际供热量为1133.6kWh，其中供暖

875.6kWh，供生活热水 258.0kWh（需要电补热量为 141.2kWh），能够满足热用户的用热需求。系统太阳能侧蒸发器换热量为 820.6kWh，污水侧蒸发器换热量为 58.7kWh，计算得系统能效为 4.17；供暖季总耗电量为 395.5kWh。

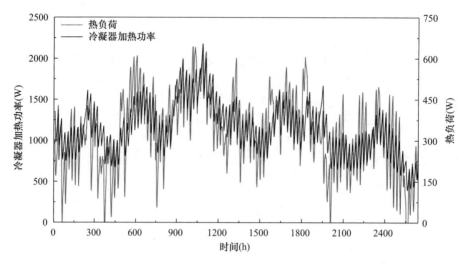

图 5-18　系统实际加热量及热负荷情况

由图 5-19 可知，整个供暖季中有 66.6％的时间（73.3d）的供暖水温可以维持在 40℃以上，99.5％的时间（109.5d）供暖水温可以保证在 35℃以上，供暖情况良好，整个供暖季供暖平均水温为 40.7℃，供生活热水内水箱出口温度为 33.7℃。

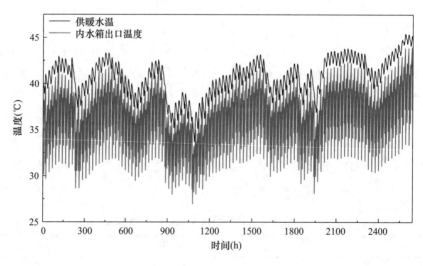

图 5-19　供暖水温及内水箱出口温度随时间变化情况

上海地区非供暖季以 3 月 21 日 0：00 为 0 时刻，该时间段生活热水温度及电补热情况如图 5-20 所示，上海地区非供暖季有 83.8％的时间不需要电补热（149.3d）即可保证生活热水出水温度，整个非供暖季供生活热水共需电补热量为 61.2kWh，其中峰电补热量为 14.7kWh，谷电补热量为 46.4kWh，可见该系统在非供暖季也具有很高的供热保证率。

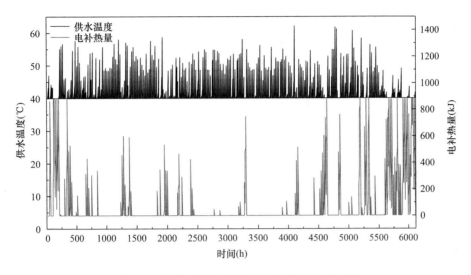

图 5-20 非供暖季供生活热水温度及电补热情况

（3）系统经济性

将该系统与天然气壁挂炉与电热水系统进行对比。该系统设备初投资如表 5-10 所示。天然气壁挂炉与电热水系统初投资分别为 8600 元和 6080 元。上海市电费和天然气施行阶梯费用。计算得到热泵、电供暖及天然气系统的运行费用如表 5-11 所示。

系统设备初投资 　　　　　　　　　　　　　　　　　　表 5-10

系统部件	费用（元）
太阳能集热器	1250
循环水泵	300
套管式换热器	300
废热回收装置	1000
热泵部件	1100
嵌套水箱	4000
总计	7950

系统运行费用 　　　　　　　　　　　　　　　　　　表 5-11

月份	热泵耗电量（kWh）	费用（元）	耗电量（kWh）	费用（元）	耗气量（m³）	费用（元）
12	103.9	50.6	346.5	160.8	35.5	106.4
1	125.1	61.4	404.3	192.4	41.4	124.1
2	99.1	48.7	329.8	153.7	33.8	101.3
3	67.4	33.6	234.4	102.3	24.0	71.9

月份	热泵耗电量（kWh）	费用（元）	耗电量（kWh）	费用（元）	耗气量（m³）	费用（元）
非供暖时段	61.2	24.9	885.4	367.8	90.6	271.8
总计	456.7	219.2	2200.4	977.0	225.2	675.5

经计算，太阳能—污水源热泵系统、电热水系统以及燃气热水系统的费用现值依次为9420.8元、12635.8元、13132.7元。由此可见，太阳能—污水源热泵应用在上海地区有很好的经济性。

4. Ⅵ区典型城市——西宁

（1）运行参数设置

西宁市位于严寒地区，其供暖季为每年10月15日～次年4月15日，共183d，冬季室外计算温度为−11.9℃，根据《标准》中要求计算得其典型日设计热负荷为680W，年供暖耗热量为1927.6kWh [17.52kWh/(m²·a)]，供暖季生活热水耗热量为664.1kWh。根据热负荷分布，将其分为5个负荷时间段，以10月15日0：00为0时刻。结合每个时间段的供暖负荷以及太阳能辐照量情况，确定了各时间段的太阳能热水循环流量以及供暖循环热水流量，如表5-12所示。

西宁供暖季各时段太阳能循环热水及供暖循环热水流量设置　　表5-12

时间段	太阳能循环热水循环流量（kg/h）	供暖循环热水流量（kg/h）
10月15日～10月31日	160	60
11月1日～12月21日	250	120
12月22日～次年2月16日	400	160
2月17日～3月17日	160	120
3月18日～4月15日	160	60

（2）运行结果

由图5-21可知，系统实际加热量基本能够满足系统的热负荷需求，供暖季整个系统的实际加热量为2365.8kWh，其中供暖1930kWh，供生活热水435.8kWh（需要电补热量为228.3kWh）。系统太阳能侧蒸发器换热量为1649kWh，污水侧蒸发器换热量为80.5kWh，计算得系统能效为3.71；供暖季总耗电量为812.8kWh。供暖水温及内水箱出口温度随时间变化情况如图5-22所示，1月13日由于太阳能集热器内水温不足导致供暖水温在白天急剧降低，夜晚污水源热泵开启之后供暖及生活热水温度逐渐回升，除1月13日之外的供暖水温基本可以稳定在40℃左右，整个供暖季78.4%的时间（143.5d）供暖水温大于40℃，97.8%的时间（179.3d）供暖水温大于35℃。

对于西宁地区非供暖季进行计算，以4月16日0：00为0时刻，计算结果如图5-23所示。西宁地区非供暖季有88.9%的时间不需要电补热（113.7d）即可保证生活热水出水温度，整个非供暖季供生活热水共需电补热量为25.4kWh。可见该系统在非供暖季也具有很高的供热保证率。

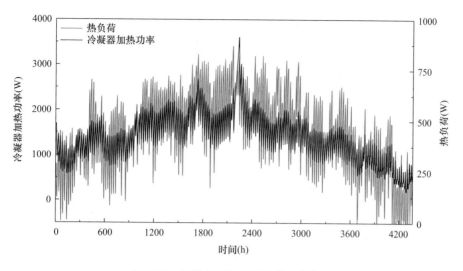

图 5-21　系统实际加热量及热负荷情况

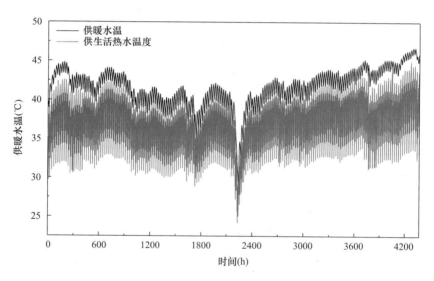

图 5-22　供暖水温及内水箱出口温度随时间变化情况

（3）系统经济性

选择天然气壁挂炉供暖及生活热水系统以及电供暖及生活热水系统与该系统进行经济性对比。燃气热水系统市场价格为 8600 元，电热水系统市场价格为 6080 元，该系统设备初投资和运行费用如表 5-13 和表 5-14 所示。

西宁地区实行阶梯电价收费措施，燃气收费标准为 2.45 元/m³，计算得三个系统的费用现值分别为：太阳能—污水源热泵系统 10773.7 元，电热水系统 16781.2 元，燃气热水系统 14247.2 元。可见该系统应用在西宁地区经济性比电热水系统和燃气热水系统更优。

系统设备初投资　　　　　　表 5-13

系统部件	费用（元）
太阳能集热器	1800
循环水泵	300
套管式换热器	300
废热回收装置	1000
热泵部件	1100
嵌套水箱	4000
总计	8500

系统运行费用　　　　　　表 5-14

月份	热泵耗电量（kWh）	费用（元）	电供暖耗电量（kWh）	费用（元）	耗气量（m³）	费用（元）
10	62.0	23.4	231.2	91.5	23.7	58.0
11	131.1	49.4	414.9	215.9	42.5	104.0
12	171.9	65.9	524.7	290.2	53.7	131.5
1	202.2	78.4	548.2	306.2	56.1	137.4
2	142.0	53.6	431.5	227.2	44.2	108.2
3	113.1	42.7	374.6	188.7	38.3	93.9
4	41.0	15.5	171.4	65.7	17.5	43.0
非供暖时段	25.4	9.6	555.2	209.4	56.8	165.6
总计	888.7	338.9	3252.1	1594.8	332.8	841.6

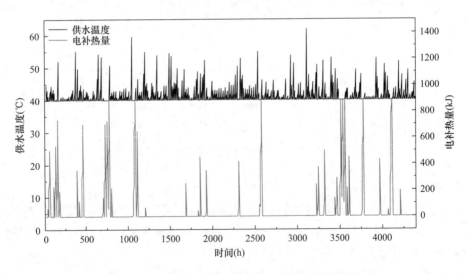

图 5-23　非供暖季供生活热水温度及电补热情况

5. Ⅶ区典型城市——乌鲁木齐

（1）运行参数设置

乌鲁木齐冬季室外计算温度为 −19.7℃，供暖季为每年 10 月 10 日～次年 4 月 10 日，共 183d。根据《标准》中对严寒地区年供暖耗热量≤18kWh/(m²·d) 的要求，计算得乌鲁木齐供暖季典型日设计热负荷为 800W，年供暖耗热量为 1978kWh，供生活热水供暖季耗热量为 664.1kWh。以 10 月 10 日 0:00 为 0 时刻，按照热负荷分布将供暖季分为 5 个时间段，并确定各时间段的太阳能热水循环流量以及供暖循环热水流量，如表 5-15 所示。

乌鲁木齐供暖季各时段太阳能循环热水及供暖循环热水流量设置 表 5-15

时间段	太阳能循环热水循环流量（kg/h）	供暖循环热水流量（kg/h）
10 月 10 日～11 月 23 日	160	75
11 月 24 日～12 月 20 日	250	160
12 月 21 日～次年 2 月 14 日	400	200
2 月 15 日～3 月 9 日	250	160
3 月 10 日～4 月 10 日	160	75

（2）运行结果

由图 5-24 可知，冷凝器加热功率与热负荷的变化趋势并不完全一致，原因是运行中很多天太阳辐照量不足导致太阳能侧蒸发器无法开启，从而导致了供暖水温的降低，供暖水温与供生活热水温度如图 5-25 所示，图中对于太阳能热泵无法开启的时刻表现得更加直接。从运行结果来看，整个供暖季 183d 中热泵系统有 22d 无法开启，仅 62.3％的供暖时间（113.9d）能够保证供暖水温达到 40℃，供暖水温达到 35℃也仅占供暖天数的 88％（161.2d），供暖效果一般，需要一定的电补热。

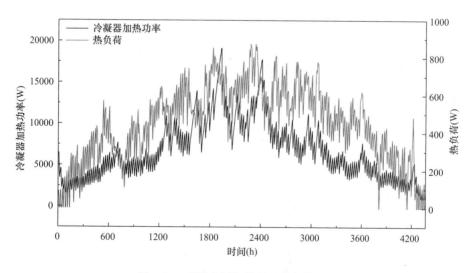

图 5-24 系统实际加热量及热负荷情况

整体而言，该系统应用于乌鲁木齐的供暖季供暖平均水温为 40.7℃，内水箱供生活热水平均温度为 34.7℃，系统全年实际供暖热量为 1280.6kWh（需电补热量 697.4kWh），实际供生活热水热量为 409.9kWh（需电补热量 254.2kWh），冷凝器供暖季实际供热量为

1690.4kWh；系统太阳能侧蒸发器换热量为 1138.6kWh，污水侧蒸发器换热量为 74.9kWh，计算得热泵系统能效为 3.54；供暖季总耗电量为 1377.7kWh。

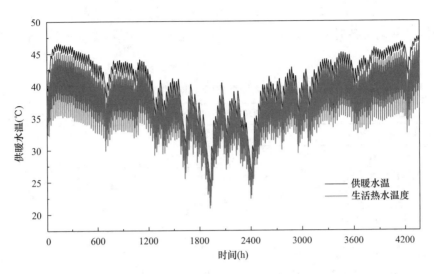

图 5-25　供暖水温及内水箱出口温度随时间变化情况

对于非供暖季，以 4 月 11 日 0：00 为 0 时刻，计算结果如图 5-26 所示。非供暖季有 97.6％的时间不需要电补热（124.8d）即可保证生活热水出水温度，整个非供暖季供生活热水共需电补热量为 5.8kWh。可见该系统在非供暖季也具有很高的供热保证率。

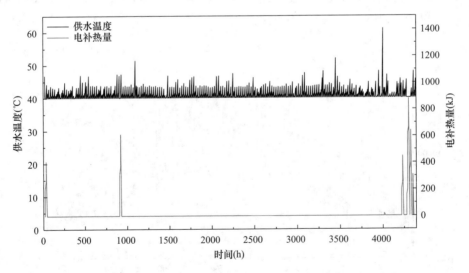

图 5-26　非供暖季供生活热水温度及电补热情况

（3）系统经济性

天然气壁挂炉与电热水系统的初投资分别为 8600 元和 6080 元，乌鲁木齐地区电价为 0.429 元/kWh，燃气收费标准为 1.34 元/m³，热泵、电供暖及天然气系统设备初投资及运行费用情况如表 5-16 和表 5-17 示。

系统设备初投资   表 5-16

系统部件	费用（元）
太阳能集热器	2500
循环水泵	300
套管式换热器	300
废热回收装置	1000
热泵部件	1100
嵌套水箱	4000
总计	9200

系统运行费用   表 5-17

月份	热泵耗电量（kWh）	费用（元）	电供暖耗电量（kWh）	费用（元）	耗气量（m³）	费用（元）
10	45.7	19.6	223.3	95.8	22.8	30.6
11	85.8	36.8	391.3	167.9	40.0	53.7
12	536.8	230.3	555.1	238.1	56.8	76.1
1	538.9	231.2	589.5	252.9	60.3	80.8
2	120.3	51.6	479.4	205.6	49.1	65.7
3	86.2	37.0	370.3	158.9	37.9	50.8
4	15.0	6.4	138.5	59.4	14.2	19.0
非供暖时段	5.8	2.5	555.2	238.2	56.8	76.1
总计	1434.4	615.3	3302.5	1416.8	337.9	452.8

经计算，太阳能—污水源热泵系统、电热水系统以及燃气热水系统的费用现值分别为 13328.7 元、15586.8 元和 11638.3 元。可见该系统应用在乌鲁木齐地区的经济性不如天然气热水系统。

综上所述，不同气候分区典型城市使用太阳能—污水源热泵系统、电热水系统以及燃气热水系统的费用现值情况如表 5-18 所示。

费用现值情况   表 5-18

系统形式 \ 城市 费用现值（元）	长春	北京	上海	西宁	乌鲁木齐
电热水系统	22495	19275	12636	16781	15587
燃气热水系统	14831	13255	13133	14274	11638
热泵系统	11934	10926	9420	10774	13329

5.3 地板蓄能供暖系统介绍

本节将简要介绍地板蓄能供暖系统的基本原理和系统构成、系统的运行模式以及地板的结构设计方法。

5.3.1 地板蓄能供暖系统构成及原理

1. 系统原理

为了充分提高蓄能地板的放热效果，并且提高地板的运行灵活性，提出了如图 5-27 所示的蓄能地板结构。相比于传统的辐射地板，该新型地板主要增加了通风管道与循环风机。通过驱动室内空气流入通风管道，蓄能地板内部的热量被带入室内，从而实现地板运行的灵活调节、降低地板的热惰性，并且提高室内空气的加热速度。

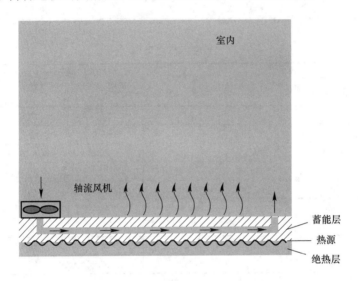

图 5-27 地板蓄能供暖系统结构示意图

此外，为进一步提高地板的蓄热量，可以在传统的水泥基或者砂浆基中加入一定量的相变材料。相比于其他形式的相变材料，微胶囊相变材料密度更小，可以有效降低建筑结构重量，并且几乎不存在相变材料泄漏的问题。为保证热舒适性，推荐选用融化温度在 29℃左右的相变材料。此外，充分考虑地板结构强度和蓄热效果，微胶囊相变材料的质量分数宜小于 9.0%。

2. 系统构成

按照热源的不同，地板蓄能供暖系统主要分为如下几种形式：

（1）以电热膜为热源的地板蓄能供暖系统，如图 5-28 和图 5-29 所示。系统主要由电热膜、通风管道、混凝土/水泥砂浆层、控制器等构成。

（2）以热水管为热源的地板蓄能供暖系统，如图 5-30 和图 5-31 所示。系统主要由低温热水管、通风管道、混凝土/水泥砂浆层、控制器等构成。供暖热水由蓄能联供系统生产。

5.3.2 地板蓄能供暖系统运行模式

根据热源和风机的运行状态，地板蓄能供暖系统包含如下几种运行模式：

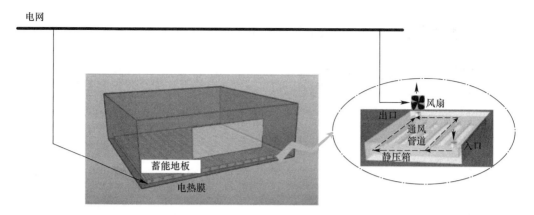

图 5-28 以电热膜为热源的地板蓄能供暖系统

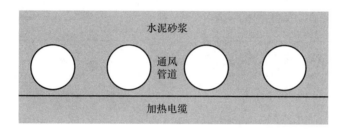

图 5-29 以电热膜为热源的地板结构示意图

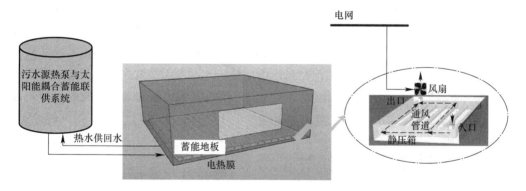

图 5-30 以低温热水为热源的地板蓄能供暖系统

1）传统加热模式。此时热源向地板供给热量，风机不运行，地板靠辐射与自然对流加热室内空气。

2）通风—加热模式。此时热源和风机同时运行，热源供给地板的热量一部分被储存与地板内，一部分被风机驱动由空气带入室内。

3）通风—冷却模式。此时热源不运行而风机运行，地板内存余的热量部分被空气带走。

图 5-31 以电热膜为热源的地板蓄能
供暖系统结构示意图

5.3.3　地板蓄能供暖系统结构设计

与传统的辐射供暖地板相似，该地板主要包括防潮层、绝热层、蓄热填充层、供热部件、通风管道、面层等。地板的具体构造如图 5-32（以热水管为热源）和图 5-33（以加热电缆为热源）所示。地板面层和绝热层材料热阻的推荐值可参照现行行业标准《辐射供暖供冷技术规程》JGJ 142。

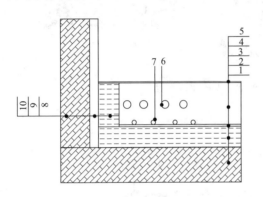

图 5-32　地板蓄能供暖系统结构示意
图（以热水为热源）

1—楼板或与土壤相邻地面；2—绝热层；3—电热膜；
4—砂浆层；5—找平层；6—风管；7—PE-X 水管；
8—绝热层；9—抹灰层；10—墙体

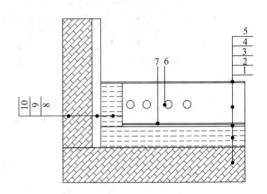

图 5-33　地板蓄能供暖系统结构示
意图（以加热电缆为热源）

1—楼板或与土壤相邻地面；2—绝热层；3—电热膜；
4—砂浆层；5—找平层；6—风管；7—电热膜/加热电缆；
8—绝热层；9—抹灰层；10—墙体

对于该新型地板，地板层厚度、管道直径、管道间距是主要的结构参数，并且管道直径受到地板层厚度的影响。对于常规的电热膜地板供暖系统和热水地板供暖系统，推荐的水泥砂浆填充层厚度为 3cm 左右。但是对于本系统，该厚度无法嵌入通风管道。此外，过厚的地板层将增加建筑的结构负载，并且较大的热惰性将增加系统运行调控的难度。为了保证风道的安装，同时提高地板的释能和蓄能效果，推荐地板层厚度在 10～15cm 之间。

5.4　地板蓄能供暖系统性能分析

相比于传统的辐射供暖地板，该地板热量存储和释放的灵活性得以提高，可以作为有效的建筑蓄热体。因此，在运行时不仅需要关注该地板的空间加热效果，同时需要分析其蓄能特性，从而促进蓄能地板的资源化利用。这对提高建筑能源系统中可再生能源的比例具有积极的促进作用。

本节主要基于前期实验和仿真的结果，对地板的蓄能效果和运行特性进行简要分析，并且分析影响地板蓄能效果的关键结构和运行参数。

5.4.1　地板蓄能供暖系统蓄能特性分析

对于该蓄能地板，混凝土基或者水泥砂浆基是其主要的蓄热体。同时，管道直径和通风速率也会影响地板内部的传热过程，从而影响地板的蓄热效果。因此，需要综合分析影响地板蓄能效果的因素。本节将基于热能动态存储量指标对相关结构和运行参数的影响规律进行分析。需要指出的是，以下的分析结果主要基于经过验证的仿真模型，关于模型的建立、验证和推广过程详见文献［3］和文献［4］。

1. 通风模式对地板蓄能特性的影响

图 5-34 给出了由普通混凝土制作的地板砌块在不同通风模式下蓄能量的实验结果，砌块的尺寸为 50cm×50cm×3cm（长×宽×高）。空间换气次数为 0.62h^{-1}，砌块表面温度从 18℃上升到 30℃后自然冷却，在砌块表面温度达到要求后开启风机。详细的实验条件、实验流程和结果分析参见文献［7］和［8］。图 5-34 中，实线与横轴围成的面积表示地板砌块存储的热量，横轴上半部分阴影表示地板的热能存储过程，下半部分阴影表示地板的热能释放过程。

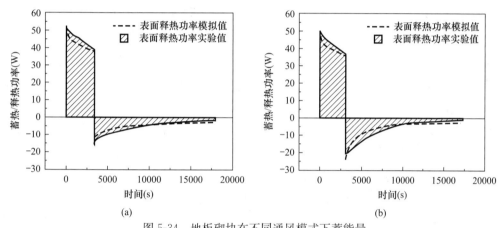

图 5-34 地板砌块在不同通风模式下蓄能量
（a）自然冷却；（b）内部循环通风

从实验数据可以得到，在未通风模式下，加热阶段砌块共储存热量 141.4kJ，自然冷却阶段砌块共释放热量 73.3kJ，占加热阶段蓄热量的 51.9%。通风后，地板的热能释放过程有了显著的变化。可以看出，开启通风后，砌块表面热流迅速上升，从而导致地板释热量上升。另一方面，由于风道进出口空气温差逐渐降低，因此在冷却阶段由循环空气所带走的热量较少。冷却阶段砌块共释放热量 82.9kJ，占蓄热量的 63.5%。因此，通风能够显著提升地板供暖系统的热能利用效率。

2. 相变材料对地板蓄能特性的影响

图 5-35 给出了含有微胶囊相变材料的地板砌块在不同通风模式下蓄能量的实验结果，相变材料的质量分数为 4%。实验结果表明，在未通风模式下，加热阶段砌块共储存热量 153.1kJ，自然冷却阶段释放热量 90.3kJ，占加热阶段蓄热量的 59.0%。在通风模式下，冷却阶段砌块表面共释放热量 97.3kJ，占蓄热量的 63.6%。相比于由普通砂浆制成的地板，含有相变材料的地板在加热阶段的蓄热量和冷却阶段的放热量均有显著提升，并且热能利用效率也有显著提高。

3. 结构参数对地板蓄能特性的影响

为了分析不同结构参数对地板蓄能量和热能利用效率的影响，利用响应面法并通过仿

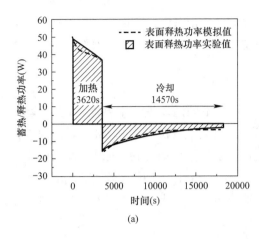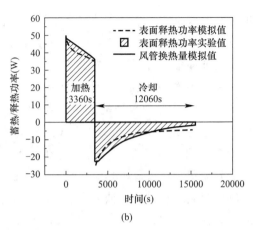

图 5-35 地板砌块在不同通风模式下蓄能量

(a) 自然冷却；(b) 内部循环通风

真实验，建立含有相变材料地板的蓄能量和热能利用效率与关键结构和运行参数之间的数学关系式。运行条件为：相变地板，加热时间为 5000s，冷却时间为 15000s，风机仅在加热结束后开启。

地板蓄能量模型如式（5-1）所示。可以看出，地板层厚度是影响地板蓄热量的最主要因素，增加风管管径将会导致地板蓄热量下降。当含有相变材料的地板厚度为 15cm、风管管径为 2cm 时，地板的蓄热量最多，为 1113.9kJ/m²。

$$Q_{st} = 799.23 + 22.18 \times T_h - 9.02 \times D_i (\mathrm{kJ/m^2}) \quad (5\text{-}1)$$

地板热能利用效率模型如式（5-2）和式（5-3）所示，其中式（5-2）表示仅从地板表面释放热量占加热阶段总蓄热量之比，而式（5-3）表示地板表面释放热量与通风携带热量与总蓄热量之比。可以看出，地板厚度和风管管径是影响地板热能利用效率的关键因素。

$$E_{f,IV} = 70.21 + 1.94 \times T_h - 3.05 \times D_i - 0.14 \times v_e (\%) \quad (5\text{-}2)$$

$$E_{fa,DV} = 75.24 + 2.04 \times T_h - 3.55 \times D_i - 0.43 \times v_e (\%) \quad (5\text{-}3)$$

式中　Q_{st}——地板蓄热量，kJ/m²；

T_h——相变材料地板的厚度，cm；

D_i——风管管径，cm；

v_e——风管内风速，m/s；

$E_{f,IV}$——仅从地板表面释放热量占总蓄热量之比，%；

$E_{fa,DV}$——地板表面释放热量与通风携带热量与总蓄热量之比，%。

5.4.2　地板蓄能供暖系统运行特性分析

地板蓄能供暖系统的运行特性主要包括地板表面温度、室内空气温度、室内空气加热速率等。本节将基于实测结果对地板蓄能供暖系统的运行特性进行分析。

首先简要介绍测试建筑。该建筑为近零能耗示范建筑，位于吉林省长春市。在该建筑内搭建两个房间测试地板蓄能供暖系统的运行特性，其中一个房间的地板采用普通水泥砂浆基，另一个房间的地板在水泥砂浆基中加入一定量的微胶囊相变材料。两个地板所用材料详见表5-19。测试房间尺寸为5m×3.5m×3m（长×宽×高）。地板层厚度为10cm，风管直径为4cm，长度为4.5m，间距为10cm。热源为加热电缆，热源总功率为1400W。风机为离心风机，额定功率为170W。实验系统的详细介绍参见文献[9]。

地板层所用材料　　　　　　　　　　　　　　表 5-19

房间编号	水（kg/m³）	32.5 水泥（kg/m³）	中砂（kg/m³）	相变材料（kg/m³）	早强剂（kg/m³）
1（含相变材料地板）	461.3	344.3	344.3	110.2	11.8
2（普通地板）	255.1	510.3	1408.7	0	12.3

测试建筑及房间平面图如图5-36所示。本次测试主要关注地板表面温度、室内空气温度以及温度分层情况。所用传感器为Pt1000铂电阻温度传感器，精度为0.02℃，量程为0～50℃。

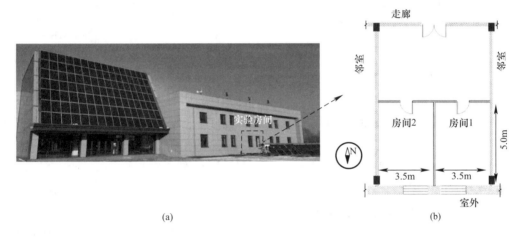

(a)　　　　　　　　　　　　　　　　　　(b)

图 5-36　测试建筑及房间平面图

(a) 测试建筑；(b) 测试房间平面图

由于太阳辐射对于建筑室内温度具有显著影响，因此在测试其他因素对室内供暖效果的影响时，在窗上覆盖高反射率的窗帘，从而最大限度减少太阳辐射对测试结果的影响。

1. 通风模式对供暖效果的影响

图5-37和图5-38为测试期间两个房间的室内温度。测试条件为：加热时间统一为6h，通风模式下排风口风速为2.0m/s。可以看出，在热量输入相同的条件下，房间1（含相变材料地板）的室内温度波动小于房间2（普通地板）。在非通风模式下，房间1的中心点温度（距离地板100cm处）在日间上升1.4℃，而房间2的中心点温度上升1.82℃。夜间房间1中心点温度降低2.15℃，而房间2中心点温度降低2.44℃。若风机在加热后开启，可以看出通风开始时房间1和房间2的室内中心点温度分别立即上升约0.4℃和0.3℃。距离地面10cm处温升更大，两个房间的温升分别为1.04℃和0.7℃。此外，在此通风模式下，夜间房间中心点最低温度比非通风模式高出约0.5℃。若风机全程开启，空气峰值温度与前一种通风模式相近。但是比较三种模式加热阶段室内空气的温升速率，可

以看出，当室内中心点空气温度从 23.5℃ 上升到 24.5℃ 时，房间 1 在非通风模式下的加热时间约为 3.3h，在风机全程开启模式下的加热时间为 2.75h。对于房间 2，在相同的温升条件下，非通风模式的加热时间为 2.6h，全程通风模式的加热时间为 2.3h。在冷却阶段，当室内中心点空气温度从 24.5℃ 降低到 23.5℃ 时，房间 1 在非通风模式、加热后通风模式和全程通风模式下的冷却时间分别为 4.1h、3.65h 和 3.4h。因此，通风能够在加热阶段显著提升空气加热速率，并且在冷却阶段提高室内空气温度。

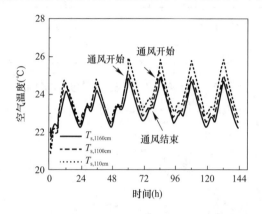

图 5-37 不同通风模式含有相变材料
地板房间空气温度变化情况

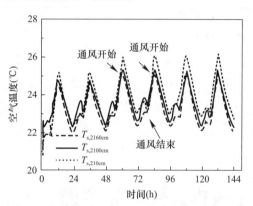

图 5-38 不同通风模式普通地板
房间空气温度变化情况

图 5-39 和图 5-40 为测试期间地板表面温度。由于 1、2、3 测点下方没有加热电缆并且靠近通风口，因此温度变化与其他测点有明显差别。在非通风模式下，房间 1 地板中心点温度上升 5.43℃，而房间 2 则上升 8.63℃。若风机在加热结束后开启，两个房间的地板中心点峰值温度相比于非通风模式分别上升 0.61℃ 和 0.69℃。对于两个房间靠近排风口的地板表面温度测点，通风后温度分别上升 2.52℃ 和 3.0℃。若风机全程开启，两个房间的地板表面中心点峰值温度相比于前一种通风模式分别降低 0.4℃ 和 0.7℃。比较地板表面加热速率，若将地板表面中心点从 26℃ 加热至 28℃，两种通风模式下房间 1 所需的加热时间分别为 2.05h 和 2.08h，房间 2 的加热时间分别为 1.14h 和 1.24h。在冷却阶段，

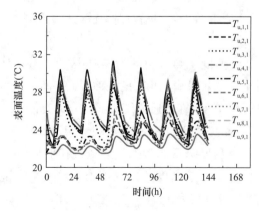

图 5-39 不同通风模式含有相变材
料地板表面温度变化情况

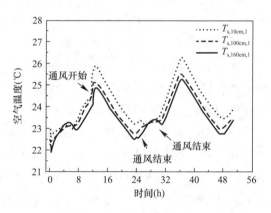

图 5-40 不同通风模式普通地板
表面温度变化情况

当地板表面中心点温度从 28℃ 降低至 26℃ 时，三种模式下房间 1 的温降时间分别为 4.48h、4.38h 和 4.07h，房间 2 的温降时间为 3.5h、3.4h 和 3.3h。因此，通风能够提升地板内部热量存储的提取速率。此外，通过调节通风模式，地板供暖系统可以实现不同的运行目标。

2. 通风速率对供暖效果的影响

在上一小节的通风工况中，进风口风速设置为 2.0m/s。为了分析风速对房间加热效果的影响，将进风口风速调整为 4.0m/s。图 5-41 和图 5-42 给出了两种通风模式下两个房间的室内空气温度变化情况。在加热后通风模式下，通风后，房间 1 在 10cm 和 100cm 处的空气温度立即上升约 1.26℃ 和 0.73℃，峰值温度分别为 25.92℃ 和 25.19℃。而房间 2 在两个高度处的空气温度立即上升约 1.22℃ 和 0.58℃，峰值温度分别为 26.31℃ 和 25.29℃。与进风口风速为 2.0m/s 的工况相比，峰值温度基本相近。在全程通风模式下，房间 1 在 10cm 和 100cm 处的峰值温度为 26.37℃ 和 25.55℃，而房间 2 在两个高度处的峰值温度为 26.91℃ 和 25.61℃。与进风口风速为 2.0m/s 的工况相比，峰值温度上升约 0.6℃。比较空间加热速率，房间 1 的 100cm 处空气温度从 23.5℃ 上升至 24.5℃ 的时间为 2.42h，快于进风口风速为 2.0m/s 的工况。房间 2 的温升时间为 2.0h。在冷却阶段，高风速导致冷却速率加快。在加热后通风模式下，房间 1 在 100cm 处的温度从 24.5℃ 下降至 23.5℃ 的时间为 4.02h，而在全程通风模式下，温降时间为 3.78h。对于房间 2，加热后通风模式下的冷却时间为 3.2h，全程通风模式下的冷却时间为 3.27h。同时，通过比较可以看出，通风冷却对于普通地板房间的影响效果大于含有相变材料地板的房间。

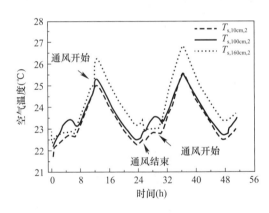

图 5-41　风速为 4.0m/s 时含有相变
材料地板房间室内温度变化情况

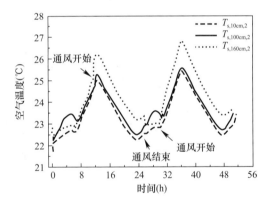

图 5-42　风速为 4.0m/s 时普通地板
房间室内温度变化情况

图 5-43 和图 5-44 为进风口风速为 4.0m/s 时地板表面温度的变化情况。对于房间 1，加热后通风模式和全程通风模式下地板中心峰值温度分别为 28.96℃ 和 28.91℃，低于进风口风速为 2.0m/s 的工况。对于房间 2，两种模式下的峰值温度分别为 31.82℃ 和 31.38℃，同样低于进风口风速为 2.0m/s 的工况。比较地板表面温升速率，当表面中心点温度从 26℃ 上升到 28℃ 时，房间 1 和房间 2 所需的加热时间分别为 2.18h 和 1.33h。在冷却阶段，房间 1 在两种通风模式下的温降时间为 3.75h 和 3.88h，而房间 2 的温降时间为 3.03h 和 3.2h。可以发现，高风速将导致加热速率降低，而冷却速率加快。

5.4.3　地板蓄能供暖系统结构参数优化

本节主要基于测试建筑建立仿真模型，分析不同地板结构参数对建筑供暖能耗的影响，并基于供暖能耗最低的目标选取最优的地板结构参数。

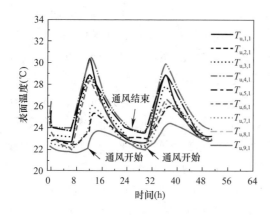

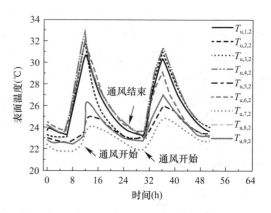

图 5-43　风速为 4.0m/s 时含有相变
材料地板表面温度变化情况

图 5-44　风速为 4.0m/s 时普通地
板表面温度变化情况

首先简要介绍仿真模型。测试房间内部的传热过程如图 5-45 所示，包含围护结构内部导热过程、空气与围护结构的对流换热过程以及室外热扰的影响等，房间的热网络模型如图 5-45 所示。对每个节点建立热平衡方程，并基于实际材料的热物理性质确定热阻和热容参数。加热电缆和风机的功率分别为 1400W 和 30W，与测试工况相同。模型建立的详细过程参见文献 [6]。

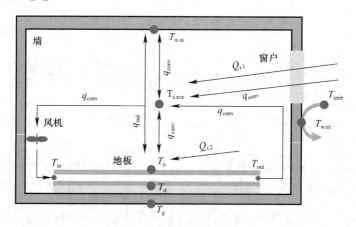

图 5-45　地板供暖室内热过程分析

由于本次分析涉及的参数包括地板层厚度、风管直径、风管间距、通风模式、通风速率等，直接仿真将导致案例数量较多。因此采用正交实验法，利用正交实验原理筛选具有代表性的实验进行仿真，并利用方差分析确定各结构参数的影响规律。各参数的水平详见表 5-20。

仿真因素及水平表 表 5-20

A	地板层厚度（cm）	10	15	20	25
B	风管直径（cm）	2	4	6	
C	风管间距（cm）	10	20	40	
D	通风模式	非通风	加热后通风	全程通风	
E	通风速率（m/s）	0.5	1	2	3

由于有、无通风对系统的运行有较大的影响，因此对未通风工况和通风工况分开进行仿真。气象参数选取长春地区 12 月统计数据。各节点初始温度设置为 15.0℃，室内空气设定温度为 21.0℃。

图 5-46 给出了地板供暖系统在非通风工况下在 12 月供暖能耗的边际平均值。此工况下参数 D 和参数 E 对此工况没有影响。可以看出，参数 A（地板层厚度）是最显著的影响因素，当地板层厚度从 10cm 增加到 25cm 时，供暖能耗的边际平均值增加约 6.9%。其他两个参数对供暖能耗的影响较小。因此，对于传统的地板供暖系统，在恒温运行控制策略下，地板层厚度应尽可能减小。

图 5-47～图 5-49 给出了通风工况下加热电缆、风机和系统总能耗的边际平均值。为了尽量减小地板供暖系统的总能耗，通风地板的结构参数建议设置为：地板层厚度 20cm、风管直径 6cm、风管间距 10cm。供暖能耗在不同的通风模式下有所不同。尽管风机能耗边际值在全程通风模式下增加约 24.2%，但是加热电缆能耗边际值降低 10.7%，最终导致系统总能耗边际值降低 2.7%。从降低系统总能耗的角度，建议采用全程通风模式。增加通风速率也能显著降低供暖能耗。可以看出，当进风口风速从 0.5m/s 增加到 3.0m/s 时，加热电缆能耗的边际值降低 14.8%，而供暖系统总能耗的边际值降低 10.7%。

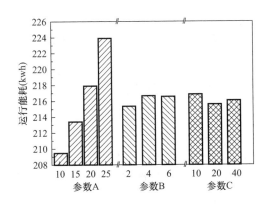

图 5-46 非通风工况加热能耗影响规律分析

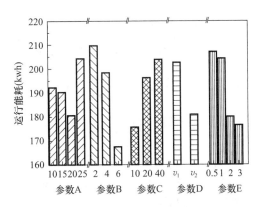

图 5-47 通风工况加热电缆能耗影响规律分析

接下来对结构参数为地板层厚度 20cm、风管直径 6cm、风管间距 10cm 的地板进行详细分析。如图 5-50 所示，当进风口风速从 0.5m/s 增加至 3.0m/s 时，相比于未通风模式，加热后通风模式下加热电缆能耗降低 5.7%～39.1%，而全程通风模式下加热电缆能耗降低 22.6%～70.9%。对于系统总能耗，在加热后通风模式下，当进风口风速为 3.0m/s 时，系统总能耗相比于未通风模式降低 9.7%。在全程通风模式下，当进风口风速为 1.0m/s 时，系统总能耗降低约 4.6%；当进风口风速为 3.0m/s 时，系统总能耗降低约

37.1%。因此，在恒温控制策略下，合理的通风模式和通风速率能够显著降低系统能耗。

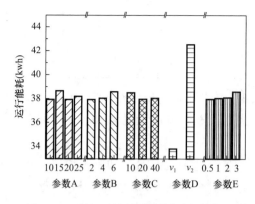

图 5-48　通风工况风机能耗影响规律分析

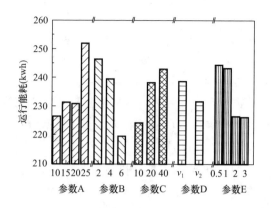

图 5-49　通风工况总能耗影响规律分析

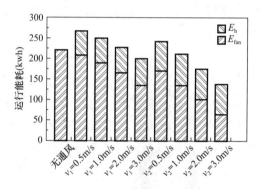

图 5-50　地板结构参数为 A3B3C1 时不同运行模式下供暖能耗

5.5　污水源热泵与太阳能耦合蓄能联供技术实践案例

本节简要介绍 5.1 节中太阳能—污水源热泵系统的实际运行性能。

5.5.1　太阳能热泵供暖模式

在该工作模式下，需对太阳能集热器进出口水温变化、水箱内温度变化、供暖供回水温度变化以及室内环境黑球温度变化进行记录，同时记录制冷剂状态以监控制冷剂是否正常工作。实验步骤如下：

（1）待太阳能集热器内温度满足温控器设定启动温度后，开启太阳能系统循环水泵，制冷剂通过太阳能蒸发器与集热器内的热水进行循环换热。待太阳能蒸发器进水口的太阳能循环水温度达到换热温度（10℃）后，开启压缩机，热泵系统开始制热。

（2）当水箱温度首次达到设计供水温度（45℃）时，开启室内循环水泵，外水箱热水开启供热。

（3）待水箱温度再次达到设计供水温度（45℃）后，为节约能源、减少耗电量，关闭压缩机。待水箱回水温度低于设计回水温度（35℃）后，重新开启压缩机制热。

（4）当太阳能蒸发器进水口的太阳能循环水温度低于换热温度5℃后，太阳能循环泵关闭，压缩机关闭，制冷系统太阳能供热模式结束。在供暖回水温度低于35℃后，关闭室内循环水泵。

加热过程中水箱温度变化曲线如图5-51所示。热泵系统运行时需首先对室内地暖盘管内存水进行加热。在16：00供水温度达到45℃，此时热泵系统停止运行。由于室内供暖过程持续进行，建筑热负荷持续消耗热量，水箱内水温降低，循环水温呈下降趋势，在17：50，回水温度低于35℃，热泵系统重新开始运行。根据实验过程中记录数据，绘制出太阳能热泵供暖工况下室内供暖供回水温度变化曲线，如图5-52所示。

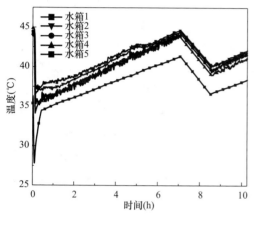

图 5-51　水箱温度变化曲线图　　　　图 5-52　室内供暖供回水温度变化曲线

由图5-51、图5-52可知，由于室内地暖盘管的水温较低，开启供暖循环泵后水箱各层温度经历了6～7℃的温降，约20min后水箱内温度趋于稳定，开始对循环水体进行加热。水箱下部冷凝器对外水箱水体加热，水箱各层温度不断升高。在加热过程经过7h后，水箱上层供水温度达到45℃，为节省电量，热泵系统压缩机停止工作。同时，由于水箱最下层温度测点设置于冷凝器下方，并位于供暖回水口附近，水箱内部存在分层现象，最下层温度测点与水箱上侧4个温度测点存在3～5℃温差，符合供暖供回水存在的温差现象。

5.5.2　生活热水供应模式

该工作模式下，需对生活热水出水口温度、水箱内温度变化进行记录，同时记录制冷剂状态，以监控制冷系统工作是否正常。

实验系统通过嵌套水箱内水箱来储存并输送生活热水，其热量来源由三部分构成：

（1）太阳能热泵加热过程中对内水箱生活热水进行预热；

（2）污水源热泵对水体进行加热；

（3）小水箱内封装的速热装置对小水箱内水体进行补热。

实验步骤如下：

（1）打开生活热水供应管路阀门，开启内水箱市政补水，通过市政管压使内水箱生活热水从喷淋头中送出；

（2）当污水集热装置内液面浸没污水源热泵蒸发器换热盘管时，开启压缩机制热；

（3）当生活热水出水温度低于40℃时，开启速热装置，对生活用水出水进行补热；

（4）当淋浴结束后，关闭市政补水及生活热水供应管路阀门，结束生活热水供应模式。

图5-53为生活热水出口温度变化曲线。

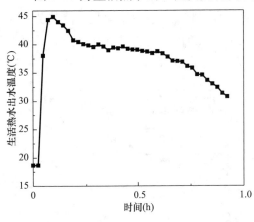

图5-53　生活热水出水温度曲线图

由图5-53可知，由于管道内有部分冷水残留，开始出水时水温较低，但随着小水箱内热水通过市政补水水压送出，在3min内出水温度迅速升高。在淋浴模式开启的初始10min内，水箱内电补热装置未开启，并且污水源热泵系统未运行，生活热水出水温度随时间降低的速率较快。在污水源热泵系统运行及补热装置开启后，生活热水出水温降速度减缓，出水温度可维持在39℃左右30min。随着用水使用时间的不断增加，生活热水出口水温不断降低，逐渐远离淋浴用水温度需求，且温降速率逐渐加快。这是由于出口水温逐渐降低，导致污水集热器内温度逐渐降低，集热器内集热盘管换热效率降低，制热速率下降。

5.5.3　污水源热泵制热模式

在该工作模式下，需对淋浴污水集热装置内温度变化、水箱内温度变化进行记录，同时记录制冷剂状态，以监控制冷系统工作状态是否正常。实验步骤如下：

（1）淋浴模式结束后，关闭市政补水及生活热水供应管路阀门，压缩机正常运行；

（2）对污水集热器内，实时监测淋浴污水温度，当污水温度低于12℃时，关闭热泵系统压缩机，停止制热；打开污水集热器，使换热后的淋浴污水排出集热装置。

图5-54为系统在生活热水供应模式下，污水集热器内淋浴污水温度变化曲线。可以看出，随着污水集热装置内液面高度不断上升，污水集热器内温度随出水温度的升高而不断升高，直至浸没集热器内温度探头。在生活热水供应模式开始10min后，由于热泵系统启动，通过集热器内盘管蒸发器进行制冷剂与污水换热，污水温度受出水温度及热泵盘管吸热影响逐渐下降。在淋浴过程结束后，集热器内污水仍有余热，污水源热泵换热盘管持续与集热器内污水进行换热。由于此时污水集热器内无热水补充，集热器内温降速率要比淋浴工况下温降速率加快，约为0.5℃/min。当污水集热装置内温度下降至12℃时，污水源热泵工况结束，系统关闭。图5-55为压缩机排气压力变化情况。在热泵系统未开启时，压缩机排气压力稳定于系统未运行时内制冷剂压力（0.35MPa）；在热泵系统开启后，压缩机排气压力随时间迅速升高，在20min时达到2.1MPa。在淋浴工况结束后，随着蒸发器侧温度明显降低，换热温差减小，随着时间的增长，压缩机排气压力逐渐降低，直至热泵工况结束。

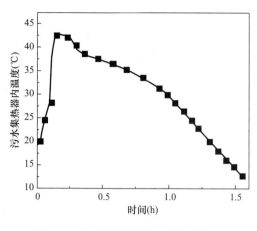
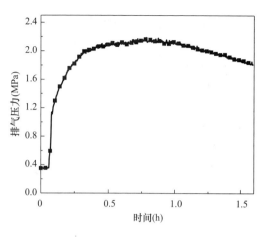

图 5-54 污水集热器内温度变化曲线 图 5-55 压缩机排气压力变化曲线

5.6 本章小结

本章对热泵系统的不同工作模式的测试结果进行了简要介绍，主要结论如下：

（1）在太阳能热泵系统供暖模式下，系统的供、回水温度始终保持在 35～45℃之间，系统供暖效果较好；

（2）在生活热水供应模式下，在 30min 的淋浴周期中，系统的热水出水温度能够稳定在 39℃左右，随后淋浴出水温度随时间的推移而降低；

（3）在污水源热泵系统制热模式下，在淋浴工况结束后，系统仍然能够通过吸收污水集热装置内的余热完成近 40min 的制热过程。

本章参考文献

［1］ 雷博，董建锴，等. 家用淋浴污水源热泵热水器系统实验［J］. 暖通空调，2014，44（4）：14-17.

［2］ 余晓平，付祥钊，黄光德，等. 夏热冬冷地区采暖期/空调期划分对居住建筑能耗限值的影响分析［J］. 建筑科学，2007，23（8）：27-31.

［3］ Jiwei Guo，Jiankai Dong，Hongjue Wang. A dynamic state-space model for predicting the thermal performance of ventilated electric heating mortar blocks integrated with phase change material［J］，Energy and Buildings，2021，244：111010.

［4］ Jiwei Guo，Bin Zou，Yuan Wang. Space heating performance of novel ventilated mortar blocks integrated with phase change material for floor heating［J］，Building and Environment，2020，185：107175.

［5］ Jiwei Guo，Yiqiang Jiang，Yuan Wang. Thermal storage and thermal management properties of a novel ventilated mortar block integrated with phase change material for floor heating：an experimental study［J］，Energy Conversion and Management，2020，205：112288.

［6］ Jiwei Guo，Jiankai Dong，Bin Zou. Experimental investigation on the effects of phase change material and different ventilation modes on the thermal storage，space heating and energy consumption characteristics of ventilated mortar blocks [J], Journal of Energy Storage，2021，41：102817.

[7]　Jiwei Guo，Jiankai Dong，Hongjue Wang. On-site measurement of the thermal performance of a novel ventilated thermal storage heating floor in a nearly zero energy building [J], Building and Environment，2021，201：107993.

[8]　Jiwei Guo，Yiqiang Jiang. A semi-analytical model for evaluating the thermal storage capacity and heat use efficiency of flexible thermal storage heating floor [J], Applied Thermal Engineering，2021，198：117448.

第6章 净零能耗建筑预冷通风技术

6.1 引言

建筑的室内热环境会受到室外气温和太阳辐射的综合作用，因而建筑围护结构的热工性能需要满足一定要求。以过渡季或夏季为例，如果围护结构的隔热性能不够好，则可能导致墙体内壁温度较高。即便此时室内气温不高，但室内热环境也可能较差，人们仍然会感到不舒适。改善室内热环境最简单的方法是开窗进行自然通风，以将室内空气温度降低到人体热舒适温度范围内。

自然通风是一种低成本利用风能的技术形式。一般来讲，自然通风是指不借助机械设备，仅依靠室外风力造成的风压和室内外空气温度差造成的热压，促使空气流动，使得建筑室内外进行空气交换的过程。采用自然通风的根本目的是取代（或部分取代）空调制冷系统，有三点重要意义：一是实现被动式制冷，在不消耗不可再生能源的情况下降低室内温度，带走潮湿气体，从而使室内环境满足人体热舒适的要求；二是提供新鲜、清洁的自然空气（新风），改善室内空气品质，有利于人的生理健康；三是与机械通风相比，自然通风的风速、波动频率更符合人体舒适性的要求，同时还有利于满足人和大自然交往的心理需求。综上，合理采用自然通风可以降低建筑能耗、去除室内污染、有利于人的身心健康，符合可持续发展和绿色低碳的思想。

国内外建筑利用自然通风已有大量的工程实例。例如，日本 MATSUSHITA 公司大楼的中庭就充分利用了自然通风（图 6-1），即使在室外无风的情况下，仍可透过天窗加热中庭顶部空气，形成热压通风；考虑到余压中和面的位置，建筑的顶部几层没有使用立面开口的方式进行自然通风；此外，为避免噪声以及室外污染物被带入室内，新鲜空气由各层地板进入，经过滤器的净化处理后再输入室内。

诺曼·福斯特在法兰克福商业银行的设计中对 60 层高的中庭的通风设计进行了很多次模拟和实验。研究表明，若将中庭设计为通高的空间，则横行的强风会在中庭产生乱流以及噪声，从而影响使用者的工作效率。经过反复论证，最后使用透明的玻璃将建筑分割出以 12 层为一个单元的数个小型中庭，每个单元均可独立完成自然通风，而透明的分隔又同时营造了区别于单个大空间的别样空间感受（图 6-2）。

对于高层建筑而言，风压是需要特别控制的因素，因此高层建筑无法直接开窗进行自然通风。作为应对风速过大的一个有力的建筑构件，双层玻璃幕墙可以利用其空气腔作为风速缓冲区间，将外界的风速调整合适后再引入室内。此外，双层玻璃幕墙还可通过内部空腔在高度方向上所产生的热压差进行拔风。

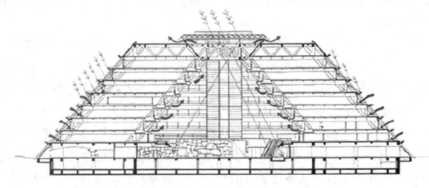

图 6-1　日本 MATSUSHITA 公司大楼自然通风

  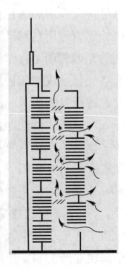

图 6-2　法兰克福商业银行自然通风

双层玻璃幕墙已经在现代建筑设计中得到广泛应用。德国 RWE 总部大楼就是双层玻璃幕墙"自然空调"的实例典范。该大楼双层幕墙的外层为单层玻璃，内层为充氩气双层隔热玻璃。室外气流从双层幕墙下部进入空气腔，经过阻隔和缓冲调整至适宜风速，通过内侧打开的窗户进入室内，污浊空气从上部排出。此外，出于隔声、防火、调整气流等多方面的考虑，整个幕墙的空腔被划分为若干个独立单元，进风与排风装置分别位于幕墙单元的上、下，并随着高度增加有所调整，以适应不同的气压。

6.2　预冷通风的基本概念

为了改善室内热环境并降低空调系统的能耗，自然通风被世界各地的建筑广泛采用。该技术通过优化建筑形态和围护结构的热特性，利用太阳能、风能等可再生能源进行室内热环境的改善与营造。自然通风最典型和最传统的做法是在外界温度适宜时，直接向室内引入室外空气进行通风降温，以减少空调的运行时间与能耗。从利用方式来看，自然通风可以分为以下三类：

（1）将自然资源直接用于室内空气冷却，如自然通风降温；

（2）将自然资源用于降低围护结构的温度，进而降低空调制冷负荷，如被动冷却设计；

（3）将自然资源用于处理室内空气，提高其品质，如新风置换。

这些技术都属于通过通风改善室内热环境的内容。采用通风的手段在气候适宜的地区可以部分甚至完全代替传统空调的使用，同时也能提升室内空气品质，并有利于人的生理和心理健康。因此，利用自然通风和机械通风对室内进行冷却降温的方式被越来越多的人所认可和采用。

具体而言，预冷通风是在过渡季或夏季，当室外气温适宜时开窗进行通风换气的一种方式。需要注意的是，预冷通风与常规的自然通风是有差异的：进行预冷通风必须根据建筑热过程和热特性，利用室外气温变化规律，人为地按照降低室内温度或改善室内热环境的需求进行受控的通风。预冷通风可以采用机械通风、自然通风以及机械通风与自然通风相结合的混合通风方式进行。通常情况下，预冷通风比自然通风的降温效率更高，且预冷通风除了能降低室内温度、改善室内热环境外，还可以显著降低空调能耗。因此，预冷通风是建筑降温最有效、最经济的节能措施之一。

建筑师是预冷通风最重要的设计者，应该通过调整室内各房间及门窗的布局，使得开窗时通风更加顺畅，形成"穿堂风"。其优点是在不改变外围护结构和增加设备的情况下，大大提高建筑的自然通风能力。对于自然通风，其效果除了受地形、建筑布局、窗户的开启面积及布置方式等因素的影响外，当地的空气温湿度、风速、风向等气候条件也有明显的影响。

在夏热冬冷地区，冬季一般没有集中供暖，室内空气湿度大，气温较低；夏季又十分炎热，太阳辐射强，室外气温高。因此，在夏热冬冷地区，冬、夏季建筑室内热环境极差，大多数建筑只能使用供暖空调设备来控制室内热环境。然而在春、秋季，虽然太阳辐射较强，但室外气温在早晨和夜间有相当长的时间处于人体热舒适的范围。长期以来，建筑界及普通居民一直在这些时段进行自然通风,以为建筑降温,改善室内热环境,提高室内空气品质。

采用间歇机械通风和自然通风的建筑主要依靠夜间建筑周围环境的空气来降低室内气温。如果建筑周边区域夜间气温不能迅速下降,间歇机械通风和自然通风也就失去了作用。通风降温改善室内热环境还与城市规划、建筑布局有关。现代城市区域内的建筑密度大,难以靠夜间长波辐射快速冷却室外空气。因此,要得到一个良好的室外空气温度和湿度环境,在规划设计时就要注意加强城市区域的通风,尽量减少城市热岛效应;在沿城市周边规划的住宅区可利用夜间城市热岛环流,将远郊和乡村的冷空气引入城区,以提高建筑夜间强化通风的降温效果。因此,要获得良好的预冷通风效果,必须从城市规划、建筑布局、单体形态、通风方式、通风时间等方面进行全面考虑,在时间和空间的多个维度加以综合优化。

6.3 我国不同地区预冷通风气候潜力

6.3.1 通风舒适区的确定

Fanger 提出的 PMV 模型以大量的实验室环境控制下的人体热反映为基础,该模型较合理地反映了人体的主观感觉和客观物理状态之间的关系,成为稳态空调环境下评价人体热感觉的国际通用指标,也为"ASHRAE Standard 55"和"ISO 7730"等热舒适标准奠定了基础。然而,"ASHRAE Standard"的舒适标准和 Fanger 的热舒适理论是建立在稳定的室内热环境基础之上的,并没有区分在自然通风和空调建筑中人体热感受的差异。但动态热舒适理论指出,利用自然风进行预冷通风这一技术更有利于人们的身心健康,同时具有巨大的节能潜力和环境效益。

清华大学朱颖心教授团队研究发现,自然通风环境下的 PMV 与实际热舒适调查结果存在较明显的偏差,其中的一个关键原因就是人可以改变自身的行为或逐渐适应周围环境,而基于目前热舒适标准的热平衡不能准确描述人与环境相互作用的复杂性。其研究还提出了 PMV 修正模型和适应模型,并认为应对自然通风环境和空调稳态环境参数进行更细致的分析,以建立一种适用于自然通风环境的集总参数模型或评价指标。

对于非空调环境下的 PMV 值较实际热舒适调查结果普遍偏高这一现象,Fanger 认为主要是由于处于非空调环境下的人群对热环境的期望值较低,所以给出的调查值(PMV_e)较低。因此,Fanger 提出了一个值为 $0.5 \sim 1$ 的期望因子 e 来修正处于非空调环境下的 PMV,并给出了不同地区的 e 值范围(表 6-1)。

$$PMV_e = e \times PMV \tag{6-1}$$

适用于自然通风降温地区非空调建筑的期望因子　　　　　　　　表 6-1

期望	非空调建筑分类		期望因子 e
	地区	气候特征	
高	空调建筑普遍地区	夏季短时	0.9~1.0

续表

期望	非空调建筑分类		期望因子 e
	地区	气候特征	
中	部分空调建筑地区	夏季	0.7~0.9
低	很少空调建筑地区	所有季节	0.5~0.7

针对 PMV 模型在自然通风环境中失效这一问题，越来越多的建筑师、工程师和学者开展了相关研究。例如，de Dear 和 Brager 认为 PMV 等热平衡模型虽能够解释行为的适应性（例如改变衣着），但忽视了心理适应性的主观因素，进而提出了适应性模型（Adaptive Comfort Standard，ACS）。该模型认为气候和季节对热环境的行为适应性有着广泛的影响。例如，人们通常根据预报的日最高温度和近期天气来确定穿什么衣服，即前段时间、将来一段时间以及较长时间段的天气波动都影响着人们的心理适应性（热期望值）。适应模型认为，人们对室内舒适度的期望会随室外温度的改变而改变。从工程的角度来看，建筑进行预冷通风的时段是根据室外空气温湿度是否处于舒适区来确定的，通常需经过大量的数据统计，将室外空气月平均温度（月平均最高温度和最低温度的代数平均值）和室内舒适温度区联系起来，并得到一个线性回归公式。de Dear 和 Brager 给出的公式如下：

$$T_{\text{conf}} = 0.31 T_{\text{a,out}} + 17.8 \tag{6-2}$$

式中　T_{conf}——室内舒适温度，℃；

　　　$T_{\text{a,out}}$——室外空气平均温度，℃。

式（6-2）保证了 80% 的人可接受，从而定义了自然通风和机械通风状态下室内舒适温度 T_{conf} 的范围，如图 6-3 和图 6-4 所示。

在实际工程应用中，可计算出指定月份的最高和最低气温的平均值，然后根据图 6-3 和图 6-4 确定自然通风和机械通风建筑中室内温度的可接受范围。在建筑的设计阶段，可将建筑热环境模拟模型计算出的自然室温数值和利用图 6-3 和图 6-4 确定的数值进行比较，以确定利用自然通风和机械通风是否能达到舒适要求。也可以通过比较该模型从机

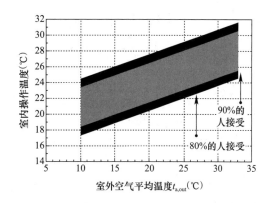

图 6-3　适用于自然通风和机械通风建筑的适应性标准

械通风获得的可接受的温度域来评价既有建筑中热环境的可接受程度。采用自然通风和机械通风，使建筑室内空气温度处于舒适的温度范围内，在改善室内热舒适的同时达到节能效果，即为预冷通风的目的。

同样采用 de Dear 和 Brager 的舒适区理论，付祥钊等根据式（6-2）提出夏热冬冷地区自然通风与预冷通风舒适区温度的范围。

舒适区温度上限 T_{upper}：

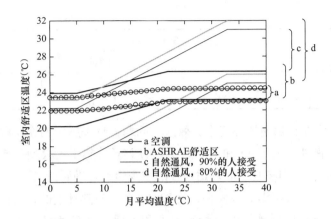

图 6-4　空调与自然通风舒适区

a—空调；b—ASHRAE 舒适区；c—自然通风，90％的人接受；d—自然通风，80％的人接受

$$T_{upper} = \begin{cases} 22.85, & 0 \leqslant t_{a,out} < 5 \\ 0.31 t_{a,out} + 21.3, & 5 \leqslant t_{a,out} \leqslant 33 \\ 31.53, & 33 \leqslant t_{a,out} \leqslant 40 \end{cases} \quad (6-3)$$

舒适区温度下限 T_{lower}：

$$T_{lower} = \begin{cases} 15.85, & 0 \leqslant t_{a,out} < 5 \\ 0.31 t_{a,out} + 14.3, & 5 \leqslant t_{a,out} \leqslant 33 \\ 24.53, & 33 \leqslant t_{a,out} \leqslant 40 \end{cases} \quad (6-4)$$

6.3.2　预冷通风潜力分析

当建筑进行通风时，室外温度在满足舒适范围温度的上限和下限时段的通风时间逐时累计值就是建筑预冷通风潜力的时间。

在夏季按照风速 0.8m/s，相对湿度 60％，着装为长裤、短袖衫时，PMV 值基本上在 0.5～−0.5 舒适范围，对式（6-2）进行修正，可以得出夏热冬冷地区自然通风舒适范围温度 $T_{conf,s}$（℃）：

$$T_{conf,s} = 27.4 \pm 0.7 \quad (6-5)$$

预冷通风技术主要应用于夏季及过渡季。当室外空气温度较低时，才能体现出室外空气存在冷却能力。由此可通过式（6-5）定义预冷通风温差 ΔT_{vent}（℃），如图 6-5 所示。

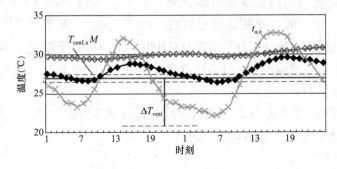

图 6-5　预冷通风温差

$$\Delta T_{vent} = T_{conf,M} - t_{a,o} \tag{6-6}$$

式中 $t_{a,o}$——室外空气温度，℃；

$T_{conf,M}$——室内舒适平均温度，℃。

当预冷通风温差 ΔT_{vent} 在 3℃以内，风速不大于 0.8m/s，相对湿度小于 70%，着装为长裤、短袖衫时，PMV 值基本上为 $0 \sim -0.5$，人体感觉处于热舒适较好的状态。这种通风对建筑室内热环境的改善作用明显。由于 ΔT_{vent} 小，室外空气对建筑预冷降温的能力有限，因此定义预冷通风温差 $\Delta T_{vent} \leqslant 3℃$ 时为舒适通风预冷阶段，其舒适通风预冷小时数计算公式为：

$$\delta_{total} = \sum_{i=1}^{8760} \delta_i$$

$$\delta_i = \begin{cases} 1, & 26.7 \leqslant T_{conf,s} \leqslant 28.1 \\ 0 \end{cases} \tag{6-7}$$

在过渡季和夏季的夜间（0：00～7：00），即无人工作和居住的情况下，进行预冷通风对通风下限温度是没有要求的，故定义预冷通风温差 $\Delta T_{vent} > 3℃$ 时为建筑预冷通风蓄冷阶段。显然，预冷通风温差 ΔT_{vent} 越大，节省的空调系统电耗就越多，利用室外空气进行预冷通风降温和蓄冷的节能潜力也越大。此时预冷通风蓄冷气候潜力可按预冷通风蓄冷累计通风小时数计算：

$$\delta_{total} = \sum_{i=1}^{8760} \delta_i$$

$$\delta_i = \begin{cases} 1, & t_{a,o} < T_{conf,M} - 3℃ \\ 0 \end{cases} \tag{6-8}$$

在夏季及过渡季的夜晚，室外温度比较低，室内并无大量负荷产生，此时的自然通风可对室内的围护结构、家具等进行冷却，也就是通过"预冷通风"以降低第二天空调开启时段的负荷。由此可见，通风预冷的节能潜力主要体现在两个方面：一是直接带走室内热负荷，二是对室内围护结构进行预冷，间接带走第二天的热负荷。

1. 寒冷地区预冷通风潜力分析

预冷通风在寒冷地区主要用于夏季降温。住宅通常采用开窗通风的方式，而公共建筑普遍采用开窗通风与机械通风相结合的方式。但要准确预测预冷通风的潜力，则必须得到所分析地区夏季逐时室外空气温度，按照式（6-7）和式（6-8）进行计算，得到室外温度的舒适通风预冷小时数和通风预冷蓄冷小时数。在北方寒冷地区，即使是在夏季，夜间气温也会较容易地降低到 $T_{conf,M} - 3℃$ 以下。因此，在寒冷地区进行舒适通风预冷和通风预冷蓄冷是建筑夏季可采用的一种低成本且行之有效的节能技术。

2. 夏热冬冷地区预冷通风潜力分析

夏热冬冷地区最为显著的气候特点是夏季闷热潮湿，冬季湿冷，春夏之交的过渡季湿润多雨，秋季气候晴朗，夜间凉爽，全年四季分明。该地区 6 月中旬至 7 月上旬是梅雨季节，温度虽不高，但空气湿度大，热舒适状况很差。夏季太阳辐射强，高温、高湿，日气温高于 35℃ 的天数多。由于长江及其支流江面开阔，湖泊众多，造成大气中水气多、湿度大，加之夜间风速小，降温缓慢，暑气难消，使人闷热难眠。因此，在夏季采用通风对改善室内热环境的作用非常有限。

夏热冬冷地区可分为东、西两部分：东部为长江中下游地区，从苏、沪、浙长江三角洲平原到长沙，以及武汉、宜昌江汉平原；西部包括四川盆地、重庆和黔东北地区。这两部分既具有夏热冬冷气候的共同特点，又存在明显的差异。长江中下游地区的春、秋、冬三季常有北方冷空气侵袭，特别是冬季有强烈寒潮南下，全区性降温猛烈，温度较低，最冷月平均气温一般都在10℃以下。由于冬季有寒潮南下，夏季高温，因而长江中下游地区的气温年较差十分显著，四季分明。夏热冬冷地区中、西部寒潮不及东部强烈，但由于冬季日照弱，最冷月平均温度仅有4~8℃。例如，武汉所处纬度与上海基本相同，但武汉最冷月平均气温为3.0℃，比上海低0.5℃。

气候学按照气温划分季节，一般以连续5d的平均气温小于10℃为冬季，大于22℃为夏季，介于10℃和22℃之间为春、秋季，也就是过渡季节。根据此标准，长江中下游地区的春、秋两季各长约2个月，冬、夏两季各长约4个月；其中长江中游地区夏季比冬季略长，而下游地区冬季比夏季略长。在夏热冬冷地区的西部，夏季长3~4个月，冬季约长3个月。

夏热冬冷地区不同城市四季的具体分配可参见表6-2。

夏热冬冷地区不同城市四季开始期和持续天数　　　　　　　　　　表6-2

测站	春季		夏季		秋季		冬季	
	开始期（月.日）	持续天数（d）	开始期（月.日）	持续天数（d）	开始期（月.日）	持续天数（d）	开始期（月.日）	持续天数（d）
上海	4.1	71	6.12	107	9.26	61	11.26	126
南通	4.5	72	6.15	93	9.17	63	11.19	137
长沙	3.12	70	5.21	130	9.28	60	11.27	105
衡阳	3.12	65	5.16	140	10.3	60	11.2	100
安庆	3.28	56	5.23	128	9.28	56	11.23	125
南昌	3.23	56	5.18	133	9.28	56	11.23	120
武汉	3.18	61	5.18	128	9.23	56	11.18	120
宜昌	3.13	66	5.18	128	9.23	61	11.23	110
徐州	4.4	61	6.4	98	9.9	59	11.6	150
合肥	3.28	56	5.23	123	9.23	56	11.18	130
成都	3.5	81	5.25	113	9.15	76	11.25	95
重庆	2.15	94	5.25	128	9.25	76	12.15	67
遵义	3.15	82	6.5	97	9.15	71	11.25	115

6.4　预冷通风关键技术

6.4.1　预冷通风分类

以通风动力作为划分依据，预冷通风主要分为自然预冷通风及机械预冷通风两种形式。自然预冷通风即通过合理的房间布局及开口设置，利用风压和热压自然地将室外冷空气引入室内，在进行降温的同时达到预冷蓄能，如图 6-6 所示。在住宅建筑中普遍采用自然通风的方法进行降温和改善空气质量。但由于自然通风的冷空气引入量有限，因此对于大型建筑而言，单纯通过自然通风很难将冷空气引至所有角落，造成预冷通风效果较差。

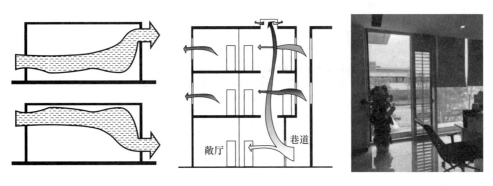

图 6-6　自然预冷通风方式

如图 6-7 所示，机械通风通过风机的作用，将室外冷空气强制送到房间，其通风量大，预冷效果好。但机械通风需要消耗电能，在应用时要进行评估，以权衡风机的耗电量及预冷节约的空调耗电量。

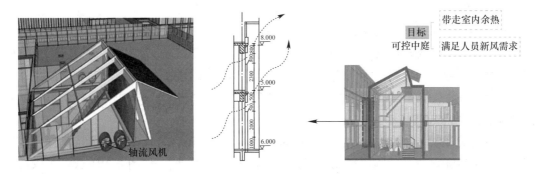

图 6-7　建筑中庭机械预冷通风方式

以通风方式进行分类，预冷通风可分为房间直接通风和利用顶棚或架空地板等建筑构件进行预冷通风蓄能。房间预冷通风蓄能即将室外冷空气直接引入室内，以对围护结构、室内家具等进行冷却。该方式通风量大，但需要房间窗户一直处于打开状态，安全性较差，且无法应对雨天等情况。除直接通风外，还可以利用建筑围护结构及其构件进行预冷通风蓄能。如图 6-8 所示，可以将冷空气引至顶棚内部，对顶棚内的围护结构进行冷却。该方式风口隐蔽，但通风量较小，冷却效率受到制约。

为了加大房间预冷通风的蓄冷能力，还可以采用相变材料等热容较大的建筑材料和构件（如蓄能架空地板）进行辅助蓄冷，以增强预冷通风效果，同时提高房间的热稳定性（图 6-8）。

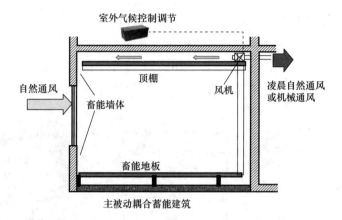

图 6-8　吊顶结合蓄能围护结构的预冷通风方式

6.4.2　自然预冷通风

自然通风是预冷通风的主要形式，自然通风依靠室外风力造成的风压和室内外空气温度差造成的热压，促使空气流动，使得建筑室内外空气交换。自然通风是降低建筑能耗和改善室内热舒适的有效手段，当室外空气温度不超过夏季空调室内设计温度时，既可以保证建筑室内获得新鲜空气，带走多余的热量，又不需要消耗动力，节省能源，节省设备投资和运行费用，因而是一种经济有效的通风方法，建筑室内能获得良好的热舒适环境。

1. 自然通风原理与优化

在自然通风状态下，建筑物内壁温度和室内气温都随室外气温和太阳辐射的周期性变化而变化。内壁既与外壁发生导热换热，又与室内气流发生对流换热；从窗口进入的室外空气对室内气温影响显著；门、窗、地板、顶棚与墙壁所形成的建筑空间互相之间也进行着辐射换热。综上，自然通风条件下的室内空间存在三维非稳态复杂边界条件的导热、对流和辐射耦合换热问题。

室外自然风吹向建筑物时，在建筑物的迎风面形成正压区，背风面形成负压区。利用两者压差可以在室内实现风压通风，即人们常说的"穿堂风"，如图 6-9 所示。热压通风则是因为室内外温度差引起空气的密度差而产生的空气流动。当室内空气温度高于室外时，室外空气由建筑物的下部进入室内，再从建筑物的上部排到室外，如图 6-10 所示。

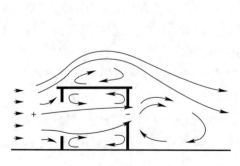

图 6-9　风压通风原理图

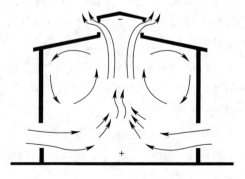

图 6-10　热通风原理图

多数情况下，风压和热压是同时起作用的，这时空气的主要流向应依两种驱动力的作用方向和强弱对比来确定。

　　自然预冷通风是建筑普遍采取的一项改善室内热环境、节约空调能耗的低成本绿色低碳技术。采用自然通风预冷方式的根本目的就是取代（或部分取代）空调制冷系统，实现有效的被动式制冷。在组织建筑通风时，应优先采用自然通风去除室内热量，以缩短机械通风系统或空气调节系统的运行时间，节约能源。在设计过程中，建筑的空间组织和门窗洞口的设置均应有利于组织室内自然通风，室内的管路、设备等不应对其造成妨碍；若因建筑平、立面布置的影响导致室内无法形成流畅的通风路径时，宜设置辅助通风装置，以优化建筑的自然通风性能。此外，还可以从建筑的形体、构件等方面进行导风，例如：

　　（1）利用建筑平面与空间形态进行导风，如图 6-11 所示；

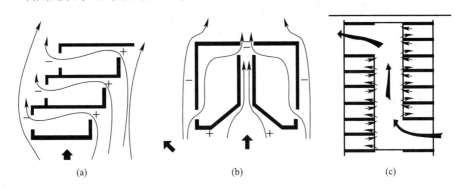

(a)　　　　　　　　　　(b)　　　　　　　　　　(c)

图 6-11　建筑建筑平面与空间形态导风

（a）建筑形体错动；（b）平面开口引风；（c）空间形态引风

　　（2）通过垂直导风墙（板）、遮阳板、窗扇、绿化等方式诱导风压，引导和改变气流在室内的路线和影响范围，如图 6-12 所示；

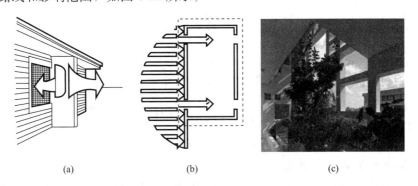

(a)　　　　　　　　　　(b)　　　　　　　　　　(c)

图 6-12　导风构件

（a）挡风墙；（b）迎风墙；（c）空间绿化

　　（3）利用高大空间、风塔、太阳能等强化热压通风，如图 6-13 和图 6-14 所示。

2. 自然通风的计算

在风压通风过程中，前后墙风压差 ΔP（Pa）可近似为：

$$\Delta P = k \frac{\rho}{2} v^2 \tag{6-9}$$

图 6-13　利用高大空间热压导风

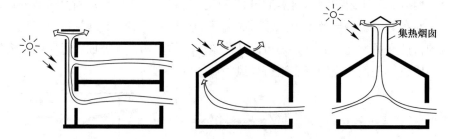

图 6-14　利用被动太阳能强化自然通风

式中　k——前后墙空气动力系数之差（风与墙的夹角 $\alpha \geqslant 60°$ 时，$k=1.2$；$\alpha < 60°$ 时，$k = 0.1+0.018\alpha$）；

ρ——空气密度，kg/m^3；

υ——室外风速，m/s。

当风口在同一面墙上时（并联风口），由风压引起的自然通风量 N 为：

$$N=0.827(\sum A)\left(\frac{\Delta P}{g}\right)^{0.5} \tag{6-10}$$

当风口在不同墙上时（串联风口），由风压引起的自然通风量 N 为：

$$N = 0.827\left[\frac{A_1 A_2}{(A_1+A_2)^{0.5}}\right]\left(\frac{\Delta P}{g}\right)^{0.5} \tag{6-11}$$

式中　$\sum A$——通风口总面积，m^2；

A_1、A_2——分别为两墙上的风口面积，m^2。

热压作用下的自然通风量 N 可用下式计算：

$$N = 0.171\left[\frac{A_1 A_2}{(A_1{}^2+A_2{}^2)^{0.5}}\right]\left[H(t_N-t_W)\right]^{0.5} \tag{6-12}$$

式中　A_1、A_2——进、排风口面积，m^2；

t_N、t_W——室内、外温度，℃。

实际建筑中的自然通风是风压和热压共同作用的结果（图 6-15）。两种作用有时相互加强，有时相互抵消。由于风压受到天气、室外风向、建筑物形状、周围环境等因素的综合影响，因此风压与热压共同作用时，并不是简单的线性叠加关系。

3. 中庭通风

中庭通风是一种常见的在高大空间中利用烟囱效应的热压通风形式。在中庭空间中，密度小的热空气会向上流动，而密度大的冷空气则自然下沉，从而在垂直方向上形成室内温度梯度。如果建筑的顶部有开口，热空气就会流出，从而在建筑内部形成气流。中庭被广泛应用在各类型的建筑中，如图 6-16 所示。

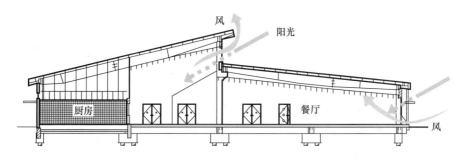

图 6-15 风压与热压共同作用下的通风

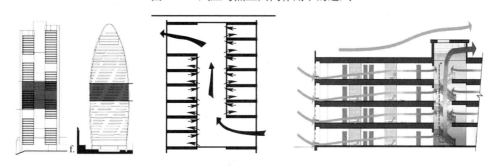

图 6-16 中庭通风示意图

在中庭进行热压通风的过程中，垂直方向上存在室内外空气压力相等的水平面，称为中和面（图 6-17），通常位于中庭约 1/2 的高度。在中和面以下，室内空气压力小于室外空气压力，空气由室外向室内流动；在中和面以上则相反。为利用烟囱效应实现自然通风，应在中和面以下向中庭开窗；而在中和面以上则应减少向中庭开窗，避免污浊空气回灌。

影响中庭热环境的因素很多，除室外空气温湿度、太阳辐射、风速、风向等气象条件外，建筑的朝向、形式、尺度以及围护结构的形式都会产生影响。在进行设计时，应将通风中庭或天井设置在发热量大、人流量大的部位，在空间上与外窗、外门以及主要功能空间相连通，并在中庭或天井的上部设置启闭方便的排风窗（口）。由于高宽比小的中庭有利于得热，而高宽比大的中庭有利于防热并强化烟囱效应，因此应根据设置中庭的目的选择合适的高宽比（图 6-18），对过高的中庭采取分段形式，对过矮的中庭增加顶部通风开口。

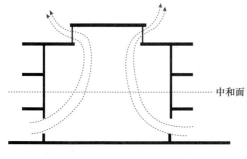

图 6-17 中和面示意图

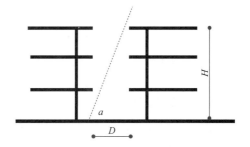

图 6-18 高宽比分析

D—中庭底面短边宽度；H—中庭高度；a—高宽比

表 6-3 是不同形式中庭的通风处理方法。

不同形式中庭的通风处理方法 　　　　　　　　　　　　　　　　　表 6-3

中庭形式	内院型	边庭型	通廊型
示意图	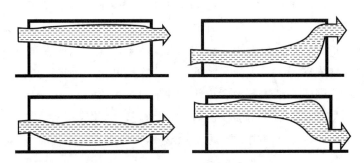		
处理方法	中庭高度不宜过高，底部与顶部需设置通风口	边庭不宜朝向西侧，以减少夏季得热；宜朝南，冬季有良好的室内热环境，夏季可采用立面遮阳措施	宜两侧开通风口，通风口宜设置在夏季主导风向上

4. 门窗洞口通风

"穿越式通风"指利用开口把某室内空间与室外的正压区及负压区联系起来。当所有的开口都面向同样的气压区时，室内的气流很小；特别是当风与进风窗垂直时，室内的平均气流速度相当低。建筑门窗洞口与室内平面布局设计直接影响到室内通风效果，进、排风口的设置应充分利用空气的风压和热压以促进空气流动。

剖面开口与穿堂风的组织如图 6-19 所示，室内气流分布主要由进风口的位置决定。

图 6-19　剖面开口与穿堂风的组织

平面开口与穿堂风的组织如图 6-20 所示，主要有以下气流分布特点：

（1）当进风口居中时气流分布主要由入射角确定，斜向进风时气流较均匀；

（2）当进风口位置偏一侧时，侧面较近的墙对气流有吸引作用；

（3）应避免进、出口距离太近或都偏在一侧，易造成气流短路。

在进行穿堂风的组织与开口设计时，进风洞口平面与主导风向间的夹角不应小于 45°，并使进风窗迎向主导风向，排风窗背向主导风向。若无法满足，则宜设置引风装置。当气流由居中的进风口笔直流向居中的出风口时，除在出风口一侧的两个墙角会引起局部紊流外，室内其他位置的气流较为平缓，且沿两个侧墙的风速很小，特别是在进风口一侧的两个墙角。如风向偏斜45°，则可在室内引起大量紊流沿房间四周作环形运动，从而增加沿侧墙及墙角处的风速。表6-4是窗户位置及风向对室内平均风速的影响。

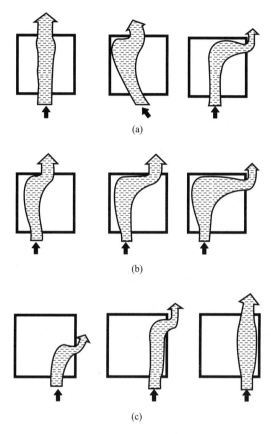

图 6-20 平面开口与穿堂风的气流分布
（a）进风口居中时的气流分布；（b）进风口位置偏一侧时的气流分布；
（c）出口距离太近或都偏在一侧时的气流分布

窗户位置及风向对室内平均风速的影响（相对室外风速的百分比） 表 6-4

进风口宽度（相对墙宽）	出风口宽度（相对墙宽）	窗户在相对两墙上		窗户在相邻两墙上		备注
		风向垂直	风向偏斜	风向垂直	风向偏斜	
1/3	1/3	35	42	45	37	风向垂直
1/3	2/3	39	40	39	40	
2/3	1/3	34	43	51	36	
2/3	2/3	37	51	—	—	
1/3	3/3	44	44	51	45	偏斜45°
3/3	1/3	32	41	50	37	
2/3	3/3	35	59	—	—	
3/3	2/3	36	62	—	—	
3/3	3/3	47	65	—	—	

此外，进、出风口的平面布置应避免出现通风短路，尽量使气流流过建筑使用区。表 6-5 是穿越式通风与无穿越式通风室内平均风速与室外进风口风速的关系。

穿越式通风与无穿越式通风室内平均风速与室外进风口风速的关系（相对室外风速的百分比）

表 6-5

通风形式	开口位置	风向	开口的总宽度（相对墙宽）			
			2/3		3/3	
			平均	最大	平均	最大
非穿越式通风	单窗在正压区	垂直	13	18	16	20
		斜向 45°	15	33	23	36
	单窗在负压区	斜向 45°	17	44	17	39
	双窗在负压区	斜向 45°	22	56	23	50
穿越式通风	双窗在相邻两墙上	垂直	45	68	51	103
		斜向 45°	37	118	40	110
	双窗在相对两墙上	垂直	35	65	37	102
		斜向 45°	42	83	42	94

在进行室内通风设计时，应遵循布置均匀、阻力小的原则，按照室内发热量确定进风口总面积，且出风口总面积不宜小于进风口总面积。室内开敞空间、走道、室内房间的门窗、多层的共享空间或者中庭均可作为室内通风路径。应组织好空间设计，使室内通风路径布置均匀，避免出现通风死角，将人流密度大或发热量大的场所布置在主通风路径的上游。人流密度小但发热量大或产生废气、异味的房间（如厨房、卫生间等）应布置在主通风路径的下游，且这类房间的外窗应作为自然通风的排风口，同时也可利用天井作为排风口和竖向排风风道。此外，进、出风口应能方便地开启和关闭，并在关闭时具有良好的气密性。

在实际工程中，可从表 6-6 中选择适合的外窗开启方式。

不同外窗开启方式比较

表 6-6

开启方式	通风特点
下悬窗	具有一定的导风作用，内开式将风导向上部，能加快流入室内风速；外开式则将风导入下方吹向人体，但存在遮挡，降低了风速
上悬窗	具有一定的导风作用，内开式将风导向地面吹向人体，并能加快风速；外开式将风导入上方，由于开启位置处于人体高度，风尚能掠过人体，但存在遮挡，降低了风速
中悬窗	导风性能明显，而且开启度大，不存在遮挡，是较理想的开窗方式。逆反式将风引入下方，正反式将风引入上方。当窗洞口位置较低可选用正反式，窗洞口较高选择逆反式，使风导向人体
平开窗	可完全开启，窗户开启的角度变化有一定的导风作用，且关闭时的气密性佳，是较理想的开窗方式。外开式会遮挡部分斜向吹入的气流，内开式则能将室外风完全引入室内，更有利于通风
水平推拉窗	无任何导风性能，可开启面积最大只有窗洞的一半，不利于通风，且窗型结构决定了其气密性较差

单侧设置外窗通风时，窗户尺寸变化对室内平均风速的影响不大。表 6-7 是单侧通风时窗口尺寸对室内平均风速的影响。

单侧通风时窗口尺寸对室内平均风速的影响（相对室外风速的百分比） 表6-7

风 向	窗宽（相对墙宽）		
	1/3	2/3	3/3
垂直吹向窗户	13	13	16
从正面斜吹	12	15	23
从背面斜吹	14	17	17

采用穿越式通风时，窗口尺寸的增大对室内风速影响甚大，但进、出风窗口的面积需同时扩大。对于两墙上各有一等面积窗户的正方形房间，下式成立：

$$v_i = 0.45(1 - e^{-3.84x})v_o \tag{6-13}$$

式中 v_i——室内平均风速，m/s；

x——窗墙面积比；

v_o——室外风速，m/s。

表6-8是采用穿越式通风时，进、出风口面积不等的情况下室内平均风速与最大风速。

穿越式通风中进、出风口尺寸对室内平均/最大风速的影响（相对室外风速的百分比）

表6-8

风向	出风口尺寸（相对墙宽）	进风口尺寸（相对墙宽）					
		1/3		2/3		3/3	
		平均	最大	平均	最大	平均	最大
垂直	1/3	36	65	34	74	32	49
	2/3	39	131	37	79	36	72
	3/3	44	137	35	72	47	86
偏斜	1/3	42	83	43	96	42	67
	2/3	40	92	57	133	62	131
	3/3	44	152	59	137	65	115

5. 自然通风辅助设计

自然通风不仅可以有效去除建筑室内热量，保证良好的空气品质，同时可以缩短机械通风系统或空调系统的运行时间，是一种重要的被动式节能技术。由于建筑自然通风效果与当地风环境条件、场地环境、建筑布局、室内平面划分等众多因素相关，通常需要借助计算机模拟的手段，才能对自然通风相关的评价指标进行量化计算和评价。

（1）场地风环境模拟

当前有大量的商用CFD软件可以对场地风环境进行模拟，如Phoenics、Fluent、WindPerfect、STAR-CCM＋等。在进行场地风环境模拟时，首先应确定计算区域。一般要求建筑迎风截面堵塞比（即模型面积/迎风面计算区域截面积）小于4%。记目标建筑（群）长、宽、高中的最大值为特征尺寸 H，则在来流方向上，建筑前方距离计算区域边界要大于 $2H$，后方距离计算区域边界要大于 $6H$，上方计算区域要大于 $3H$；在距目标建筑（群）边界 H 范围内，应以最大的细节要求再现模型。进行网格划分时，建筑的每一侧人行高度区 1.5m 或 2m 高度内应划分 10 个网格或以上，重点观测区域要在地面以上第 3 个网格或更高的网格内；为保证计算精度和速度，宜采用多尺度网格，周围区域网格可适当疏松，但是网格过渡比设置不宜大于 2。

在边界条件的入口处，风速的分布应符合梯度风规律，计算公式如下：

$$\frac{U}{U_g} = \left(\frac{Z}{Z_g}\right)^\alpha \tag{6-14}$$

式中　Z、Z_g——任意一点的高度和标准高度，m；

　　　U、U_g——任一高度和标准高度处的平均风速，m/s；

　　　α——梯度风指数。在气象数据中，标准高度通常为 10m；我国不同城市在各季节典型风向和平均风速的数据可以通过《中国建筑热环境分析专用气象数据集》《民用建筑供暖通风与空气调节设计规范》GB 50736 或当地气象站获取。不同地貌情况下入口梯度风的指数 α 取值可参照现行国家标准《建筑结构荷载规范》GB 50009 的相关规定，具体如表 6-9 所示。

不同类型地表面下的 α 值与梯度风高度　　　　表 6-9

地面类型	适用区域	α	梯度风高度（m）
A	近海地区，湖岸，沙漠地区	0.12	300
B	田野，丘陵及中小城市，大城市郊区	0.16	350
C	有密集建筑的大城市区	0.22	400
D	有密集建筑群且房屋较高的城市市区	0.3	450

对于未考虑地面粗糙度的情况，可采用指数关系式修正粗糙度带来的影响；对于实际建筑的几何再现，应采用适应实际地面条件的边界条件；对于光滑壁面则应采用对数定律。计算所用的湍流模型可采用标准 k-ε 模型，但计算精度要求较高时，可采用 RNGk-ε 模型、Durbin 模型或 MMK 模型。为保障计算的稳定性，应避免采用一阶差分格式。对于计算的收敛，一般要求指定观察点的值不再变化或均方根残差小于 10^{-4}。

通过 CFD 计算可以得到不同季节典型风速和风向条件下，场地内 1.5 m 高处的风速分布矢量图和等值线图，以及建筑迎风面与背风面（或主要开窗面）表面的压力分布等。其中迎风面与背风面的表面风压差按平均风压差计算，可开启外窗室内外表面风压差计算时，室内压力一般默认为 0，无需单独模拟。需要注意的是，通过 CFD 进行辅助设计时，应保证计算结果符合相关标准，如冬季建筑物周围人行区风速小于 5m/s、冬季室外活动区的风速放大系数不大于 2 等。

（2）室内自然通风模拟

对于室内的自然通风，目前有两种主流的模拟方法：一种为多区域网络模拟方法，其侧重点为建筑整体通风状况，大多为集总参数模型，可与建筑能耗模拟软件（如 Energy-Plus、ESP-r、DeST 等）相结合；另一种为 CFD 模拟方法，可以详细描述单一区域的自然通风特性。

当采用多区域网络模拟方法时，首先应确定建筑通风拓扑路径图，并据此建立模型；

然后确定通风洞口阻力模型及参数，并确定洞口压力边界条件（可根据室外风环境得到）。如需计算热压通风，则还需要设定室内外温度条件以及室内发热量，并确定室外压力条件。

当采用 CFD 模拟方法时，首先应根据建筑规模、软件性能和网格限制等条件选择室内外联合模拟方法或室外、室内分步模拟方法。无论采用何种方法，计算域的设定均应参照室外风环境模拟的相关规定。并选择典型工况下的风向、风速、空气温度，按稳态进行模拟。建筑门窗等通风口均应根据实际开闭情况建模，门、窗压力通过室外风环境模拟结果读取各个门、窗的平均值。进行室内网格划分时，应能反映所有显著阻隔通风的室内设施，且通风口上宜有不少于 3×3 个网格。计算所用的湍流模型可采用标准 k-ε 模型或其他更高精度的模型。对于高大空间，应合理设置室内热边界条件；对于非高大空间，可不考虑室内热边界条件。

通过计算可以得到建筑主要功能房间的换气次数、人员活动区域 1.5 m 高度处的风速分布矢量图和等值线图、典型剖面的温度分布和等值线图等。

6.4.3　机械预冷通风

与自然预冷通风相同，机械预冷通风也是利用夏季和过渡季夜间或凌晨室外相对干、冷的空气，直接降低室内气温，解决室内闷热的问题，同时消除室内在白天积蓄的热量。夜间预冷通风的量和质是决定预冷通风效果的两个主要因素，而采用机械方式不存在通风量不足的问题，因此制约其降温效果的关键是夜间或凌晨室外气温的高低。

需要注意的是，建筑的蓄热能力对预冷通风效果的影响也不能忽视。我国现有建筑基本为节能建筑，其围护结构的热工性能明显优于 30 年前我国寒冷气候区普遍采用的 370mm 厚砖墙、夏热冬冷气候区的 240mm 厚砖墙以及夏热冬暖地区的 180mm 厚砖墙。加上采用不同的保温隔热形式，现有建筑的蓄热能力和热稳定性都较好。因此，必须对预冷通风时段的室外气温、通风量和建筑室内蓄热能力加以综合考虑，以充分利用建筑自身的蓄热能力。

1. 住宅建筑机械预冷通风

对于住宅，可按户集中式或分散式地布置机械预冷通风系统，但必须注意通风系统的划分：根据建筑的平面布置，通常可将主卧—主卫、卧室—起居室—卫生间等划分为不同的系统，而厨房则一般单独设为一个系统。在气流组织方面，应注意通风的路线。例如可使主卧外窗开启自然进风，而污浊空气经由主卫生间进行机械排风；厨房通常单独由外窗自然进风，再通过机械排风。

根据我国不同气候区住宅每户面积和建筑层高，预冷降温通风量计算可按照住宅的换气次数（表 6-10）来确定，然后根据换气次数选择风机。在选择住宅的室内通风机时应遵循如下原则：一是体积小、便于安装；二是噪声小（低于 45dB），不影响白天室内人员工作和夜间人员休息；三是风量应可调节，以便按不同时段的通风要求调节风量，满足舒适性要求并节能。

	住宅建筑预冷通风推荐的换气次数	表 6-10
序号	气候区	换气次数（h⁻¹）
1	寒冷地区	8
2	夏热冬冷地区	10
3	夏热冬暖地区	12

2. 公共建筑机械预冷通风

公共建筑进行自然预冷通风的效果有限，通常使用机械通风的形式。公共建筑室内进行预冷通风降温主要有两种形式：一是通过外窗直接进入室内，二是利用空调系统风系统进行，如图 6-21 所示。

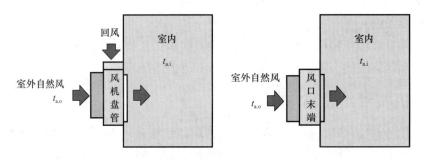

图 6-21　机械预冷通风对公共建筑降温蓄冷过程示意图

受季节和昼夜气温、太阳辐射、雨量、植被、土壤、江河湖泊等地表层状况的影响，室外空气的含湿量是不停变化的。因此，机械预冷通风通常与空调相结合，由空调的控制器控制新风阀的开启度：当室外空气的焓值较高时，运行最小新风量 V_0；当室外空气的焓值较小时，机械通风的供冷系数大于传统冷机系统的能效，此时调节阀门开度，增加通风量 ΔV，系统运行 $V_0 + \Delta V$ 的全新风模式。

6.5　预冷通风实例工程分析

选择中国建筑西南设计研究院滨湖办公区绿建中心作为实际案例进行分析。该项目位于成都市天府新区，南临兴隆湖，用地较为规整，项目净用地面积 4192.51m²，其中净零能耗建筑示范项目是面积为 1960.4m² 的 2 层办公楼，如图 6-22～图 6-24 所示。

6.5.1　窗口与中庭通风设计

建筑预冷通风设计采用建筑幕墙隔栅窗导风通风和中庭天窗混合通风预冷蓄能技术。图 6-25 为幕墙隔栅建筑直接通风方式，当室外气温满足预冷通风要求时，直接开启幕墙隔栅外窗，室外空气直接进入室内。

为提高预冷蓄冷效果，采用风光热可控的阳光中庭进行通风，可根据用户需求和外部条件进行调节，实现风光热等的自动控制，强调健康舒适与节能环保的综合平衡。图 6-26 和图 6-27 为阳光中庭模型及剖面图。

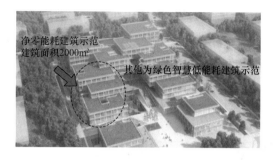
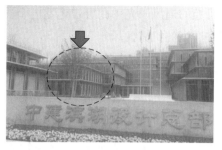

图 6-22 中国建筑西南设计研究院净零能耗建筑示范项目

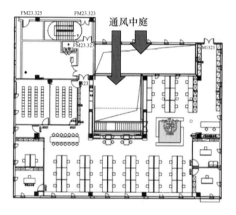

图 6-23 净零能耗建筑平面 　　　　　 图 6-24 净零能耗建筑通风中庭天窗

图 6-25 幕墙隔栅建筑通风

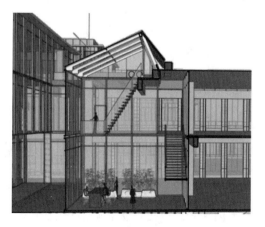
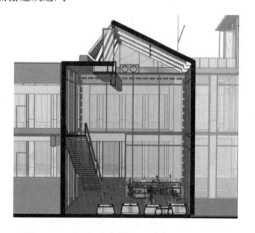

图 6-26 阳光中庭模型及剖面图（东向）　　　图 6-27 阳光中庭模型及剖面图（西向）

可控的通风阳光中庭可带走室内余热，同时满足室内人员的新风需求。采用热压自然通风和适当的机械抽风辅助两种形式，可实现独立和耦合运行。采用热压自然通风方式时，中庭设计避开了梁的位置，靠上侧开窗，以优化热压拔风的效果，如图6-28所示。

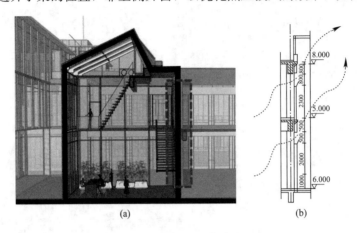

图 6-28 阳光中庭模型及立面图

(a) 模型；(b) 立面图

在设计阶段，对中庭玻璃幕墙的开窗尺寸进行了优化分析，包括开口高度 400mm、600mm、800mm、1200mm 和 1600mm 五种工况，结果如表 6-11 和图 6-29 所示：

阳光中庭模拟结果　　　　　　　　　　　　　　　　表 6-11

模拟工况	开口高度（mm）	通风量（万 m³/h）	一层房间内平均温度（℃）	二层房间内平均温度（℃）	整个建筑房间平均温度（℃）
1	400	4.24	25.81	25.89	25.85
2	600	4.68	25.72	25.99	25.86
3	800	4.96	25.66	26.05	25.85
4	1200	5.18	25.61	26.07	25.84
5	1600	5.32	25.58	26.07	25.82

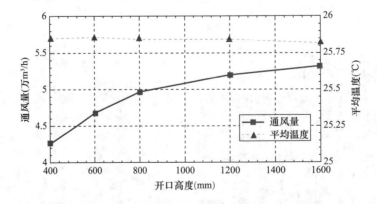

图 6-29 中庭玻璃幕墙开窗尺寸高度与风量关系模拟曲线

从图 6-29 可以看出：在 400～1600mm 的范围内，开口高度越大，通风量也越大，但排热量（温度）差别不大，即不同开口高度下气流从室内带走的热量基本相同。其中

400~1000mm 范围内的通风曲线斜率较大，说明此时增大开口高度对通风更有利。综合考虑各方面因素，最终取开口高度为 1000mm。

此外，对下悬窗、上悬窗和中悬窗这三种幕墙通风窗开启方式进行了对比（图 6-30~图 6-32）。通过模拟分析，最终选用中悬窗，如表 6-12 所示。

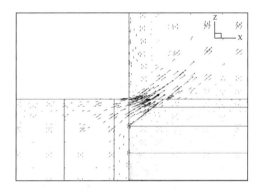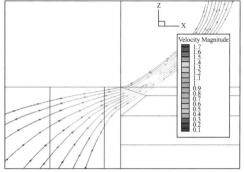

图 6-30　下悬幕墙通风窗分速流场数值分析

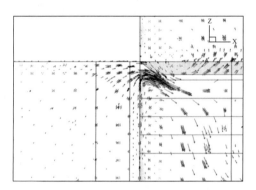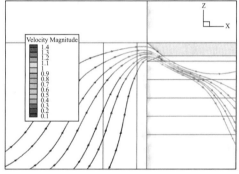

图 6-31　上悬幕墙通风窗分速流场数值分析

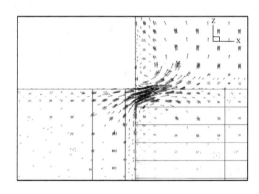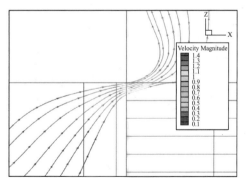

图 6-32　中悬幕墙通风窗分速流场数值分析

不同幕墙通风窗通风量模拟结果　　　　　　　　　　表 6-12

开启方式	通风量（万 m³/h）	通风阻抗 [Pa/(m³/s)²]
下悬通风窗	2.37	0.0073

续表

开启方式	通风量（万 m³/h）	通风阻抗 ［Pa/(m³/s)²］
上悬通风窗	1.75	0.0082
中悬通风窗	2.7	0.0040

为增加屋面的可达性，天窗进行了人性化的出口设计，采用威鲁克斯智能开启天窗，并通过机械通风装置辅助通风，方案模型如图 6-33 所示。

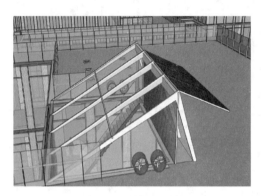

图 6-33　幕墙通风中庭顶部方案模型

在机械通风方面，采用了两台轴流风机作为辅助，其单台尺寸为 0.6m×0.6m×0.6m，保障了过渡季及夏季 5h⁻¹ 的换气次数，由此形成建筑幕墙隔栅窗导风自然通风和中庭天窗混合通风预冷蓄能模式。中庭施工现场及完工照片如图 6-34 所示。

图 6-34　阳光中庭施工现场与工程完工照片

6.5.2　预冷通风气候潜力分析

选择成都累年 8 月气温数据进行分析，其日最高温度与最低温度如图 6-35 所示。由图 6-35 可知，白天的最高温度与夜晚的最低温度之间的差值可达 10℃以上，说明昼夜温度较大；夜间平均温度 22.1℃，最低 ΔT_{vent} 为 8℃，最高 ΔT_{vent} 为 1℃，平均预冷通风温差 ΔT_{vent} 为 3.9℃，具有较好的预冷通风温差。

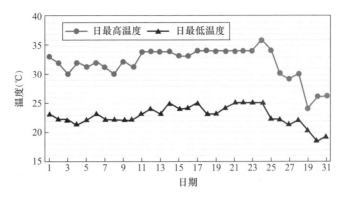

图 6-35 成都 8 月日最高气温与最低气温变化情况

将成都地区夏季及过渡季夜间（22：00～8：00）室外不同气温区间所占的比例进行整理，可以得到图 6-36。由图可知，在整个夏季及过渡季期间，夜晚的室外温度基本都低于 26℃，说明当地在夏季及过渡季的夜间始终存在预冷通风节能潜力。

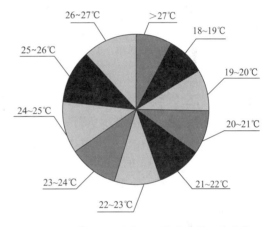

图 6-36 成都地区夏季及过渡季室外温度分布

6.5.3 预冷通风节能潜力分析

采用房间夜间通风方式（通风时段 1：00～6：00），不同通风量下的房间制冷负荷变化情况如图 6-37 和图 6-38 所示。由图可知，采用夜间通风模式可显著降低空调负荷，且节能率随着通风量的加大而加大。

当换气次数达到 2h^{-1} 时，过渡季的通风预冷节能率为 40％，夏季的通风预冷节能率为 15％。过渡季的节能效果远好于夏季，主要原因为过渡季建筑热负荷小且室外空气温度低，更有利于夜晚的通风预冷。

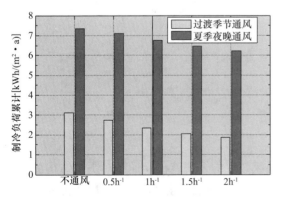

图 6-37 不同通风量下的制冷负荷

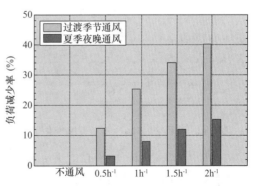

图 6-38 不同通风量下的制冷负荷减少率

采用顶棚夜间通风方式（通风时段 1：00～6：00），不同通风量下的房间制冷负荷变化情况如图 6-39 和图 6-40 所示。由图可知，采用顶棚通风也具有一定的节能潜力，但节能率与房间通风相比大大降低。当换气次数达到 2h⁻¹ 时，过渡季及夏季的预冷通风节能率分别为 8％及 2％。这一方面是因为顶棚本身体积小，另一方面是因为顶棚只能对楼板进行冷却，综合导致了顶棚通风的节能潜力相对于房间通风较小。

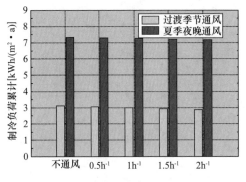

图 6-39　不同通风量下的制冷负荷

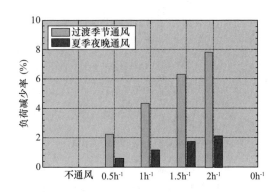

图 6-40　不同通风量下的制冷负荷减少率

　　根据上述分析可知，过渡季预冷通风节能效果远大于夏季。现取过渡季及夏季的两个典型日进行全天动态负荷分析，如图 6-41 和图 6-42 所示。由图可知，在过渡季进行夜间预冷通风时，第二天的制冷负荷大大降低，全天的累计负荷降低率为 95.8％，第二天只有在 18：00 前后才存在负荷。这说明过渡季时室外空气温度较低，前一天晚上的预冷通风可有效地对围护结构进行冷却。这些冷量在晚上蓄存于围护结构内，第二天白天再进行释放。由于过渡季的制冷负荷较小且围护结构的蓄冷量较大，因此只采用预冷通风即可基本满足白天的需求，节能潜力巨大。在夏季采用夜间预冷通风后，第二天的累计负荷降低率为 5.8％，明显小于过渡季，且夏季夜间蓄存的冷量并没有完全抵消第二天的空调负荷，但使第二天早上开机时的负荷有一定程度的降低。

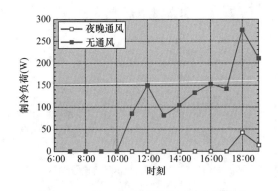

图 6-41　5 月 20 日制冷负荷逐时变化情况

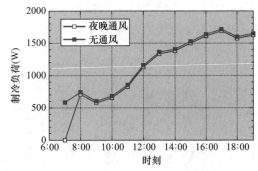

图 6-42　8 月 20 日制冷负荷逐时变化情况

　　前述都是从室内负荷的角度来分析夜间通风效果的，现就夜晚通风对围护结构的影响进行传热数值模拟，从围护结构温度的角度来分析预冷通风的效果。选择房间内的某段围护结构（梁）作为模拟对象，如图 6-43 所示。模拟的时间为 8 月 1～5 日，此段时间内室外的温度变化如图 6-44 所示。

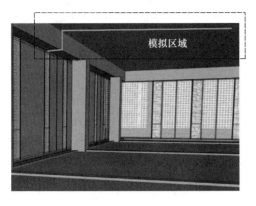

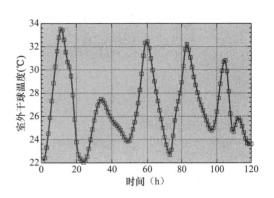

图 6-43 模拟区域   图 6-44 模拟时段室外温度变化

对采用夜间预冷通风的建筑围护结构及混凝土梁和楼板等构件的温度场进行模拟分析，结果如图 6-45 所示。由图可知，采用了夜间通风后，在冷空气的作用下，外墙、楼板、梁、柱等围护结构的温度明显下降，说明空气的冷量在这些围护结构内部进行了蓄存；到了白天，这些冷量以对流及热辐射的形式释放出来，减小空调的制冷负荷。

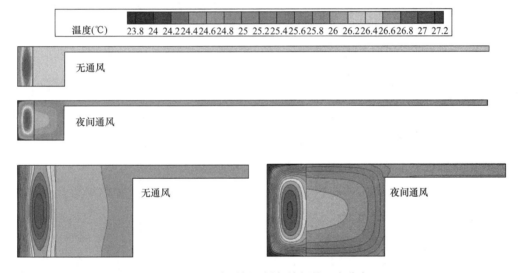

图 6-45 室内混凝土梁与楼板的温度分布

从该示范工程预冷通风效果分析可以看出，在成都地区进行夜间预冷通风节能效果明显，且房间预冷通风的效果好于顶棚。在过渡季和夏季，即使夜间换气次数仅为 $0.5h^{-1}$，房间的夜间通风蓄冷节能率也能达到 12% 和 4%。随着换气次数的增加，节能效果将进一步提升。

6.5.4 不同气候区的预冷通风效果分析

为了分析预冷通风在不同气候区的效果，选择国内不同气候区的几个典型城市进行计算分析。建筑模型仍采用中国建筑西南设计研究院滨湖办公区办公楼，按过渡季、夏季、房间通风、顶棚通风四种工况分别进行计算分析。

过渡季的房间通风和顶棚通风计算结果如图 6-46 和图 6-47 所示。由图可知，不同地区在过渡季均适合采用预冷通风，换气次数越大则节能效果越明显，且房间通风的效果优于顶棚通风。

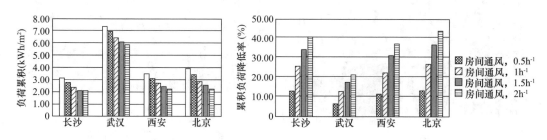

图 6-46　不同城市房间通风的节能潜力（过渡季，通风时段 1：00～6：00）

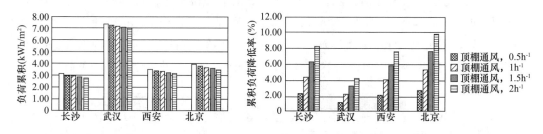

图 6-47　不同城市顶棚通风的节能潜力（过渡季，通风时段 1：00～6：00）

夏季的房间通风和顶棚通风计算结果如图 6-48 和图 6-49 所示。由图可知，除武汉外的其他城市均可在夏季采用预冷通风，但效果弱于过渡季。对于武汉，在夏季时不能采用房间通风的模式，这是因为武汉的室外温度一直比较高，采用房间通风会起到副作用；虽然可采用顶棚通风的模式，但其效果甚微。

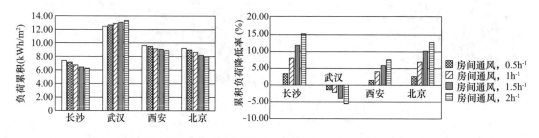

图 6-48　不同城市房间通风的节能潜力（夏季，通风时段 1：00～6：00）

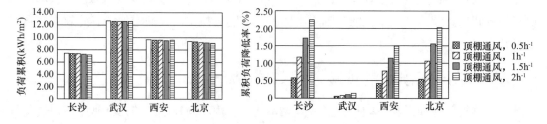

图 6-49　不同城市顶棚通风的节能潜力（夏季，通风时段 1：00-6：00）

本章参考文献

［1］　住房和城乡建设部科技与产业化发展中心（住房和城乡建设部住宅产业化促进中心），北京康居认证中心，天津格亚德新材料科技有限公司. 中国被动式低能耗建筑年度发展研究报告 2020［M］. 北京：中国建筑工业出版社，2020.

［2］　中国建筑节能协会能耗统计专业委员会. 中国建筑能耗研究报告（2020）［R］. 北京：中国建筑节能协会，2020.

［3］　付祥钊. 夏热冬冷地区建筑节能技术［M］. 北京：中国建筑工业出版社，2002.

［4］　王亮，卢军，赵娟，胡磊，刘雨曦. 窗户开启方式对居室内部自然通风的影响分析［J］. 重庆大学学报，2011，34（S1）：75-79.

［5］　朱颖心. 建筑环境学［M］. 4版. 北京：中国建筑工业出版社，2016.

［6］　段双平. 自然通风和混合通风潜力的预测［J］. 制冷与空调（四川），2007，4：17-21.

［7］　刘皓. 重庆地区住宅建筑混合通风调控策略研究［D］. 重庆：重庆大学，2014.

［8］　中国气象局气象信息中心气象资料室，清华大学建筑技术科学系. 中国建筑热环境分析专用气象数据集［M］. 北京：中国建筑工业出版社，2005.

［9］　刘炎，张华玲. 遵义市办公建筑自然通风潜力研究［J］. 制冷与空调（四川），2014，28，4：501-503.

［10］　张晓杰. 夏热冬冷地区办公建筑混合通风冷却运行策略研究［D］. 长沙：湖南大学，2015.

［11］　付祥钊，高志明，康侍民. 长江流域住宅夏季通风降温方式探讨［J］. 暖通空调，1996，3：27-29.

［12］　L. Yang, Y. Li. Cooling load reduction by using thermal mass and night ventilation［J］. Energy and Buildings，2008，40（11）：2052-2058.

［13］　M. Kolokotroni, A. Aronis. Cooling-energy reduction in air-conditioned offices by using night ventilation［J］. Applied Energy，1999，63（4）：241-53.

［14］　J. Pfafferott, S. Herkel, M. Jäschke. Design of passive cooling by night ventilation：evaluation of a parametric model and building simulation with measurements［J］. Energy and Buildings，2003，35（11）：1129-1143.

第 7 章　净零能耗建筑应用风光互补
混合电力蓄能系统的可行性

本章主要探索净零能耗建筑应用风光互补混合电力蓄能系统的可行性，首先阐述了基于"双碳"目标下应用混合可再生能源电力蓄能系统为建筑提供电力供应的必要性；其次介绍了在建筑中应用风光互补混合电力蓄能系统以实现净零能耗运行的优化设计理论基础；进而针对典型单体居住建筑和多元化建筑社区的净零能耗运行案例，详细说明了风光互补混合电力蓄能系统的优化设计和可行性应用。本章提出了在单体净零能耗建筑和多元化净零能耗社区中应用风光互补混合电力蓄能系统的研究方法和框架，详细的技术—经济—环保可行性研究结果为主要利益相关者（如建筑用户、电网运营商、系统投资者、政策制定者）提供重要参考和指导，为在城市地区实现建筑行业的碳中和提供了前沿方法。

7.1　净零能耗建筑应用风光互补混合电力蓄能系统的背景

随着化石能源的日益匮乏与环境问题的日渐严重，为满足人们日常生产生活的需要，使用对环境无污染、清洁可再生的绿色可再生能源替代传统的煤、石油、天然气等化石能源成为能源转型的关键。据国际能源署（IRENA）2019 年的预测，截至 2050 年，可再生能源提供的电力将占全球电力消耗的 86%。而在风能、太阳能、潮汐能、地热能、生物质能等多种新型可再生绿色能源中，太阳能与风能因其潜力巨大、就地取材、分散使用的灵活应用特性而备受关注。在全球降低二氧化碳排放以应对温室效应的背景下，太阳能光伏与风能的装机容量近年来发展迅速，二者在过去十年分别从 72040MW 与 220019MW 增长到了 707495MW 与 733276MW，幅度均超过 200%（图 7-1）。

我国虽然对新能源的利用起步较晚，但由于政府的重视与不断更新的政策支持，我国新能源产业规模已经达到可观程度，根据国际能源署的统计，太阳能光伏与风能的装机容量在 2020 年已达到 253834MW 与 281993MW，在全球范围都是体量可观的可再生能源大国。随着 2030 "碳达峰"与 2060 "碳中和"目标的提出，"十四五"阶段我国可再生能源的发展将持续保持增长势头，预计到 2030 年风光装机容量将达到 12 亿 kW 以上。

建筑行业能耗占全球总能源消耗的 30% 以上，也是最大的碳排放来源（约占 23%）。在建筑中使用可再生能源作为电力供应可以有效降低碳排放。虽然风能、太阳能是颇具前景、增长迅速的可再生能源，但其受天气情况影响的间歇性与波动性等不足之处也限制了二者的快速应用及和电网等系统的互联互通。而由于风能是源于太阳能在地面上照射的温度差引起的压差，其与太阳能在日夜、季节上有着天然的互补性，即夏季太阳能较为充沛、冬季风能较为丰富；日间、晴朗天气太阳辐照较好，夜间、阴雨天气风速较大（图 7-2）。如

果将太阳能与风能二者结合形成互补系统，可以使系统有更好的稳定性，并有效降低蓄电
设备的容量与成本。

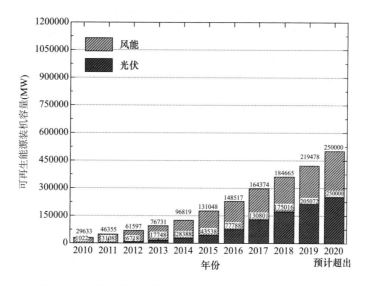

图 7-1　近十年中国风能与太阳能光伏装机容量增长情况

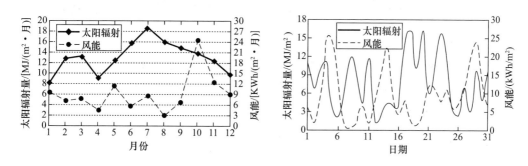

图 7-2　太阳能与风能的季节、日夜互补性（1989 年、1989 年 1 月为例）

　　虽然风光互补发电系统可以利用风能、太阳能之间的互补性，但是仅靠风力发电系统
与太阳能光伏发电系统无法提供可被电网、用户侧等接纳的可靠电力。因为太阳能和风能
具有间歇性、不稳定性和气候依赖性，所以需要集成适宜的电力蓄能技术（如电池蓄能、
氢能蓄能和抽水蓄能等），以提高可再生能源电力蓄能系统的稳定性和可靠性，储能设备
与新能源系统的配套使用近年来成为大势所趋。在离网系统中，蓄能系统的加入可以存储
多余可再生能源电力，补偿电能使其稳定、持久的提供电力输出，并可作为监控站点等场
景的备用电源；并网系统中虽然有电网可以接纳多余电力、在发电不足时补充稳定电网电
力，但是受天气情况影响大、发电间歇性与波动性明显的可再生能源电力会影响电网的电
力供应质量与稳定性，出现"弃风""弃光"等现象，故加入蓄电设备对于离网、并网风
光互补系统都有着重要意义。

　　微电网中常用的蓄能技术包括充放电需要稳压稳流、时间长但价格低的蓄电池蓄能；
释能速度快、损耗低但价格高昂的超导蓄能；效率高、寿命长但维护费用高、商业化应用

困难的飞轮蓄能；功率密度大、充放电速率效率高、成本较低但能量密度低、电压波动大的超级电容蓄能；以及传统的成本低但对于地域条件要求高的抽水蓄能；技术、成本较高的压缩空气蓄能等。现有常用的蓄能技术各有优劣，如果在实际的设计过程中，将多种蓄能技术结合应用，使其优势互补，可以获得成本相对较低、充放电性能更优、能量密度更大的混合蓄能系统。比如，使用超级电容与蓄电池并联的混合蓄能系统，在技术性能上，该混合系统使得能量密度高、功率密度低、充放电效率低、寿命短的蓄电池与寿命长、功率密度大、充放电效率高、适合大功率与频繁充放电的超级电容互补结合，经济性上，价格较高的超级电容器用于充放电启停阶段而价格较低的蓄电池用于充放电总能量较大的中间阶段，两相结合，有更好的系统稳定性与经济性。在实际应用中，有诸多集成混合蓄能技术的风光互补电力系统可应用于净零能耗建筑，其优化设计和可行性分析与建筑类型和使用地区资源现状有关，需要开展详细的优化设计研究。

7.2 净零能耗建筑应用风光互补混合电力蓄能系统的优化设计方法

7.2.1 净零能耗建筑应用风光互补混合电力蓄能系统的优化设计理论基础

净零能耗建筑应用风光互补混合电力蓄能系统主要包括五部分：建筑负荷侧、可再生能源产能侧、电力蓄能侧、电网整合和能源管理侧。风光互补混合蓄能系统在发电侧使用太阳能—风能互补发电系统（简称"风光互补系统"），在蓄能侧使用混合电力蓄能系统，为并网、离网的系统提供稳定、可靠的电力来源。如图 7-3 所示，典型的风光互补混合蓄能系统包括发电系统（太阳能光伏电池阵列、风力发电机组）、逆变整流系统、蓄能系统（蓄电池、超级电容器、抽水蓄能、氢能储能等）、控制器、电网端（并网系统）和建筑负载等。

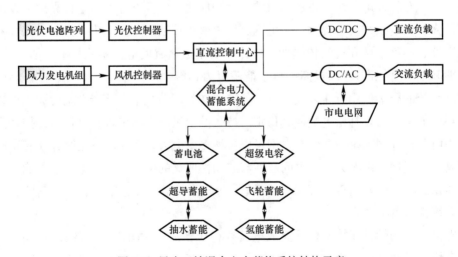

图 7-3　风光互补混合电力蓄能系统结构示意

风光互补系统的概念早在 20 世纪 80 年代就被丹麦学者提出，美国、苏联等学者也做出了相应的深入研究与理论完善，国内研究始于 20 世纪 90 年代，但也进展迅速。Habib 等模拟了一座供给固定离岸负荷的风光互补电场，优化了以设备成本最小化的风力发电系统与太阳能光伏系统的容量配比。Celik 从技术性与经济性角度对比分析了自动运行的风光互补系统与独立的风力与太阳能光伏系统的差别，并基于成本与能量输出的权衡关系优化了风光互补发电系统容量配置。香港理工大学杨洪兴教授的可再生能源研究小组（RERG）在 21 世纪初就太阳能—风能互补发电技术与多能互补蓄能系统的运行模拟、系统设计、优化研究、实验研究等多方面做了很多开创性的工作，研究成果也受到业界肯定。

近年来，国内外的研究日益丰富，主要研究集中在系统的优化配置和运行策略设计、部件模型的改进、计算机模拟与实验研究等多方面。Kaabeche 等的研究引入了蓄电池蓄能系统，从技术经济性结合的角度分析并优化了风光互补发电系统与蓄电池的容量配置，多种技术性与经济性指标包括电力供给确实可能性、相对多余生产电力与总净现值、总年化成本、收支平衡点等都被纳入考量。吴红斌等以蓄能初投资与系统全年运行的总成本最低为目标，使用遗传算法优化设计了蓄电池和超级电容器的组合容量。Bekele 等使用 HOMER 软件基于净现值，分析设计了一座离网以柴油机作为补充能源的风光互补发电厂，对风速、太阳辐照、光伏板价格、柴油价格等做了敏感度分析。Belmili 等对于离网风光互补系统进行了技术经济性分析与优化，强调了全年负载缺电率这一关键指标。周天沛等结合粒子群优化算法和融和模拟退火算法设计模拟退火粒子群优化算法，用以优化配置风光互补发电系统的混合蓄能单元容量，证实该算法可以降低蓄能单元的投资和运行成本。Mazzeo 等使用能量可靠性作为边界条件优化离并网风光互补独立/蓄能系统容量，该方法可以用于多目标优化并被证实比帕累托方法更加可靠。

风光互补混合蓄能系统的数学模型主要包括风机、光伏板等能源产生设备，蓄电池、氢能蓄能、超级电容、抽水蓄能等能源存储设备，以及市电电网与用户负荷等。蓄电池、市电电网等对于能量传输的实际条件在模拟过程中构成一定的限制条件。

1. 建筑负荷侧

研究中同时关注单体建筑和多元化建筑社区的净零能耗运行，其中单体建筑为我国香港典型高层居住建筑，基于当地建筑规范和实际调研进行瞬态模拟得到年逐时负荷，多元化建筑社区综合考虑典型居住建筑、校园建筑和综合办公建筑，基于瞬态模拟和实测数据得到年逐时负荷。

2. 可再生能源产能侧

基于我国香港的可再生资源现状，采用太阳能光伏和离岸风力发电作为主要的可再生能源，其中太阳能光伏板安装在建筑的屋顶和三面外墙，屋顶光伏安装倾斜角按照接近当地纬度设置，瞬态模型中使用 TRNSYS 103 模块进行模拟，该模型使用经验等效电路模型确定光伏阵列的电流—电压特性，光伏系统的发电量在最大功率点跟踪模式下模拟电流和电压的乘积以达到更高的能效。根据 Duffie 和 Beckman 开发的经验等效电路模型和算法，考虑到安装立面的不同方位角，立面太阳能光伏模块由 TRNSYS 567 模块与多区建筑模型 TRNSYS 56 模块集成建模，外墙光伏产能考虑高密度城市环境中相邻遮阳系数（76.64％）。风力发电与太阳能光伏发电具有良好的产能时间互补性，基于风机制造商提供的功率—风速运行参数，采用 TRNSYS 90 模块进行模拟，并且考虑离岸风电产能应用于市区建筑供电的传输损耗。

风光互补混合电力蓄能系统中，光伏系统发电模拟可以用固定光伏板发电效率、与光伏装机容量、倾斜面上辐照值相关的简单模型计算，如式（7-1）所示：

$$P_{pv} = f_{pv}Y_{pv}\frac{I_T}{I_S}$$ （7-1）

式中 P_{pv}——光伏发电系统的输出功率，W；

f_{pv}——光伏衰减因子，考虑温升、尘降、线损、光伏板衰减等因素；

Y_{pv}——光伏装机容量，kW；

I_T——倾斜面上太阳辐照值，W/m²；

I_S——标准测试情况下的太阳辐照值，取 1000W/m²。

风机的输出功率受不同设备种类与装机容量、安装地点等影响，如果风机的发电曲线未知，文献中常用的风力发电模型如式（7-2）～式（7-4）所示，对于风力发电机组来说，停机损失、组串线损、尘降损失等损失因素会影响其功率输出。

$$P_{WT}(v) = P_R\frac{v^k - v_c^k}{v_R^k - v_c^k}, v_c \leqslant v \leqslant v_R$$ （7-2）

$$P_{WT}(v) = P_R, v_R \leqslant v \leqslant v_F$$ （7-3）

$$P_{WT}(v) = 0, v < v_c \text{ 且 } v > v_R$$ （7-4）

式中 P_R——风机装机容量，kW；

v_c——风机切入风速，m/s；

v_R——风机额定风速，m/s；

v_F——风机切出风速，m/s；

k——威布尔形状参数，与风速分布相关。

3. 电力蓄能侧

电力蓄能技术可以弥补可再生能源产能波动和随天气变化的不稳定性，电力蓄能技术可以在低负荷时段吸纳存储多余的可再生产能，在高负荷时段放电满足建筑负荷，提高建筑的能源自主性和公共电网灵活性。混合系统中考虑固定锂电池蓄能、电池汽车蓄能和氢能汽车蓄能等先进技术应用于可再生能源供应净零能耗建筑。其中固定锂电池蓄能技术考虑电池的逐时充电状态、充放电功率限制、循环寿命耗散等因素基于能源平衡机理建立模型，电池汽车模型基于商业化汽车产品参数（Tesla Model S 75）采用 TRNSYS 47a 模块建立模型，考虑汽车日常运行充电限制与建筑混合系统进行电力交互保证电动汽车的充电状态范围为 0.39～0.95。氢能汽车蓄能模拟基于商业化产品参数（2019 Toyota Mirai）建立，包括电解槽（TRNSYS 160a 模块）、固定式储氢罐（TRNSYS 164b 模块）、压缩器（TRNSYS 167 模块）、移动式储氢罐和燃料电池（TRNSYS 170d 模块）等部件。

在风光互补电力蓄能系统中，蓄电池模型以电池荷电状态（SOC）为特征参数表示蓄电池充放电状态与过程，模拟过程中的蓄电池限制条件包括荷电状态的上下限值、避免过热与过充放的充放电功率上限等，如式（7-5）所示：

$$SOC(i+1) = SOC(i) + \frac{P_{\mathrm{ch}}(i)t_{\mathrm{ch}}(i)\eta_{\mathrm{ch}}}{E_{\mathrm{usa}}} - \frac{P_{\mathrm{dis}}(i)t_{\mathrm{dis}}(i)}{\eta_{\mathrm{dis}}E_{\mathrm{usa}}} - \frac{E_{\mathrm{sf}}(i)}{E_{\mathrm{usa}}} \tag{7-5}$$

式中　SOC——蓄电池荷电状态；

　　　i——模拟次数；

　　　P_{ch}——蓄电池充电功率，W；

　　　t_{ch}——蓄电池充电时长，h；

　　　η_{ch}——蓄电池充电效率；

　　　P_{dis}——蓄电池放电功率，W；

　　　t_{dis}——蓄电池放电时长，h；

　　　η_{dis}——蓄电池放电效率；

　　　E_{sf}——蓄电池自放电量，kWh；

　　　E_{usa}——蓄电池单次充放电可用电量，kWh。

4. 公共电网整合

在城市地区应用可再生能源混合蓄能系统供应建筑电力需要连接电网以满足建筑电力稳定性和可靠性，研究中提出了峰谷电网惩罚函数模型和电网输入输出功率限制优化等方法改善公共电网的整合性能。并进一步提出应用于多元化建筑社区的能源交易价格模型，以促进建筑群之间的能源交易和共享，减少对公共电网的依赖、增强公共电网的能源灵活性。

5. 能源管理侧

通过建立能源管理策略控制建筑负荷侧、可再生产能侧、电力蓄能侧和公共电网侧的动态能源分配和流动。研究中建立了考虑峰谷电价运行、电池寿命耗散、电网整合等创新管理策略，并在多目标优化中考虑不同系统运行策略，为系统不同的利益相关者提供优化的能源管理策略。在多元化净零能耗建筑社区中提出点对点能源管理策略，可以有效改善建筑社区的可再生能源消耗、负荷承担自主性、电网整合、减碳效益和经济性等。

7.2.2 净零能耗建筑应用风光互补混合电力蓄能系统的优化决策方法及评价指标

在风光互补混合电力蓄能系统优化设计中，常依据所选取的评价指标进行单、多目标优化，以获得最优系统容量配置与运行策略。常用的优化算法包括帕雷托优化、遗传算法、粒子群算法、免疫算法等。由于风光互补混合电力蓄能系统的复杂性，更适应多参数优化的智能优化算法可以更好地解决系统容量配置问题。在实际系统设计过程中，由于运行策略设计得过多，一般会根据不同的对象设计对应偏好的评价指标体系，设计固定的运行策略，在对应策略中寻找最优系统容量配置组。遗传算法模拟生物基因遗传过程，通过编码组成初始群体后，对群体的个体按照其环境适应度进行选择，并借助遗传算子进行交叉与变异，从而实现优胜劣汰，找到问题近似最优解。该算法的特点是可以对参数进行编码而不需任何有关体系的经验，且算法优化过程沿多种路线平行搜索而不会落入局部最优。实际的优化过程可以调用 MATLAB 软件的遗传算法与直接搜索工具箱（genetic algorithm and direct search toolbox）。

香港理工大学杨洪兴教授的专著《太阳能—风能互补发电技术与应用》中对于风光互补发电系统容量配置基于全年负荷缺电率与年度平均成本技术经济性多目标，通过遗传算法进行了优化求解，其流程图如图 7-4 所示。

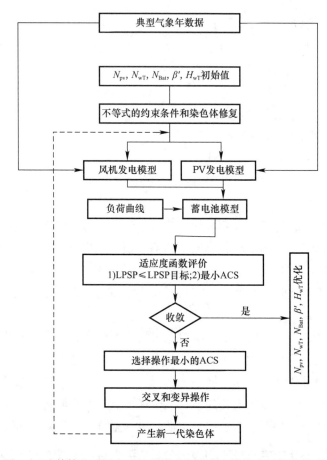

图 7-4　遗传算法对风光互补系统进行技术经济性多目标优化流程

粒子群算法也从随机解出发迭代寻找最优解，通过适值寻找最优解，但没有遗传算法的交叉与变异操作，更类似于搜索空间中带有速度（方向、距离）的一群飞鸟群寻找当前解空间的最优值。飞鸟的运动习惯、历史经验与群体的合作使得该算法操作简单、精度高且收敛快。粒子群算法在现有研究中已经被用于离网风光互补混合蓄能系统中，上海交通大学的马涛副教授课题组做了相关的系统容量优化配置研究，得到了业界学者的肯定。

净零能耗建筑应用风光互补混合电力蓄能系统的优化研究可基于瞬态耦合模拟优化平台 TRNSYS 和 jEPlus＋EA 开展，综合考虑混合系统的技术、经济和环境性能，对混合可再生能源系统进行单目标和多目标优化。研究中广泛使用的多目标优化算法——非支配排序遗传算法解决优化问题，其具有良好的鲁棒性、通用性和高效率。该遗传算法通过随机抽样生成第一组解，并根据设置的优化目标进行排序，然后选择更好的解集使用高交叉率和低突变率来产生后代,以获得合理的收敛速度和可接受的精度。该遗传算法基于帕累托优势排序方法改进了候选种群的自适应拟合,父代和子代结合起来形成下一代种群,将所有方案分类为非支配解集,一旦满足收敛条件,进化周期以一组帕累托最优解结束,并采用所有解之间的竞争选择来找到最优解作为帕累托解集。

研究中采取适宜的决策策略从多目标优化获得的帕累托最优集合中确定最终的最优解,针对混合可再生能源系统的主要利益相关者的不同偏好,应用不同决策策略(包括加权求和法、距离乌托邦点的最小距离法和层次分析法等)。通过制定技术、经济和环境指标,以评估混合系统在单体净零能耗建筑和净零能耗社区中的应用可行性,其中技术指标主要评价系统的供电、蓄能、并网等方面性能,经济指标主要包括全寿命净现值、平准化能源成本和年度电费,环境指标主要包括年当量碳排放量和年当量碳排放成本等。

风光互补混合电力蓄能系统的可再生能源自耗率可由式(7-6)表示:

$$SCR = \frac{E_{\text{RE to load}} + E_{\text{RE to battery}} + E_{\text{RE to electro}}}{E_{\text{RE}}} \tag{7-6}$$

式中　$E_{\text{RE to load}}$——提供给电力负载的太阳能和风能,kWh;

$E_{\text{RE to battery}}$——从光伏和风电提供给电池的充电能量,kWh;

$E_{\text{RE to electro}}$——从光伏和风电提供给电解槽的能量,kWh;

E_{RE}——光伏和风电的总发电量,kWh。

风光互补混合电力蓄能系统的电力负荷覆盖率可用式(7-7)表示:

$$LCR = \frac{E_{\text{RE to load}} + E_{\text{battery to load}} + E_{\text{FCs to load}}}{E_{\text{load}}} \tag{7-7}$$

式中　$E_{\text{battery to load}}$——从电池到电力负载的放电能量,kWh;

$E_{\text{FCs to load}}$——从氢能汽车的燃料电池到电力负载的能量,kWh;

E_{load}——总电力负荷,包括建筑负荷、辅助电加热器的电力需求和压缩氢气的能耗,kWh。

氢能汽车蓄能系统的利用效率可由式(7-8)表示:

$$HSE = \frac{E_{\text{FCs to road}} + E_{\text{FCs to load}} + E_{\text{HR to reheat}} + E_{\text{HR to DHW}}}{E_{\text{RE to electro}} + E_{\text{grid to electro}} + E_{\text{comp}} + E_{\text{H}_2 \text{tank}}} \tag{7-8}$$

式中　$E_{\text{FCs to road}}$——燃料电池在行驶时驱动氢能汽车电机的能量,kWh;

$E_{\text{FCs to load}}$——当氢能汽车停在建筑中时燃料电池放电满足负荷的能量,kWh;

$E_{\text{HR to reheat}}$——从氢能汽车系统回收的热量以满足空调再热需求,kWh;

$E_{\text{HR to DHW}}$——从氢能汽车系统中回收的热量以满足生活热水负荷,kWh;

$E_{\text{grid to electro}}$——当氢能汽车中的移动储氢罐的储氢量低于最小阈值时来自公共电网的补充能量,用于驱动电解槽为氢车的日常巡航产生氢气,kWh;

E_{comp}——氢能汽车系统中压缩机的能耗,kWh;

$E_{\text{H}_2 \text{tank}}$——评估期内储氢罐的能量变化,kWh。

建筑中应用混合可再生能源电力蓄能系统通过输出多余的可再生能源和输入承担未满足负荷的电力与公共电网交换电力,在长期和大规模运行中可能会给输电系统带来巨大负担。因此,控制和优化混合系统的电网集成具有重要意义。公共电网和混合系统之间的绝对净功率交换可由式（7-9）表示，被作为电力系统运营商的重要决策参考：

$$NGE = \text{ABS}(E_{\text{grid to load}} + E_{\text{grid to electro}} - E_{\text{RE to grid}}) \tag{7-9}$$

式中　NGE——电网供应和电网馈入能量之差的绝对值，kWh；

　　　$E_{\text{RE to grid}}$——从光伏和风电输入到公共电网的能量，kWh。

风光互补混合电力蓄能系统的全寿命净现值是系统投资商根据混合系统的现金流出和现金流入需要支付的差值，如式（7-10）所示：

$$NPV = PRV_{\text{costs}} - PRV_{\text{FiT}}$$

$$PRV_{\text{costs}} = PRV_{\text{ini}} + PRV_{\text{O\&M}} + PRV_{\text{rep}} - PRV_{\text{res}}$$

$$= C_{\text{ini}} + \sum_{n=1}^{N} \frac{f_{\text{mai}} \cdot C_{\text{ini}}}{(1+i)^n} + \sum_{j=1}^{J} C_{\text{ini}} \left(\frac{1-d}{1+i}\right)^{j \cdot l} - C_{\text{ini}} \frac{l_{\text{res}}}{l} \cdot \frac{(1-d)^N}{(1+i)^N}$$

$$PRV_{\text{FiT}} = \sum_{n=1}^{13} \frac{(E_{\text{PV}} \cdot (1-\delta_{\text{PV}})^{n-1} + E_{\text{WT}} \cdot (1-\delta_{\text{WT}})^{n-1}) \cdot c_{\text{fit}}}{(1+i)^n}$$

$$+ \sum_{n=14}^{20} \frac{(E_{\text{PV}} \cdot (1-\delta_{\text{PV}})^{n-1} + E_{\text{WT}} \cdot (1-\delta_{\text{WT}})^{n-1}) \cdot c_{\text{ele}} \cdot (1+\gamma)^{n-1}}{(1+i)^n}$$

$$\tag{7-10}$$

式中　PRV_{costs}——系统总成本的现值，包括初始成本现值（PRV_{ini}）、运行维护成本现值（$PRV_{\text{O\&M}}$）、替换成本现值（PRV_{rep}）和剩余成本现值（PRV_{res}）；

　　　PRV_{FiT}——根据当地的上网电价计划通过可再生能源发电获得的上网电价的现值。

7.3　单体净零能耗建筑应用风光互补混合电力蓄能系统的优化设计研究

本节主要探索典型单体净零能耗建筑应用风光互补混合电力蓄能系统的优化设计方法，图 7-5 为风光互补混合电池—氢能汽车蓄能系统应用于我国香港典型高层居住建筑的研究框架。首先，在瞬态模拟平台 TRNSYS 中建立混合可再生能源电力蓄能系统，由于良好的产能时间互补性，太阳能光伏和离岸风力发电系统被应用于混合电力来源，太阳能光伏安装在屋顶和三个垂直立面上。系统中利用锂离子电池和氢能汽车作为混合电力蓄能技术，其中电池蓄能技术因响应快和效率高被广泛应用于建筑中的可再生能源蓄能，而氢能汽车技术具有良好的环保性，符合建筑和交通的低碳发展计划。建筑中应用电池蓄能可以在负荷低峰期储存多余的可再生能源，也可在高峰期放电以满足电力负载，而该氢能汽车系统包括电解槽、压缩器、固定储氢罐和两组氢能汽车，每台氢能汽车有一移动储氢罐和质子交换膜燃料电池。这两组不同巡航时间的移动式氢能汽车在停车时可以放电满足建筑用电负荷（一组商业工作者、另一组居家工作者），并且从氢能汽车系统的电解槽、压缩器和燃料电池中回收热量用于建筑的空调再热和生活热水需求，以提高氢能汽车系统的整体利用效率。该混合可再生能源系统与公共电网连接，以吸纳多余的可再生能源产能和满足剩余的电力负荷，且为氢能汽车系统供电以满足每日必要的巡航消耗。

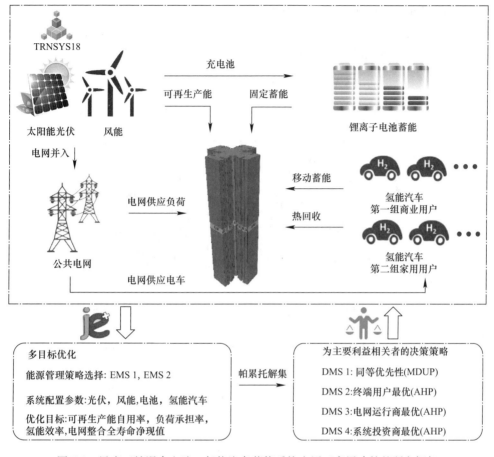

图 7-5　风光互补混合电池—氢能汽车蓄能系统应用于高层建筑的研究框架

7.3.1　单体净零能耗建筑应用风光互补混合电池—氢能汽车蓄能系统的模型建立

1. 单体净零能耗建筑应用地区的太阳能和风能资源条件

本节研究的单体净零能耗建筑位于典型高密度城市—香港，根据香港天气站数据，该地区具有良好的太阳能光伏和风力资源（图 7-6），其水平面太阳能辐射量为 63.73～168.22kWh/m²，分别在 2 月和 7 月达到最小值和最大值。而海上风力发电机组在冬季发电量较多、夏季发电量较少，月平均风速最小和最大值分别为 3.60m/s（7 月）和 5.70m/s（3 月）。因此，在香港结合应用太阳能光伏和风力发电有望为建筑提供可靠的电力供应。

2. 单体净零能耗建筑的电力负荷

研究中采用香港标准布局的公共住宅建筑作为研究对象，建筑具有 30 层，每层 8 户两人间和 8 户四人间，建筑围护结构、空调负荷、灯光设备和生活热水负荷根据当地建筑规范进行模拟。模型中使用 TRNSYS 18 中的内部模型获得详细的负荷逐时分布，包括 Type 56、Type 648、Type 667、Type 752、Type 655 和其他辅助部件。高层建筑的年负荷以 0.125h 的时间步长进行模拟，详细的逐月负荷结果如图 7-7 所示。模拟结果显示，该单体建筑的内部热源负荷为 41.19kWh/m² （包括室内照明、设备和通风风扇等），4～10 月的空调冷负荷约为 41.99kWh/m²，生活热水年负荷为 47.06kWh/m²，这与香港高层住宅建筑年平均能源使用强度的调查结果相符。

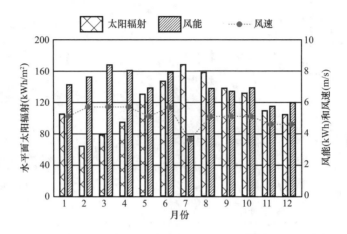

图 7-6 单体建筑应用地区（香港）的太阳能和风能资源条件

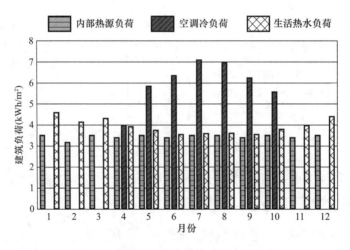

图 7-7 典型高层居住单体建筑电力负荷

3. 风光互补混合电池—氢能汽车蓄能系统

图 7-8 为风光互补混合电池—氢能汽车蓄能系统应用于单体居住建筑的示意图，包括太阳能光伏—风能供应、电池蓄能、氢能汽车蓄能和能源管理策略等主要部件。

（1）可再生能源供电

太阳能光伏安装在建筑屋顶和侧立面，屋顶光伏板由 TRNSYS Type 103 模拟，安装倾角接近当地纬度（为 22°），安装容量考虑屋顶面积约为 70.76kW。建筑立面光伏板安装在东、南、西三面侧墙上，由 Type 567 模拟，其安装容量作为多目标优化参数之一，考虑不同利益相关者的技术经济偏好进行优化设计，并且立面光伏发电考虑 76.64% 的相邻遮阳系数以模拟该高密度城市环境中的遮挡效应。风力发电机由 Type 90 基于制造商测试的功率—速度特性曲线建模，假设从离岸风场到城区住宅的输电损耗率为 13.541%，风机的安装容量也由多目标优化确定。

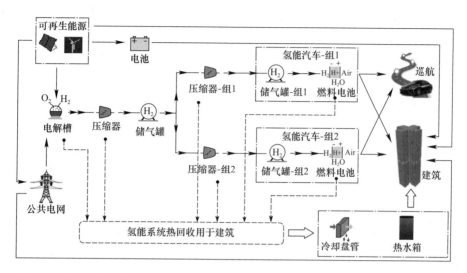

图 7-8　风光互补混合电池—氢能汽车蓄能系统应用于高层居住建筑的瞬态仿真模型

（2）电池蓄能

研究中假设电池蓄能装置安装在建筑物中，其安装容量服从于考虑不同利益相关者的偏好开展的多目标优化设计。电池可以消纳多余的可再生能源，也可以通过控制电池充电状态进行放电以满足建筑负载，其荷电状态范围在 0.15~0.98 之间。电池的最大充放电率根据电池特性进行考虑（如锂离子电池为 1C）。

（3）氢能汽车蓄能

根据当地调查显示，香港公屋的车主比例约为 9.9%，假设该 30 层 480 户 1440 名居民的住宅楼有 48 辆氢能汽车。该氢能汽车模型基于商业化产品"2019 Toyota Mirai"开发，最大输出功率为 114kW，最大储氢罐质量为 5kg，最大压力为 700bar。经测试满负荷储氢的氢能汽车可以达到约 502km 的巡航距离。研究中将 48 辆氢能汽车根据不同驾驶习惯均分为两组：商务工作者组和家庭工作组，其日均行车距离分别约为 53.45km 和 36.75km，这两组居民的离家时间分别为工作日 8：00~19：00 和每天 8：00~12：00。当氢能汽车停在建筑中时，可以通过在燃料电池中消耗氢气产生电力满足建筑负载。模型中也考虑氢能汽车在路上的氢消耗量，但氢能汽车在巡航过程中的详细消耗不是本研究的重点。当氢能汽车停在家中时，从电解槽、压缩器和燃料电池中回收热能，以满足建筑物的空调再热和生活热水需求，以提高氢能汽车蓄能系统的整体效率。

氢能汽车蓄能系统由电解槽、将氢气从电解槽输送到安装在建筑物内的固定氢气储存罐的压缩机和两组氢气车辆组成，每辆氢能汽车包含一个移动氢气储存罐和质子交换膜燃料电池，并分配一台压缩机满足每组车辆在家里停放时将氢气从固定氢气罐输送到移动氢气罐。电解槽由 TRNSYS Type 160a 基于先进的碱性电解槽"Phoebus"建模，电解槽的数量在不同情况下根据进入电解槽的电力功率而有所不同，以保持电流密度在 40～400mA/cm² 之间。多级氢气压缩机采用 Type 167 建模，当进入氢气的压力低于目标储罐的压力时，开启压缩机。氢气储存罐由 Type 164b 根据实际气体范德华状态方程建模，以约 99％的高效率储存压缩氢气，最大压力为 700MPa。燃料电池由 Type 170d 模拟，模拟将氢和氧的化学能转化为电流的电化学过程。氢能汽车的移动储氢罐在每个行驶日（0：00～8：00）的夜间进行检查，电网向电解槽供电以产生氢气，以确保移动罐的最低储氢水平满足氢能汽车该日的出行需求。固定式储氢罐的容积需要根据多目标优化而定。

（4）能量管理策略

本研究针对两种不同蓄能技术的运行优先级提出了两种系统能量管理策略，因为电池蓄能和氢车蓄能的充放电顺序对系统的技术和经济性能有显著影响。其中在策略 1 中电池蓄能技术优先于氢能汽车蓄能技术，在策略 2 中采用相反的优先性。具体而言，在两种策略下首先使用来自太阳能光伏和风力发电机的可再生能源满足建筑物电力负载。在策略 1 中，考虑到电池的最大充电速率和可用充电状态，控制剩余的可再生能源为电池充电。然后，剩余的可再生能源用于驱动电解槽产生氢气，并根据其充电状态通过压缩机将其储存在固定储存罐中，该充电状态也受电解槽额定功率的限制。当电池和氢气储罐都充满电时，剩余的可再生能源被送入公共电网。当可再生能源不足以满足建筑负荷时，电池将运行以满足负载，并且其运行受到电池的最大放电率和可用放电状态的限制。未满足的负载随后将由停靠在家氢能汽车的可用氢气满足。最后，公共电网将作为后备满足剩余的电力负载。而在策略 2 中，电解槽在电池使用之前被剩余的可再生能源充电，氢能汽车在电池使用之前放电以满足电力需求。这两个控制策略的选择信号被设置为多目标优化中的优化变量之一，为系统的不同利益相关者（如终端用户、电力系统运营商和系统投资商等）选择最优的能源管理策略。

7.3.2 单体净零能耗建筑应用风光互补混合电池—氢能汽车蓄能系统的多目标优化

1. 风光互补混合电池—氢能汽车蓄能系统的多目标优化方法和设计参数

本研究基于耦合瞬态模拟优化平台，使用非支配排序遗传算法进行多目标优化，优化过程中选择较高的交叉率（0.9）使得后代方案更接近父代方案，同时选择低突变率（0.05）以将收敛速度保持在合理的范围内。父代和子代结合起来形成下一代种群被分成非支配前沿，然后采用所有解决方案之间的竞赛选择来找到最佳组合作为帕累托组合，即在该组合中，没有任何一个方案是比其他方案在所有的优化目标上都更加优越的。优化中种群大小和最大数量分别设置为 10 和 200，以确保优化搜索范围的全局最优。

选择 4 个尺寸变量作为混合风光互补电池—氢能汽车系统的设计优化参数，包括外墙光伏面积、风力发电机数量、电池容量和固定储氢罐容积。立面光伏安装面积的优化区间为 300～3900m²，增量为 600m²，安装在住宅建筑的三个立面区域（南、东、西）。风力发电机数量在 1～10 之间变化，单个发电机容量为 100kW。电池容量在 240～2400kWh 之间，以 240kWh 的间隔进行优化。固定式储氢罐容积在 $1\sim6m^3$ 范围内进行优化，两个能源管理策略的选择信号也被设置为优化变量，以达到混合可再生能源电力储能系统的技术和经济最优化。

2. 风光互补混合电池—氢能汽车蓄能系统的多目标优化指标和决策

本研究中通过多目标优化对光伏—风电—电池—氢能汽车混合系统的技术和经济性能进行了评估，混合系统的优化标准全面涵盖了三个主要利益相关者的关注点：建筑终端用户、电力系统运营商和系统投资商。其中建筑终端用户主要关注混合系统的电力供应整体性能，通过集成可再生能源的自耗率、电力需求的负载覆盖率和氢能汽车蓄能系统的综合利用效率三个归一化指标表示。电力系统运营商主要关注电网净输出，系统投资商主要关注系统全寿命投资成本净现值。

采用四种决策方法从多目标优化的帕累托解集中寻找最终的最优解，为系统的不同利益相关者（建筑用户、电网系统运营商和系统投资者）提供最优化的解决方案，决策 1 根据距离乌托邦点最小距离的方法为所有利益相关者的关注点分配同等的优先级，决策 2~4 基于层次分析法分别关注建筑用户、电网系统运营商和系统投资者的偏好。

7.3.3　单体净零能耗建筑应用风光互补混合电池—氢能汽车蓄能系统的优化设计研究结果与讨论

1. 风光互补混合电池—氢能汽车蓄能系统的优化设计研究结果

帕累托最优解集中同时包括不同蓄能技术运行优先性的能源管理策略 1 和策略 2，且 4 个不同决策方法的最优方案都出现在策略 2 中（氢能汽车蓄能优化于电池蓄能）。当考虑系统供能—电网整合、供能—经济性的组合性能时，策略 2 明显优于策略 1，因为策略 2 中由可再生能源自耗率、负荷承担率和氢能系统效率集成的供能指标的结果更好，所以当关注系统能源供应—电网整合或能源供应—经济性时，应该选择策略 2 作为混合系统的能源管理策略。然而当考虑电网整合—经济性目标组合时，策略 1 和策略 2 没有明显的优势关系，因为两个策略中不同蓄能系统运行优先性对电网整合和经济性影响较小，所以当关注电网整合—系统经济性时，两个能源管理策略都适用。另外，策略 2 在小规模混合系统中的优势更加明显，而两个策略都可适用于大规模系统，所以策略 2 在具有不同光伏、风能和电池容量的混合可再生能源系统中具有更加广泛的适用性，以实现最优的技术经济性能，而策略 1 适用于光伏、风能和电池容量较大的混合系统。

2. 风光互补混合电池—氢能汽车蓄能系统的技术—经济—环保可行性研究结果

图 7-9 比较了混合系统的 4 种决策最优化方案的结果，包括可再生能源的年平均自耗率、电力负荷覆盖率、氢能汽车系统的利用效率、净电网交换电力绝对值和全寿命周期净现值。在风力发电量最小的决策 2 中，年平均可再生能源自耗率达到其最大值 84.79%，在风力发电量最大的决策 4 中观察到相对较低的自耗率 64.93%。电力负荷覆盖率显示出微小的变化，在决策 4 下最大为 77.93%。在所有决策中观察到相对稳定的年平均氢车系统效率，在 77.00%~77.52% 之间。氢能汽车系统释放的大部分热量可以回收，以满足建筑物的空调再热和生活热水需求，年平均热回收效率在 95.17%~95.46% 之间。决策 1 在

具有同等优先级的所有优化目标之间实现了相对平衡。决策 2（关注终端用户）在综合供应目标上表现最佳，其年均可再生能源自耗率、负荷覆盖率和氢车系统利用率分别为 84.79％、76.11％和 77.06％。决策 3（关注电力系统运营商）具有最小的电网净输出绝对值 4.55MWh，而在风能最大和电池容量最小的决策 4 中，净电网交换电力最大为 482.19MWh。决策 4（关注系统投资者）实现了约 364 万美元的最低全寿命净现值。

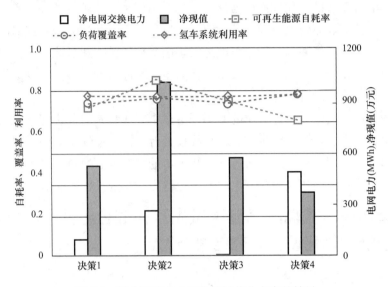

图 7-9　混合系统在 4 种决策最优化方案的结果

图 7-10 显示了混合系统在四个决策方案下的详细全寿命净现值，包括初始成本、运行和维护成本和更换成本在内的最高投资成本 1.64 千万元来自光伏和电池容量最大的决策 2。系统投资者在决策 4 下可以获得大量的上网电价补贴，可达 999 万美元，比决策 1 高 14.67％。决策 4 的年电费比同等优先情况（决策 1）减少了 15.44％。决策 4 的全寿命净现值约为 3.64 万美元，比决策 1 低 29.88％。

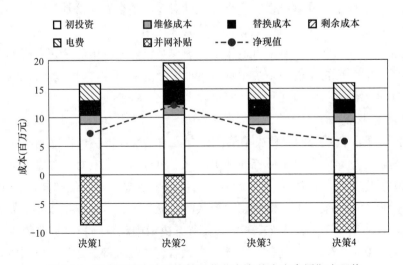

图 7-10　混合系统在 4 种决策最优化方案的全寿命周期净现值

　　混合系统的月碳排放量由电网进口能源和可再生能源发电量决定，如图 7-11 所示，考虑电力传输损耗率为 0.13541 和当地碳排放强度为 0.66kgCO$_2$/kWh。碳排放为负数，表示可再生能源发电量多于电网进口，碳排放为零，表示高层建筑供电的碳中和。决策 3 中 7 月的碳排放是正值，表明与高电力负载条件下产生的可再生能源相比，需要从公共电网获得更多电力，而其他月份的碳排放都是负的，对环境的可持续发展有积极的影响。四种情况的年碳排放总量均为负值，在决策 4 下最低为 -196.82 tCO$_2$，表明可以实现显著的环境效益和经济效益。

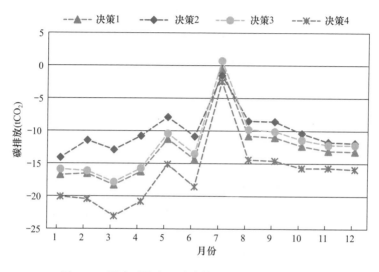

图 7-11　混合系统在 4 种决策最优化方案的碳排放

7.3.4　单体净零能耗建筑应用风光互补混合电池—氢能汽车蓄能系统的优化设计研究结论

　　本研究为应用于典型高层居住单体建筑中的风光互补混合电池—氢能汽车储能系统提出了一种稳健的能源规划优化方法。考虑系统供电、电网整合和生命周期净现值等多个优化目标确定混合可再生能源系统的选型配置并选择最佳的能源管理策略。进一步应用 4 种决策策略，为具有不同偏好的主要利益相关者寻找最终的最佳解决方案。研究结果表明，电池蓄能优先氢能蓄能的能源管理策略适用于光伏、风能和电池装机容量较大的混合系统，以实现最佳的系统供能—电网整合—经济性，而氢能蓄能优先电池蓄能的能源管理策略具有更广泛的适用性，且当关注供能—电网整合或供能—经济性时应选择该策略。在建筑用户优先的情况下，混合系统的年平均可再生能源自耗率、负荷覆盖率和氢车系统利用效率分别约为 84.79%、76.11% 和 77.06%。在电网运营商优先的情况下，年绝对净电网交换量约为 4.55MWh。在系统投资者优先的情况下，系统的全寿命净现值约为 364 万美元，相比同等优先的情况少 29.88%。不同决策方法对应的最优解决方案均显示出积极的环境友好性。该研究关于混合可再生能源电力蓄能系统的技术—经济—环境可行性分析，为主要利益相关者提供了宝贵的能源规划参考，以促进城市地区单体建筑的可再生能源应用和实现碳中和。

7.4 净零能耗建筑社区应用风光互补混合电力蓄能系统的优化设计和能源交易研究

本节主要提出了基于电池汽车和氢能汽车蓄能的多元化净零能耗建筑社区的能源交易管理和优化方法，图 7-12 所示为其研究框架。首先，基于瞬态模拟平台建立 4 个净零能耗建筑社区应用风光互补混合电池汽车—氢能汽车蓄能的模型（4 个模型应用的汽车种类和交易管理策略不同），旨在比较电池汽车和氢能汽车集成的可再生能源系统在不同能源交易模式下的技术—经济—环境优越性。净零能耗建筑社区由我国香港典型居住建筑群、商业办公建筑和校园建筑群组成，其年逐时负荷基于实际收集数据和瞬态模拟获得。其中不同类型建筑对应的汽车巡航时间不同，电车一方面可以为建筑用户提供日常出行需求，另一方面可以作为移动的可再生能源蓄能装置。案例 1 中的净零能耗建筑社区匹配三组氢能汽车且能源交易模式为点对电网；案例 2 中的净零能耗建筑社区匹配三组电池汽车且能源交易模式为点对电网；案例 3 中的净零能耗建筑社区匹配三组氢能汽车且能源交易模式为点对点；案例 4 中的净零能耗建筑社区匹配三组电池汽车且能源交易模式为点对点。将这 4 种案例的详细技术—经济—环境性能进行比较，以探讨氢能汽车蓄能和电池汽车蓄能系统在点对电网和点对点的不同交易管理策略中的优势，其关注的评价指标包括可再生能源自耗率、负荷覆盖率、电网整合和当量碳排放、年度电费和全寿命净现值等。

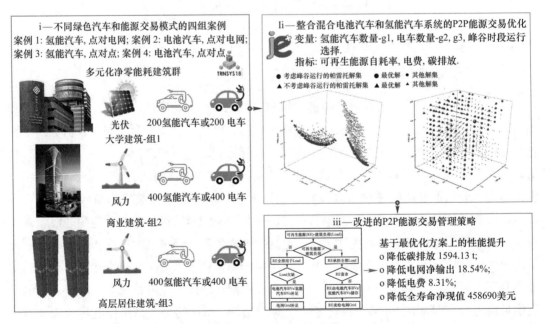

图 7-12　风光互补混合电力蓄能系统应用于净零能耗建筑社区的优化设计和能源交易研究框架

另外，本研究开展了关于混合电池汽车—汽车蓄能的多元化净零能耗建筑社区的点对点能源交易优化研究，以探讨绿色汽车数量和能源管理策略对混合可再生能源的技术—经济—环境性能的交互影响。多目标优化的变量包括 4 个，即校园建筑的氢能汽车集成数量、商业建筑的电池汽车集成数量、居住建筑的电池汽车集成数量和净零能耗建筑社区的峰谷能源管理策略选择，并采用混合系统的技术、经济和环境性能参数作为优化标准，包括可再生能源自耗率、年净电费和年当量碳排放量。研究中基于多目标优化结果，进一步提出了增强的点对点能源交易管理策略，以提升系统的综合性能。多目标点对点的能源交易优化结果可为混合可再生能源和绿色汽车蓄能系统的应用和管理提供指导，以促进实现城市中建筑行业的碳中和。

7.4.1 净零能耗建筑社区应用风光互补混合电池汽车—氢能汽车蓄能系统模型的建立

1. 结合电池汽车或氢能汽车的风光互补电力系统

氢能汽车和电池汽车被广泛使用，本研究开发了集成氢能汽车和电池汽车的可再生能源系统，用于为典型的多元化净零能耗建筑社区供电。绿色汽车与混合可再生能源系统相结合，具有多种功能，包括存储多余的可再生能源，为建筑负载供电，以及作为城市居民的日常出行工具。首先基于瞬态模拟平台建立集成氢能汽车或电池汽车的可再生能源系统仿真模型，考虑不同的能源交易模式（点对电网交易、点对点交易）。其中大学校园建筑额定安装容量为 41200kW 的太阳能光伏系统，以达到其电力负载的年度能量平衡以实现净零能耗运行。商业办公建筑楼和高层居住建筑群安装离岸风能系统，额定容量分别为13500kW 和 9200kW。

图 7-13 为考虑点对电网交易和点对点交易能源管理的集成三组氢能汽车的可再生能源系统模型，用于向多元化的净零能耗建筑社区供电。其中每个类型的建筑对应一组巡航时间不同的氢能汽车，假设大学校园建筑的 200 辆汽车停车时间段为工作日 10：00～18：00，商业办公建筑的 400 辆氢能汽车停车时间段为工作日 9：00～17：00，高层住宅建筑的400 辆氢能汽车停车时间段为周一至周六 19：00～8：00 以及周日整天。根据当地交通年报调查，设定这些汽车的平均每日巡航范围为 49.25 km。

图 7-14 为考虑点对电网交易和点对点交易能源管理的集成三组电池汽车的可再生能源系统模型，用于向多元化净零能耗社区供电。每组电池汽车的数量和运行时间与氢能汽车集成的可再生能源系统相同。每辆电池汽车的存储容量为 75kWh，与氢能汽车的储存容量相当。根据 "Tesla Model S 75" 的商业产品，采用 Type 47a 基于能量平衡机制对电池汽车进行建模。电池汽车的最大和最小蓄电状态分别为 0.95 和 0.39，最小荷电状态以承担一日巡航并保持在车辆最低蓄电水平之上进行设置。

2. 净零能耗建筑社区风光互补混合电力蓄能系统的能源交易价格模型

本研究开发了针对多元化建筑社区能源点对点交易的价格模型，根据各个建筑的内在能源供需特征和电网电力购买价格，为每组建筑分配不同的个体交易价格。其中单个建筑群的交易销售价格和交易购买价格是独立的，因为可再生能源过剩和负荷需求短缺不可能同时存在。

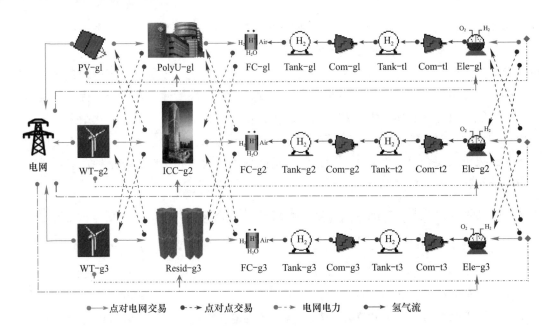

图 7-13　净零能耗建筑社区中考虑能源交易的氢能汽车集成的可再生能源系统

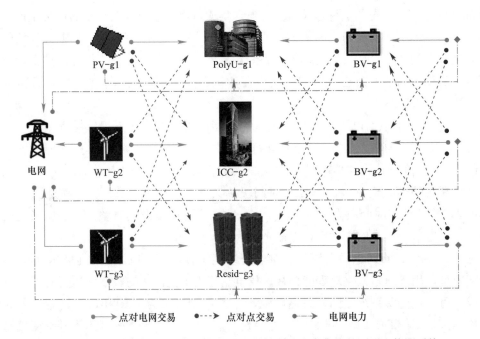

图 7-14　净零能耗建筑社区中考虑能源交易的电池汽车集成的可再生能源系统

每个建筑群的点对点能源销售价格与其动态可再生能源剩余率呈反比关系，如式（7-11）所示：

$$Prsell_{gi} = f(SR_{gi\_sur}) = \frac{Rsell \cdot Rbuy_{gi}}{(Rbuy_{gi} - Rsell) \cdot SR_{gi\_sur} + Rsell} \tag{7-11}$$

式中　$Prsell_{gi}$——建筑组 i 的同行能源销售价格，美元/kWh；

SR_{gi_sur}——建筑组 i 的可再生能源剩余率，用剩余可再生能源与动态可再生能源发电量之比表示；

$Rsell$——输出到公共电网的可再生能源的电价，0.058 美元/kWh；

$Rbuy_{gi}$——建筑组 i 从电网进口的电力电价，根据当地电力公司规定，非住宅建筑为 0.154 美元/kWh，住宅建筑为 0.104 美元/kWh。

每个建筑群的点对点能源购买价格与其动态负荷需求短缺率呈正比例关系，如式（7-12）所示：

$$Prbuy_{gi} = f(DR_{gi\_shor}) = (Rbuy_{gi} - Rsell) \cdot DR_{gi\_shor} + Rsell \tag{7-12}$$

式中　$Prbuy_{gi}$——建筑组 i 的同行能源购买价格，美元/kWh；

DR_{gi_shor}是建筑群 i 的负荷需求短缺率，用负荷短缺与动态电力负荷的比率表示。

3. 集成氢能汽车和电池汽车的多目标优化和增强的净零能耗建筑社区能源交易管理策略

本研究进一步开发了集成混合氢能汽车和电池汽车的可再生能源点对点交易优化研究，应用于多元化净零能源社区，以探索绿色汽车车辆数量和峰谷电价能源管理策略对混合可再生能源系统的技术—经济—环境性能的最佳交互影响，如图 7-15 所示。首先在瞬态模拟平台建立了集成一组氢能汽车和两组电池汽车的混合可再生能源系统模型，其中该多元化的净零能源社区中的建筑群可以与其他建筑群和公共电网进行能源交易。然后，基

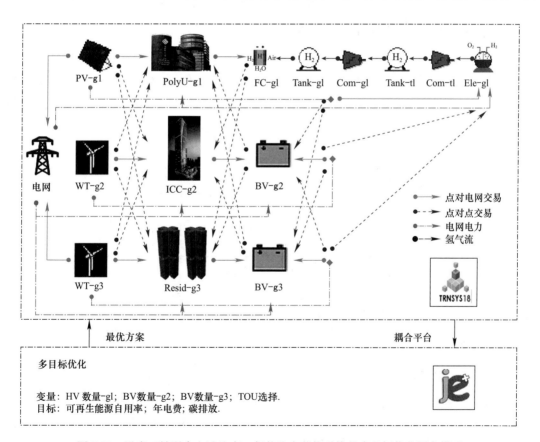

图 7-15　风光互补混合电池汽车—氢能汽车蓄能系统的多目标优化研究模型

于耦合的瞬态模拟和优化平台对多元化的净零能耗社区进行多目标优化，采用集成三组建筑群的绿色汽车数量和能源管理选择信号作为优化变量。氢能汽车与大学校园建筑相结合，优化参数以 50 为增量在 150~400 范围搜索，电池汽车与商业办公楼和高层居住建筑相结合，两者都在 150~800 的范围内以 50 为增量搜索。峰谷电价能源管理策略在值 0（有峰谷期管理）和 1（无峰谷期管理）之间搜索管理能源控制选择信号。

基于多目标优化中距离乌托邦点法最小距离的决策方法得到的最优解，本研究进一步提出了改进的点对点能源交易管理策略，以增强混合可再生能源系统应用于多元化净零能耗社区的动态能源交易。各个建筑群的剩余可再生能源在存储到车辆之前先与其他建筑群共享以满足其负荷，以提高社区的能源自主性、减少电网压力，并且电池汽车系统的蓄能充放电优先于氢能汽车系统，使实现混合汽车蓄能在多元化社区的互补运行。互补运行的基本机理是，电池汽车系统具有较高的利用效率和较低的充电启动功率，但具有较小的充电速率限制和较低的充电可用性，而氢能汽车系统具有较大的充电速率和较高的充电可用性，但其启动功率大且效率低。通过与多目标优化的最优解进行比较，证明了改进的点对点交易管理策略的技术—经济—环境优越性，并且可以显著减少电网净输出、年度等效碳排放量、年度电费和全寿命净现值。

7.4.2 净零能耗建筑社区应用风光互补混合电池汽车—氢能汽车 蓄能系统的优化设计研究结果与讨论

1. 净零能耗社区的电网交互和碳排放性能

多样化净零能耗建筑社区与公共电网之间的电力交互随储能车辆类型和能源交易管理模式而变化，如图 7-16 所示。对于点对电网交易模式（案例 2 对案例 1）和点对点交易

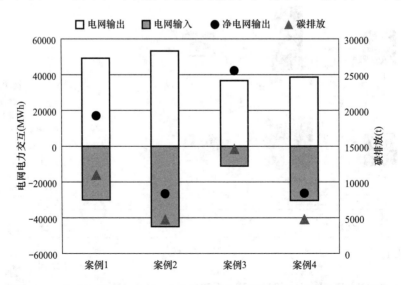

图 7-16　集成氢能汽车或电池汽车的可再生能源系统的电网交互和碳排放
案例 1—氢能汽车集成系统点对电网交易；案例 2—电池汽车集成系统点对电网交易；
案例 3—氢能汽车集成系统点对点交易，案例 4—电池汽车集成系统点对点交易

（案例4对案例3），电池汽车集成的风光互补系统的净电网进口比氢能汽车集成的系统低56.60％，主要是因为在电池汽车集成系统中有更多的可再生能源产能被并入到公共电网。考虑到蓄能和运输功能，电池汽车蓄能系统的利用效率（90.06％～93.55％）远高于氢能汽车蓄能系统（40.81％～42.42％）。同时，点对点能源交易显著增加了氢能汽车和电池汽车蓄能系统的净电网进口，与点对电网交易案例相比，电网出口较少。与氢能汽车集成的可再生能源系统相比，由于净电网进口量较低，电池汽车集成的风光互补系统中观察到显著的脱碳效益，点对电网交易模式下减少6229.02t（案例2相对案1），点对点交易模式下减少9803.21t（案例4相对案例3）。但与点对电网交易相比，点对点能源交易增加了多元化净零耗社区的碳排放，尤其是氢能汽车集成系统中增加了32.85％，达到3615.37t（案例3相比案例1），因为更多的可再生能源用于满足负载和存储而不是输出到公共电网中。

　　2. 净零能耗社区的混合可再生能源系统全寿命净现值

　　图7-17对比了不同绿色汽车类型（电池汽车、氢能汽车）和能源交易模式下（点对电网、点对点）的风光互补混合电力蓄能系统在20年使用时间内的全寿命净现值成本，包括初始成本、运维成本、替换成本、剩余成本、电力进口费用和电力出口收益。结果表明，氢能汽车集成的可再生能源系统的初始成本现值高于电池汽车集成的系统，因为氢能汽车蓄能系统中包含更多的组件，包括电解槽、压缩机、储氢罐和氢气车辆，且氢能汽车集成的系统电费现值高于电池汽车集成的系统。因此，氢能汽车集成的风光互补系统的生命周期净现值高于电池汽车集成系统，在点对电网交易模式下高6.74％（3781万美元，案例1相对案例2），在点对点交易模式下高26.38％（1.4322亿美元，案例3相对案例4）。点对点交易的氢能汽车集成系统（案例3）的初始成本和运维成本的现值比点对电网交易（案例1）增加了19.80％和23.83％，因为需要安装更多的电解槽。点对点交易的电力出口收益（包括电网出口收益和同行销售收益）的现值比没有点对点交易的高51.42％。因此，具有点对点交易（案例3）的氢能汽车集成系统的生命周期净现值比仅具有点对电网交易（案例1）的系统高14.55％（8716万美元）。就电池汽车集成系统而言，点对点交易（案例4）的投资成本现值与仅点对电网交易（案例2）的投资成本现值相同，而点对点交易的电池汽车集成系统的电费现值比点对电网交易低27.96％，因此，具有点对点交易（案例4）的电池汽车集成系统的生命周期净现值比仅使用点对电网交易（案例2）的系统低3.25％（1825万美元）。

　　3. 净零能耗建筑社区应用结合绿色汽车蓄能的可再生能源系统优化设计研究结果

　　净零能耗建筑社区应用风光互补混合电池汽车—氢能汽车蓄能系统的多目标优化的优化参数为三组绿色汽车的数量和峰谷能源管理选择信号，优化目标考虑现场可再生能源利用、年度电费和碳排放。对于峰谷和非峰谷能源管理方法，可以观察到两个明显的帕累托最优表面，在技术、经济和环境标准之间存在明显的权衡冲突。即在具有不同车辆数量的混合可再生能源系统中，可以选择峰谷和非峰谷管理策略，以实现净零能源社区的技术—经济—环境综合优化。

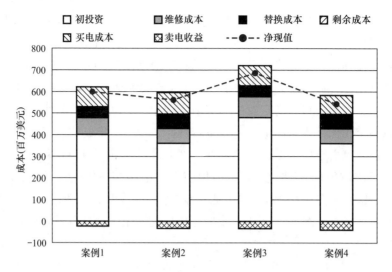

图 7-17　集成氢能汽车或电池汽车的可再生能源系统的全寿命净现值
案例 1—氢能汽车集成系统点对电网交易；案例 2—电池汽车集成系统点对电网交易；
案例 3—氢能汽车集成系统点对点交易，案例 4—电池汽车集成系统点对点交易

　　优化结果显示，峰谷能源管理策略的帕累托最优解是在商业办公建筑集成较少的电池汽车数量时获得的，因为模拟中假定商业办公楼中的电池汽车仅在高峰时段停在建筑物内，并且只有停放的电池汽车才可以充电或放电，办公建筑中较少的电池汽车数量具有较低的充电可用性对降低峰谷管理下的可再生能源利用率的影响相对较小，因此在降低年电费和碳排放方面可以实现相对优越的性能。还可以发现大多数非峰谷管理的最佳解决方案是在车辆数量较多的情况下获得的，具有更高的充电可用性以获得更高的可再生能源利用率。采取到乌托邦点的最小距离法得到的峰谷管理下的最终最优解是通过设置三组车辆数量分别为 200 辆、150 辆、700 辆实现的，非峰谷管理下的最终最优解的车辆数量分别为 150 辆，350 辆，400 辆。结果进一步显示，当办公建筑电池汽车数量相对较小时，选择峰谷能源管理策略可以实现技术—经济—环境性能的综合优化结果，而当办公建筑中的电池汽车数量较大时，不建议选择峰谷能源管理策略。

　　在风光互补混合电池汽车—氢能汽车蓄能系统多目标优化研究的基础上，进一步提出增强的能源交易管理策略，以改善净零能耗建筑社区的技术—经济—环境性能。改进的能源管理策略中，电网进口能源年电费减少 26.845 万美元，同行进口能源年电费增加 21.708 万美元，因为从公共电网进口的能源较少，而从社区同行进口的能源较多，在该交易价格模式下同行交易成本比电网交易成本更优惠。并且在改进的情况下，电网出口收益和同行出口收益分别增加了 6.064 万美元和 21.708 万美元，全年净电费总额减少约 32.909 万美元，比多目标优化情况减少 8.31%。此外，具有改进的点对点能源交易管理策略的混合可再生能源蓄能系统的寿命净现值也有所降低，由于需要更多的电解槽，改进方案的系统投资成本略高 382 万美元，而系统电费则低 428 万美元，因此，改进案例的系统寿命净现值比多目标最优案例低 45.869 万美元。

7.4.3 净零能耗建筑社区应用风光互补混合电池汽车—氢能汽车蓄能系统的研究结论

本研究提出了结合电池汽车和氢能汽车蓄能的可再生能源系统应用于多元化净零能耗社区的点对点能源交易管理和优化方法。通过建立结合不同车辆类型（氢能汽车、电池汽车）和不同能源交易模式（点对电网、点对点）的典型净零能耗建筑社区模型，比较氢能汽车和电池汽车应用于可再生能源系统供应建筑社区能源的技术—经济—环保优越性。开展了混合氢能汽车、电池汽车的净零能耗社区多目标点对点交易优化研究，以探索绿色汽车数量和系统能源管理策略对系统性能的最佳交互影响。考虑到混合绿色汽车蓄能的点对点交易优先级和互补运行，本研究进一步提出了增强的点对点系统交易管理策略。研究结果表明，结合氢能汽车的可再生能源系统具有优越的供应性能，而结合电池汽车的混合系统在电网整合、经济性和环保方面更加优越。当办公建筑中电池汽车数量较少时，应采用峰谷交易策略；当净零能耗建筑社区中三组建筑群结合的车辆数量都较多时，应采取不考虑峰谷交易策略，以达到系统的技术、经济、环保最优。改进的点对点交易策略可以显著改善系统的电网整合（电网净输出减少 18.54%）、减碳效益（碳排放量减少 1594.13t）和经济性（全寿命净现值降低 45.869 万美元）。本研究关于多元化净零能耗社区应用风光互补混合电力蓄能系统的可行性研究，为安装和管理可再生能源绿色汽车蓄能系统提供重要参考，以推进实现城市地区建筑和交通领域的碳中和。

7.5 净零能耗建筑应用风光互补混合电力蓄能系统的结论

本章结合理论研究和案例分析开展了净零能耗单体建筑和净零能耗建筑社区中应用风光互补混合电力蓄能系统的优化设计和技术—经济—环保可行性研究。一方面，提出了应用于典型高层居住建筑的风光互补混合电池—氢能汽车系统的稳健能源规划优化方法，考虑系统供电、电网整合和生命周期净现值等多个优化目标，确定混合可再生能源系统的选型配置并选择最佳的能源管理策略，为不同利益相关者寻找最终的最佳解决方案。另一方面，提出了应用于多元化净零能耗建筑社区的风光互补混合电池汽车和氢能汽车蓄能系统的点对点能源交易管理和优化方法，开展了集成混合绿色汽车蓄能的净零能耗建筑社区的点对点交易多目标优化研究，探索绿色汽车数量和系统能源管理策略对系统性能的最佳交互影响，并提出了增强的点对点系统交易管理策略。本章的主要结论如下：

（1）在单体净零能耗建筑中应用风光互补混合电池—氢能汽车蓄能系统时，电池蓄能优先氢能蓄能的能源管理策略适用于光伏、风能和电池装机容量较大的混合系统，以实现最佳的系统供能—电网整合—经济；而氢能蓄能优先电池蓄能的能源管理策略具有更广泛的适用性。采用不同的决策方案为主要利益相关者（建筑用户、电网运营商、系统投资者）提出的最优化方案在其关注的指标上取得显著的优势。通过不同决策方法获得的最优解决方案均显示出积极的环境友好性。

（2）在多元化净零能耗建筑社区中应用风光互补混合电池汽车—氢能汽车蓄能系统

时，结合氢能汽车的可再生能源系统具有优越的供应性能，而结合电池汽车的混合系统在电网整合、经济性和环保方面更有优势。当净零能耗建筑社区中，三组建筑群结合的车辆数量都较多时，应该采取不考虑峰谷交易策略以达到系统的技术、经济、环保最优。改进的点对点交易策略可以显著改善系统的电网整合、减碳效益和经济性。

（3）本章关于净零能耗建筑应用风光互补混合电力蓄能系统的优化设计和可行性研究方法和框架可以推广应用于不同类型和不同地区的建筑和建筑社区，混合可再生能源电力蓄能系统的技术—经济—环境可行性分析为主要利益相关者提供了宝贵的能源规划参考，为安装和管理风光互补混合电力蓄能系统提供重要指导，以促进城市地区单体建筑和建筑社区的净零能耗运行，以实现建筑行业的碳中和。

本章参考文献

［1］ IRENA. Global energy transformation：A roadmap to 2050（2019 edition）［M］. Abu Dhabi：International Renewable Energy Agency，2019.

［2］ 杨洪兴，吕琳，马涛. 太阳能-风能互补发电技术及应用［M］. 北京：中国建筑工业出版社，2015.

［3］ （IRENA）IREA. RENEWABLE CAPACITY STATISTICS 2021［R］. Abu Dhabi，2021.

［4］ International Energy Agency. 2019 global status report for buildings and construction：towards a zero-emissions，efficient and resilient buildings and construction sector［R］，2018.

［5］ Yang HX，Lu L，Burnett J. Weather data and probability analysis of hybrid photovoltaic-wind power generation systems in Hong Kong［J］. Renewable Energy，2003，28：1813-1824.

［6］ 周林，黄勇，郭珂，冯玉. 微电网储能技术研究综述［J］. 电力系统保护与控制，2011，39：147-152.

［7］ Habib MA，Said SAM，El-Hadidy MA，Al-Zaharna I. Optimization procedure of a hybrid photovoltaic wind energy system［J］. Energy，1999，24：919-929.

［8］ Celi AN. Optimisation and techno-economic analysis of autonomous photovoltaic-wind hybrid energy systems in comparison to single photovoltaic and wind systems［J］. Energy Conversion & Management，2002，43：2453-2468.

［9］ Yang H，Lu L，Zhou W. A novel optimization sizing model for hybrid solar-wind power generation system［J］. Solar Energy，2007，81：76-84.

［10］ Kaabeche A，Belhamel Mo，Ibtiouen R. Techno-economic valuation and optimization of integrated photovoltaic/wind energy conversion system［J］. Solar Energy，2011，85：2407-2405.

［11］ 吴红斌，陈斌，郭彩云. 风光互补发电系统中混合储能单元的容量优化［J］. 农业工程学报，2011，27：241-245.

［12］ Bekelea G，Boneya G. Design of a Photovoltaic-Wind Hybrid Power Generation System for Ethiopian Remote Area［J］. Energy Procedia，2014，14：1760-1965.

［13］ Belmili H，Haddadi M，Bacha S，Almi MF，Bendib B. Sizing stand-alone photovoltaic-wind hybrid system：Techno-economic analysis and optimization［J］. Renewable & Sustainable Energy Reviews，2014，30：821-632.

[14]　周天沛，孙伟. 风光互补发电系统混合储能单元的容量优化设计 [J]. 太阳能学报，2015，36：756-762.

[15]　Mazzeo D，Oliveti G，Baglivo C，Congedo PM. Energy reliability-constrained method for the multi-objective optimization of a photovoltaic-wind hybrid system with battery storage [J]. Energy，2018，156：688-708.

[16]　Liu J，Wang M，Peng J，Chen X，Cao S，Yang H. Techno-economic design optimization of hybrid renewable energy applications for high-rise residential buildings [J]. Energy Conversion and Management. 2020，213：112868.

[17]　Liu J，Chen X，Yang H，Shan K. Hybrid renewable energy applications in zero-energy buildings and communities integrating battery and hydrogen vehicle storage [J]. Applied Energy，2021，290：116733.

[18]　De Soto W，Klein SA，Beckman WAJSe. Improvement and validation of a model for photovoltaic array performance. Solar Energy 2006；80（1）：78-88.

[19]　Duffie JA，Beckman WA. Solar engineering of thermal processes [M] John A. DUFFIE And WILLIAM A. BeckMAN，2013.

[20]　Chen X，Yang H，Peng J. Energy optimization of high-rise commercial buildings integrated with photovoltaic facades in urban context [J]. Energy，2019，172：1-17.

[21]　Wind turbine models. Hummer H21. 0-100kW [Z]. 2017.

[22]　International Energy Agency Statistics. Electric power transmission and distribution losse（% of output）Hong Kong SAR [Z]，2018.

[23]　Zhang Y，Ma T，Elia Campana P，Yamaguchi Y，Dai Y. A techno-economic sizing method for grid-connected household photovoltaic battery systems [J]. Applied Energy，2020，269：115106.

[24]　Ma T，Yang H，Lu L，Peng J. Technical feasibility study on a standalone hybrid solar-wind system with pumped hydro storage for a remote island in Hong Kong [J]. Renewable Energy，2014；69：7-15.

[25]　Liu J，Chen X，Cao S，Yang H. Overview on hybrid solar photovoltaic-electrical energy storage technologies for power supply to buildings [J]. Energy Conversion and Management. 2019，187：103-21.

[26]　Liu J，Chen X，Yang H，Li Y. Energy storage and management system design optimization for a photovoltaic integrated low-energy building [J]. Energy，2020，190：116424.

[27]　Liu J，Yang H，Zhou Y. Peer-to-peer trading optimizations on net-zero energy communities with energy storage of hydrogen and battery vehicles [J]. Applied Energy，2021，302：117578.

[28]　Liu J，Cao S，Chen X，Yang H，Peng J. Energy planning of renewable applications in high-rise residential buildings integrating battery and hydrogen vehicle storage [J]. Applied Energy，2021，281：116038.

[29]　Liu J，Yang H，Zhou Y. Peer-to-peer energy trading of net-zero energy communities with renewable energy systems integrating hydrogen vehicle storage [J]. Applied Energy，2021，298：117206.

[30]　张岩，吴水根. MATLAB 优化算法 [M]. 北京：清华大学出版社，2018.

[31]　Javed MS，Ma T，Jurasz J，Canales FA，Lin S，Ahmed S，et al. Economic analysis and optimiza-

tion of a renewable energy based power supply system with different energy storages for a remote island [J]. Renewable Energy, 2021, 164: 1376-1394.

[32] Javed MS, Ma T, Jurasz J, Ahmed S, Mikulik J. Performance comparison of heuristic algorithms for optimization of hybrid off-grid renewable energy systems [J]. Energy, 2020, 210: 118599.

[33] Wan KSY, Yik FWH. Building design and energy end-use characteristics of high-rise residential buildings in Hong Kong [J]. Applied Energy, 2004, 78: 19-36.

[34] Chen B, Jiang H, Sun H, Yu M, Yang J, Li H, et al. A new gas-liquid dynamics model towards robust state of charge estimation of lithium-ion batteries [J]. Journal of Energy Storage, 2020, 29: 101343.

[35] Wang D, Cao X. Impacts of the built environment on activity-travel behavior: Are there differences between public and private housing residents in Hong Kong? [J] Transportation Research Part A: Policy and Practice, 2017, 103: 25-35.

[36] Toyota USA NEWSROOM. Toyota Mirai product information [Z]. 2019.

[37] Ramadhani F, Hussain MA, Mokhlis H, Fazly M, Ali JM. Evaluation of solid oxide fuel cell based polygeneration system in residential areas integrating with electric charging and hydrogen fueling stations for vehicles [J]. Applied Energy, 2019, 238: 1373-88.

[38] Solar Energy Laboratory Univ. of Wisconsin-Madison. TRNSYS 18 a transient system simulation program, Volume 4 mathematical reference [Z]. 2017.

[39] Cao S, Alanne K. Technical feasibility of a hybrid on-site H_2 and renewable energy system for a zero-energy building with a H_2 vehicle [J]. Applied Energy, 2015, 158: 568-583.

[40] Magnier L, Haghighat F. Multiobjective optimization of building design using TRNSYS simulations, genetic algorithm, and Artificial Neural Network [J]. Building and Environment, 2010, 45: 739-746.

[41] Transport Department. The annual traffic census [Z]. 2018.

[42] Hong Kong Electric Company. Billing, payment and electricity tariffs [Z]. 2020.